Das Buch

Warum arbeiten wir uns eigentlich zu Tode? Haben wir nichts Besseres zu tun? Und ob! – sagt Timothy Ferriss. Der junge Unternehmer war lange Zeit ein Workaholic mit 80-Stunden-Woche. Doch dann erfand er MBA – Management by Absence – und rührt damit an ein Tabu. In vielen Unternehmen gilt schließlich immer noch: Je länger man im Büro rumhängt, desto wichtiger ist man. Ferriss dagegen ist überzeugt: Jeder sollte und kann sich im Job rar machen – und wird dadurch freier, reicher und glücklicher.

Mit viel Humor, provokanten Denkanstößen, ermutigenden Fallbeispielen und erprobten Tipps erklärt Ferriss, wie sich die 4-Stunden-Woche bei vollem Lohnausgleich verwirklichen lässt. Lesen Sie Ihre E-Mails nur noch einmal die Woche, und machen Sie eine Informationsdiät! Outsourcing, Delegieren und das konsequente Aussitzen von Problemen sind der erste Schritt in die persönliche Freiheit. Ob Sie Angestellter, Unternehmer oder Freiberufler sind oder ob Sie Ihre neugewonnene Zeit in Reisen, Hobbys oder Faulenzen stecken wollen, ist ganz egal. Mit seinem geistreichen Manifest öffnet Ferriss den Blick für einen völlig neuen Lifestyle.

Der Autor

Timothy Ferriss, geboren 1977, ist erfolgreicher Unternehmer und Lifestyle-Entrepreneur. Nach seinem Abschluss an der Princeton-University in East-Asian-Studies gründete er 2001 seine Firma. Nach einem Burnout 2004 reiste er fünfzehn Monate durch die Welt, und merkte, dass er seine Firma nebenbei in vier Wochenstunden führen kann. Dabei lernte er Deutsch in Berlin, trat als Statist in chinesischen Soaps auf und übte in Argentinien Tango bis zum Guinness-Buch-Eintrag. Wenn er nicht gerade irgendwo auf dem Globus unterwegs ist, lebt er in San Francisco.

Timothy Ferriss

Die 4-Stunden-Woche

Mehr Zeit, mehr Geld, mehr Leben

Aus dem Amerikanischen
von Christoph Bausum

Ullstein

Besuchen Sie uns im Internet:
www.ullstein-taschenbuch.de

Neuausgabe im Ullstein Taschenbuch
1. Auflage Juli 2015
4. Auflage 2016
© für die deutsche Ausgabe
Ullstein Buchverlage GmbH, Berlin 2008 / Econ Verlag
© Tim Ferriss, 2007
Titel der amerikanischen Originalausgabe:
The 4-Hour Workweek. Escape 9–5, Live Anywhere and Join the New Rich
(Crown Publishers, New York)
Umschlaggestaltung: ZERO Werbeagentur, München
(unter Verwendung einer Vorlage von Etwas Neues entsteht, Berlin)
Titelabbildung: © Rhyder Cookman
Satz: LVD GmbH, Berlin
Gesetzt aus der Minion
Druck und Bindearbeiten: CPI books GmbH, Leck
Printed in Germany
ISBN 978-3-548-37596-0

Für meine Eltern
DONALD UND FRANCES FERRISS,
die einem kleinen Teufelsbraten beibrachten, dass es
richtig ist, seinen eigenen Weg zu gehen.
Ich liebe Euch beide und ich verdanke Euch alles.

UNTERSTÜTZEN SIE DIE LEHRERSCHAFT –
zehn Prozent aller Autorenhonorare gehen als Spende
an gemeinnützige pädagogische Organisationen.

Inhalt

Zuallererst

FAQ für Zweifler

Sie wollen wissen, ob die 4-Stunden-Woche – ein Lebensstil, der Ihnen vor allem Zeit, Mobilität und Freiheit verspricht – überhaupt etwas für Sie ist? Die Chancen stehen gut. Hier finden Sie die häufigsten Bedenken, die Menschen davon abhalten, den Sprung zu wagen:

Muss ich meinen Job aufgeben? Muss ich ein risikofreudiger Typ sein? Die Antwort lautet in beiden Fällen Nein, denn es gibt für jedes Naturell und für jeden Bedarf den passenden Weg. Man muss nur wissen, wie man beispielsweise die Gedankenkraft eines Jedi-Ritters nutzt, um aus dem Büro zu verschwinden. Wie man sich ein Unternehmen auf den Leib schneidert, das den eigenen Lebensstil finanziert. Wie man als Angestellter eines DAX-30-Unternehmens einen Monat lang die touristischen Geheimtipps Chinas erkunden kann – und mit welchen technologischen Tricks man verhindert, dass einem jemand auf die Schliche kommt. Oder wie man ein Unternehmen gründet, das 80 000 Dollar pro Monat abwirft, ohne dass es gemanagt werden muss. Anregungen, wie Sie all das realisieren können, finden Sie in diesem Buch.

Muss ich Anfang zwanzig und Single sein? Überhaupt nicht. Dieses Buch ist für alle, die es satt haben, die Verwirklichung ihrer Träume bis zur Rente aufzuschieben, und die schon jetzt etwas erleben wollen, anstatt damit bis in alle Ewigkeit zu warten. In diesem Buch werden ganz unterschiedliche Menschen vorgestellt, ein 21-jähriger Lamborghinifahrer ebenso wie eine

alleinstehende Mutter, die fünf Monate lang mit ihren zwei Kindern durch die Welt reiste. Wenn Ihnen also zu langweilig ist, was Ihnen Ihr Leben momentan bietet, und Sie bereit sind, in ein Universum unbegrenzter Möglichkeiten einzutauchen, dann ist dieses Buch genau das Richtige für Sie.

Muss ich unbedingt reisen? Ich will eigentlich nur mehr Zeit haben. Nein, natürlich nicht. Reisen ist nur eine der vielen Möglichkeiten. Ihr Ziel sollte vielmehr sein, unabhängig von Zeit und Ort zu werden, damit Sie Ihr Leben so leben können, wie *Sie* es wollen.

Muss ich reich geboren sein? Nein. Meine eigenen Eltern haben zusammen nie mehr als 50 000 Dollar im Jahr verdient und ich musste seit meinem 14. Lebensjahr arbeiten. Ich bin kein Rockefeller, und Sie müssen auch keiner sein.

Muss ich eine Elite-Uni besucht haben? Quatsch. Die meisten Vorbilder, die in diesem Buch genannt werden, haben die Harvard University nie von innen gesehen. Andere haben ihr Studium abgebrochen. Die Eliteuniversitäten dieser Welt sind wunderbare Institutionen – aber es wird oft übersehen, dass ihr Besuch gewisse Risiken birgt. Die Absolventen der Spitzen-Unis landen in gut bezahlten Jobs, in denen sie 80 Stunden die Woche arbeiten, und in der Regel plagen sie sich dann 15 bis 30 Jahre lang mit dieser nervtötenden Arbeit herum. Woher ich das weiß? Ich war dort, und ich habe gesehen, was die Folgen solch eines Lebens sind. Dieses Buch ist das Gegenmittel.

Meine Geschichte: Warum Sie dieses Buch lesen müssen

> Wer nicht über seine Mittel lebt,
> leidet an Fantasiemangel.
> *Oscar Wilde, irischer Dramatiker*
> *und Romancier*

Meine Hände waren wieder feucht. Ich starrte auf den Boden, um nicht von der gleißenden Deckenbeleuchtung geblendet zu werden. Angeblich gehörten wir zu den Besten der Welt, aber irgendwie drang diese Erkenntnis nicht zu mir durch. Meine Partnerin Alicia verlagerte ihr Gewicht von einem Bein auf das andere, während wir mit neun anderen Paaren in der Schlange standen – sie waren wie wir aus mehr als tausend Kandidaten aus 29 Ländern und vier Erdteilen ausgewählt worden. Es war der letzte Tag des Halbfinales der Tangoweltmeisterschaft, und wir warteten auf unseren letzten Tanz vor den Juroren, den Fernsehkameras und der jubelnden Menge. Die anderen Paare tanzten im Durchschnitt seit 15 Jahren zusammen. Für uns war dieser Tag der Höhepunkt eines gerade einmal fünfmonatigen Trainings, sechs Stunden täglich, nonstop. Und jetzt war endlich *Showtime*.

»Wie geht es dir?«, fragte mich Alicia, eine erfahrende Profitänzerin, in ihrem ausgeprägten argentinischen Spanisch.

»Fantastisch. Großartig. Lass uns einfach die Musik genießen. Vergiss die Leute, die sind gar nicht da.«

Das stimmte nicht ganz. Ich wusste, dass dies die größte Messehalle in ganz Buenos Aires war, obwohl ich durch die dicken Schwaden von Zigarettenqualm nur eine riesige form-

lose Masse auf den Tribünen und allen freien Flächen ausmachen konnte und Mühe hatte, mir die 50 000 Zuschauer und
Offiziellen in El Rural tatsächlich vorzustellen. Einzig in der
Mitte blieb das sogenannte heilige 10 mal 13 Meter große Parkett frei. Ich zupfte meinen Nadelstreifenanzug zurecht und
fummelte an meinem blauseidenen Einstecktuch herum, bis
man nicht mehr übersehen konnte, wie zappelig ich war.

»Bist du nervös?«

»Ich bin nicht nervös. Ich freue mich. Ich werde einfach
Spaß haben, und der Rest kommt dann von allein.«

»Nummer 152, ihr seid dran.« Unser Betreuer hatte seinen
Job getan, und nun waren wir an der Reihe. Ich flüsterte Alicia
einen Insiderwitz zu, als wir das Parkett betraten: »Tranquilo.« – »Nimm's leicht.« Sie lachte, und mir schoss die Frage
durch den Kopf, was in aller Welt ich in diesem Moment wohl
gerade täte, wenn ich nicht vor etwas mehr als einem Jahr meinen Job hingeschmissen und die USA verlassen hätte. Doch der
Gedanke verschwand so schnell, wie er gekommen war, als der
Ansager über die Lautsprecher verkündete: »Pareja numero
152, Timothy Ferriss y Alicia Monti, Ciudad de Buenos Aires!!!« Jubel brandete auf. Jetzt war es an uns, und ich strahlte.

In letzter Zeit fällt es mir schwer, die fundamentalste aller amerikanischen Fragen zu beantworten – und das ist gut so. Denn
wenn es nicht so wäre, dann würden Sie jetzt nicht dieses Buch
in Ihren Händen halten.

»Und … was machen Sie so?« Angenommen, Sie fänden
mich (was nicht ganz leicht ist), und abhängig vom jeweiligen
Zeitpunkt, zu dem Sie mich fragten (mir wäre lieber, Sie ließen
es bleiben), könnte meine Antwort sein, dass ich in Europa
Motorradrennen fahre, vor einer Privatinsel in Panama tauche,
mich zwischen zwei Kickboxkämpfen in Thailand unter einer
Palme ausruhe oder eben in Buenos Aires Tango tanze. Das
Schöne daran ist: Ich bin kein Multimillionär – und ich habe
auch keine besondere Lust, einer zu werden.

Ich habe diese Smalltalk-Frage nach dem Beruf nie gern beantwortet, weil sie einer Epidemie Ausdruck verleiht, von der ich lange Zeit selbst infiziert war: der Angewohnheit, eine Stellenbeschreibung als Selbstbeschreibung auszugeben. Fragt mich heute jemand nach meiner Beschäftigung und ich habe den Eindruck, dass es ihn gar nicht wirklich interessiert, dann erkläre ich meinen Lebenswandel, der sich aus mysteriösen Finanzmitteln speist, kurz und bündig mit den Worten: »Ich handle mit Drogen.« Damit ist die Unterhaltung dann meistens zu Ende. Natürlich stimmt das nicht ganz. Ja, ich vertreibe ein Nahrungsergänzungsmittel für Sportler, aber auch das ist nur die halbe Wahrheit. Denn was ich mit meiner Zeit tue, und das, womit ich Geld verdiene, sind zwei völlig unterschiedliche Dinge. Wie soll ich aber auf die Schnelle erklären, dass ich weniger als vier Stunden pro Woche arbeite und dabei monatlich mehr verdiene als früher in einem Jahr? In diesem Buch erzähle ich zum ersten Mal die wahre Geschichte. Diese handelt von einer bisher wenig bekannten Subkultur, die man die *Neuen Reichen* (NR) nennt.

Was macht also ein Millionär, der in einem Iglu wohnt, anders als jemand, der in einer Bürozelle arbeitet? Er folgt einigen ungewöhnlichen Regeln. Und wie entkommt jemand, der Angestellter eines Bluechip-Unternehmens auf Lebenszeit ist, seinem Arbeitsplatz? Wie gelingt es ihm, einen Monat lang die Welt zu bereisen, ohne dass sein Chef davon etwas mitbekommt? Er nutzt verschiedene Techniken, um seine Abwesenheit zu verschleiern.

Gold war gestern. Die Neuen Reichen arbeiten nicht mehr auf das Nirwana hin, das uns alle angeblich mit der Rente erwartet. Sie schaffen sich vielmehr einen luxuriösen Lebensstil im Hier und Jetzt, indem sie ihre eigene Währung einsetzen: Zeit und Mobilität. Diese Form der Lebensgestaltung ist sowohl eine Kunst als auch eine Wissenschaft. Wir wollen sie deshalb *Lifestyledesign* (LD) nennen.

Ich bin in den letzten drei Jahren mit Menschen zusam-

mengetroffen, deren Welt Sie sich gegenwärtig vermutlich noch gar nicht vorstellen können. Doch beginnen Sie nicht, Ihre eigene Realität zu hassen. Unterwerfen Sie sie lieber Ihrem Willen. Das ist leichter, als es sich anhört. Meine Entwicklung vom stark überarbeiteten und sträflich unterbezahlten Büroarbeiter zu einem Mitglied der NR ist einerseits unglaublich, andererseits aber – jetzt, wo ich den Code entschlüsselt habe – einfach nachzumachen. Es gibt nämlich ein Rezept.

Das Leben muss gar nicht so verdammt schwer sein. Wirklich nicht. Die meisten Menschen, mich eingeschlossen, haben sich einfach viel zu lange eingeredet, dass das Leben hart sein muss. Sie haben resigniert und die Tatsache akzeptiert, dass man eben von neun bis fünf Uhr schuften muss im Austausch für ein (manchmal) entspannendes Wochenende und einen gelegentlichen Urlaub nach dem Motto: »Nur nicht mehr als zwei Wochen verlangen, sonst wirst du bei der nächsten Gelegenheit gefeuert …«. Die Wahrheit – zumindest die Wahrheit, die ich lebe und die ich in diesem Buch mit Ihnen teilen werde – sieht ganz anders aus. Ich werde Ihnen zeigen, wie die Mitglieder einer kleinen Subkultur es schaffen, mit Hilfe geschickt eingesetzter ökonomischer Tricks Dinge zu tun, die die meisten Menschen für unmöglich halten. Zum Beispiel indem sie Währungsunterschiede nutzen, das eigene Leben outsourcen oder einfach verschwinden.

Wenn Sie dieses Buch in die Hand genommen haben, dann wollen Sie wahrscheinlich nicht hinter Ihrem Schreibtisch sitzen, bis Sie 67 sind. Doch egal, ob Sie davon träumen, der Tretmühle zu entkommen, Ihre Traumreisen Wirklichkeit werden zu lassen, auf Wanderschaft zu gehen, Weltrekorde zu erringen oder einfach eine dramatische Veränderung in Ihrem Berufsleben herbeizuführen, dieses Buch wird Sie in die Lage versetzen, Ihren Traum sofort zu verwirklichen, anstatt auf den Ruhestand zu hoffen. Man kann den Lohn für ein Leben voll harter Arbeit jetzt schon ernten, ohne bis an dessen Ende warten zu müssen.

Wie das geht? Alles beginnt mit einer simplen Tatsache, die von den meisten Leuten übersehen wird und die ich selbst 25 Jahre lang übersehen habe: Die Menschen legen gar keinen Wert darauf, Millionär zu *sein* – sie wollen bloß die Dinge erleben, von denen sie glauben, dass nur Millionäre sie erleben können. Ein Chalet in einem Skigebiet, ein Butler oder Reisen in ferne Länder – solche Dinge kommen regelmäßig in diesen Wunschvorstellungen vor. Sich den Bauch mit Kakaobutter-Creme einreiben, während man in der Hängematte liegt und dem rhythmischen Klatschen der Wellen an den Bootssteg des eigenen schilfgedeckten Bungalows lauscht. Hört sich das nicht gut an?

Die Menschen träumen also eigentlich nicht davon, eine Million Euro auf dem Konto zu haben. Sie träumen vielmehr von einem völlig freien Leben, das dieses Geld ihnen ermöglichen soll. Die Frage ist also: Wie kann man frei und unabhängig sein, ohne eine Million zu haben? In den letzten fünf Jahren habe ich diese Frage für mich selbst beantwortet, und dieses Buch wird auch Ihnen eine Antwort darauf geben. Ich werde Ihnen zeigen, wie ich Einkommen und Zeit entkoppelt und dabei meinen idealen Lebensstil gefunden habe, um die Welt reise und das Beste genieße, was dieser Planet zu bieten hat.

Doch wie in aller Welt kommt man nun von 14-Stunden-Tagen und einem 40 000 Euro-Jahreseinkommen zu einer 4-Stunden-Woche und einem Gehalt von 40 000 Euro im Monat? Es hilft, wenn man weiß, wo für mich alles angefangen hat. Es war – seltsam genug – in einem Seminar für angehende Investmentbanker. Im Jahr 2002 bat mich Ed Zschau, mein Mentor und früherer Professor für High-Technology Entrepreneurship an der Universität Princeton, in seinem Seminar über meine Erlebnisse in der realen Business-Welt zu sprechen. Das brachte mich in die Bredouille. Zehnfache Millionäre hielten Vorträge in diesem Kurs, und obwohl ich einen sehr profitablen Vertrieb von Nahrungsergänzungsmitteln aufgebaut hatte, spielte ich doch in einer ganz anderen Liga. Im Verlauf der nächsten Tage wurde mir aber klar, dass alle anderen immer das Gleiche erzählten: wie man ein großes und erfolgreiches Unternehmen aufbaut, es anschließend verkauft und dann das süße Leben genießt. Völlig in Ordnung. Die Frage, die aber anscheinend überhaupt niemand stellte (geschweige denn beantwortete), war: Warum soll man das alles überhaupt machen? Welche Belohnung rechtfertigt es, dass man die besten Jahre seines Lebens damit verbringt, auf das Glück während der letzten Jahre zu hoffen?

Meine Vorträge bekamen schließlich den Titel *Drogenhandel als Einnahmequelle und um Spaß zu haben,* und sie begannen mit einer einfachen Aufforderung: Hinterfragen Sie die grundlegende Annahme der relativen Gewichtung von Arbeit und Leben.

- Welchen Einfluss hätte es auf Ihre Entscheidungen, wenn Sie sich nicht mehr um Ihre Rente sorgen müssten?
- Wie wäre es, wenn es eine Art vorgezogenen Mini-Ruhestand gäbe, in dem Sie Ihre Pläne für später jetzt schon ausprobieren könnten – ohne dass Sie zuerst 40 Jahre lang dafür arbeiten müssten?
- Ist es wirklich nötig, wie ein Sklave zu arbeiten, um wie ein Millionär zu leben?

Ich hatte keine Ahnung, wohin diese Fragen mich selbst führen würden. Doch dann kam ich zu einer ungewöhnlichen Schlussfolgerung: Die allgemein akzeptierten Regeln der sogenannten realen Welt sind eine zerbrechliche Sammlung gesellschaftlich verankerter Illusionen. Dieses Buch wird Ihnen deshalb zeigen, wie Sie die Möglichkeiten, die anderen verborgen bleiben, tatsächlich sehen und ergreifen können.

Was aber macht dieses Buch so anders? Erstens werde ich nicht viel Zeit damit verbringen, das Problem zu beschreiben. Ich setze einfach voraus, dass Sie an Zeitnot leiden, an schleichenden Angstzuständen, oder – im schlimmsten Fall – dass Sie eine erträgliche und bequeme Existenz haben, in der Sie tagtäglich etwas tun, was Sie nicht erfüllt. Dieser Fall ist am weitesten verbreitet und am heimtückischsten. Zweitens, in diesem Buch geht es nicht darum, zu sparen. Ich werde Ihnen nicht empfehlen, Ihr tägliches Glas Rotwein aufzugeben, damit Sie in 50 Jahren eine beträchtliche Summe angespart haben. Im Zweifelsfall nehme ich immer lieber den Wein. Sie müssen sich aber auch gar nicht zwischen sofortigem Genuss und Geld im späteren Leben entscheiden. Ich glaube, dass man beides sofort haben kann. Das Ziel ist, Spaß *und* Gewinn unter einen Hut zu bekommen. Drittens, dieses Buch ist keine Anleitung dafür, wie Sie Ihren »Traumjob« finden. Ich setze als gegeben voraus, dass für die meisten Menschen – zwischen sechs und sieben Milliarden, um genau zu sein – der perfekte Job derjenige ist, der am wenigsten Zeit beansprucht, denn die überwiegende Mehrheit der Menschen wird nie einen Job finden, der immerwährende Erfüllung mit sich bringt. Deshalb ist das auch nicht Ziel dieses Buches. Was wir, die Neuen Reichen, wollen, sind frei verfügbare Zeit und ein automatisiertes Einkommen.

Ich beginne jede meiner Vorlesungen mit der Erklärung, dass es von entscheidender Bedeutung ist, ein *Dealmaker* zu sein. Das Manifest des *Dealmakers* ist simpel: »Realität ist verhandelbar. Abgesehen von dem, was Gesetze und Naturgesetze festlegen, können alle Regeln gebeugt oder gebrochen werden. Und das ist keine Frage von Moral oder Unmoral.«

Der erste Teil des Wortes Dealmaker – DEAL – ist zugleich die Abkürzung für den Prozess, mit dessen Hilfe Sie zu einem Neuen Reichen werden können. Die jeweiligen Schritte und Strategien führen zu unglaublichen Ergebnissen – egal, ob Sie Angestellter oder Ihr eigener Chef sind. Sie können vielleicht nicht alles tun, was ich getan habe, wenn Sie angestellt sind. Aber Sie können die gleichen Prinzipien nutzen, um Ihr Einkommen um hundert Prozent zu steigern, Ihre Arbeitszeit zu halbieren oder zumindest Ihre bisherige Urlaubszeit zu verdoppeln. Garantiert! Und so können Sie sich Schritt für Schritt neu erfinden:

D wie Definition stellt den fehlgeleiteten gesunden Menschenverstand auf den Kopf und legt die neuen Spielregeln und Ziele fest. Glaubenssätze, die uns negativ beeinträchtigen, werden hinterfragt und über Bord geworfen. Wichtige Konzepte wie *relativer Reichtum* oder *Eustress* werden erklärt. Wer sind die NR, und wie gehen sie vor? Dieser Abschnitt erklärt Ihnen das Rezept des Lifestyledesigns und dessen Grundlagen, bevor wir uns den drei Zutaten widmen.

E wie Eliminieren macht ein für alle Mal Schluss mit dem überholten Konzept des Zeitmanagements. Dieser Schritt demonstriert Ihnen, wie Sie innerhalb von 48 Stunden mit Hilfe der Ratschläge eines fast vergessenen italienischen Wirtschaftstheoretikers Zwölf- in Zweistundentage verwandeln können. Erhöhen Sie Ihre Stundenleistung um das Zehnfache oder um noch mehr mit scheinbar widersinnigen NR-Techniken. Kultivieren Sie Ihre selektive Ignoranz. Stellen Sie auf eine *Informationsdiät* um und ignorieren Sie generell alles Unwichtige. Dieser Abschnitt liefert die erste der drei Zutaten für unser Luxus-Lifestyledesign: Zeit.

A wie Automation. So schalten Sie Ihren Cashflow auf Autopilot um – durch geografische Arbitrage,[1] Outsourcing und die Regeln der Entscheidungsvermeidung. Dieser Abschnitt stellt die zweite Zutat für unser Luxus-Lifestyledesign bereit: Einkommen.

L wie Liberation – zu Deutsch: Befreiung – ist das Mobilitätsmanifest für Menschen mit globalem Bewegungsdrang. Hier wird das Konzept des Mini-Ruhestands erklärt. Außerdem erfahren Sie, wie Sie Ihrem Chef entwischen und wie Sie Ihre Geschäfte reibungslos aus der Ferne steuern. In diesem Abschnitt geht es nicht darum, möglichst günstig zu

---

1 Arbitrage bezeichnet den Handel oder die unternehmerische Tätigkeit, geografische Preisunterschiede gleicher Produkte oder Dienstleistungen für eine risikoarme Gewinnerzielung zu nutzen.

verreisen, sondern darum, sich von den Dingen, die Sie an einen bestimmten Ort ketten, dauerhaft zu lösen. Diese Befreiung liefert die dritte und letzte Zutat zum Luxus-Lifestyledesign: Mobilität.

An dieser Stelle empfiehlt sich der Hinweis, dass die meisten Chefs nicht gerade begeistert sind, wenn man nur eine Stunde pro Tag im Büro verbringt. Angestellte sollten deshalb die oben beschriebene und auf Unternehmer zugeschnittene Reihenfolge der Schritte in DELA umändern. Wenn Sie vorhaben, Ihren gegenwärtigen Job zu behalten, müssen Sie sich die freie Wahl des Arbeitsorts sichern, bevor Sie Ihre Arbeitszeit durch Automation um 80 Prozent verringern.

Und für Unternehmer gilt: Auch wenn Sie es zuvor nie in Erwägung gezogen haben, der DEAL-Prozess wird aus Ihnen einen Entrepreneur im ursprünglichen Sinn des Wortes machen, wie ihn der französische Ökonom Jean-Baptiste Say im Jahr 1800 prägte: jemand, der ökonomische Ressourcen aus einem Bereich niedriger in einen Bereich höherer Erträge verschiebt.

Schließlich muss noch gesagt werden, dass der gesunde Menschenverstand vieles von dem, was ich vorschlage, als unmöglich oder gar beleidigend von sich weist – dessen bin ich mir bewusst. Entscheiden Sie sich dennoch, die Konzepte als eine Übung im lateralen Denken zu erproben. Wenn Sie es versuchen, wird es Ihnen wie Alice im Wunderland ergehen – Sie werden überrascht sein, wie weit der Kaninchenbau in die Erde reicht, und Sie werden nie mehr zurückkehren wollen.

Atmen Sie tief durch und lassen Sie sich durch meine Welt führen. Und denken Sie daran: Tranquilo! Es ist an der Zeit, Spaß zu haben – der Rest wird von selbst folgen.

Tim Ferriss, Tokio, 29. September 2006

> Ein Experte ist ein Mensch, der auf
> einem eng begrenzten Feld alle nur
> denkbaren Fehler gemacht hat.
> *Niels Bohr, dänischer Physiker und
> Nobelpreisträger*

Dieses Buch wird Ihnen die Prinzipien beibringen, die mir geholfen haben, all das zu werden:

- Teilnehmer an Freistil-Cagefights und Sieg über vier Weltmeister
- der erste Amerikaner überhaupt, der einen Guinness-Weltrekord im Tangotanzen hält
- Gastdozent für Unternehmertum an der Universität Princeton
- Sprecher der japanischen, chinesischen, deutschen und spanischen Sprache
- Wissenschaftler, der über den glykämischen Index forschte
- chinesischer Meister im Kickboxen
- Breakdancer bei MTV in Taiwan
- sportlicher Berater von mehr als 30 Weltrekordhaltern
- Schauspieler in beliebten Fernsehserien in China und Hongkong
- Fernsehmoderator in Thailand und China
- Forscher, der zu dem Thema politisches Asyl arbeitet, und Aktivist, der sich für politisch Verfolgte engagiert
- Hai-Taucher
- Motorradrennfahrer

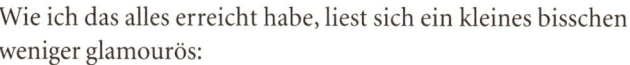

Wie ich das alles erreicht habe, liest sich ein kleines bisschen weniger glamourös:

1977 Da ich sechs Wochen zu früh geboren werde, gibt man mir nur eine zehnprozentige Chance zu überleben. Doch ich schaffe es und werde so fett, dass ich mich nicht auf den Bauch rollen kann. Eine Muskelschwäche in den Augen lässt mich in unterschiedliche Richtungen blicken, und meine Mutter nennt mich liebevoll »Thunfisch«. So weit, so gut.

1983 Ich falle beinahe in der Vorschule durch, weil ich mich weigere, das Alphabet zu lernen. Meine Lehrerin weigert sich zu erklären, warum ich es lernen soll. Sie sagt lediglich: »Ich bin die Lehrerin – darum.« Ich sage ihr, dass ich das doof finde und dass sie mich in Ruhe lassen soll, damit ich in Ruhe Haie malen kann. Ich werde an den »Bösen Tisch« gesetzt und muss ein Stück Seife essen. Meine Probleme mit Autoritäten nehmen hier ihren Anfang.

1991 Mein erster Job. Ach ja, die Erinnerungen. Ich arbeite zum Mindestlohn als Reinigungskraft in einem Eissalon und bemerke schnell, dass die vom Chef bevorzugte Arbeitsmethode den Aufwand unnötig verdoppelt. Ich mache es auf meine Weise und bin in einer anstatt in acht Stunden fertig. Den Rest der Zeit verbringe ich damit, Kung-Fu-Magazine zu lesen und vor der Tür Karatetechniken zu üben. Ich werde in einer Rekordzeit von drei Tagen wieder gefeuert, und der Chef bemerkt zum Abschied: »Vielleicht wirst du eines Tages den Wert von harter Arbeit begreifen.« Aber anscheinend habe ich das bis heute nicht.

1993 Ich nehme an einem einjährigen Schüleraustausch mit Japan teil. Dort arbeiten sich die Menschen zu Tode – ein Phänomen, das man *karooshi* nennt. Außerdem sagt man, dass alle Japaner Schintoisten sein wollten, wenn sie geboren werden, Christen, wenn sie heiraten, und Buddhisten, wenn sie sterben. Ich schließe daraus, dass die meisten Japaner ziemlich verwirrt durchs Leben gehen. Eines Abends, als ich meine Gastmutter bitten will, mich am nächsten Morgen zu wecken

(okosu), bitte ich sie stattdessen, mich zu vergewaltigen *(okasu)*. Sie ist sehr verwirrt.

1996 Ich schaffe es, mich in die Universität Princeton einzuschleichen, obwohl ich beim Zulassungstest 40 Prozent unter dem Durchschnitt liege und mein Hochschulzugangsberater mir rät, »realistisch« zu sein. Ich komme zu dem Schluss, dass ich einfach nicht gut im Realistischsein bin. Ich belege Neurowissenschaften als Hauptfach und wechsle dann zu Ostasienstudien, weil ich keine Elektroden in Katzenköpfe implantieren will.

1997 Zeit, endlich Millionär zu werden! Ich entwickle ein Hörbuch mit dem Titel *Wie ich die Eliteuniversitäten hereinlegte,* kratze den Lohn von drei Sommerjobs zusammen, um 500 Kassetten kopieren zu lassen, und verkaufe davon keine einzige. Erst 2006, nach neun Jahren standhafter Weigerung, der Realität ins Gesicht zu sehen, erlaube ich meiner Mutter, die Kassetten wegzuwerfen. Das sind die Freuden maßloser Selbstüberschätzung.

1998 Nachdem vier Kugelstoßer einen Freund mit gezielten Fußtritten gegen den Kopf ins Krankenhaus befördert haben, gebe ich meine Tätigkeit als Türsteher auf, obwohl das der am besten bezahlte Job auf dem Campus ist. Stattdessen entwickle ich ein Speedreading-Seminar. Ich hänge überall auf dem Campus grässliche giftgrüne Plakate auf, auf denen steht »VERDREIFACHE DEINE LESEGESCHWINDIGKEIT IN DREI STUNDEN!«, und die typischen Princetonstudenten versehen jedes einzelne davon mit der Aufschrift »Bullshit«. 32 Teilnehmer melden sich an und zahlen jeweils 50 Dollar für meine dreistündige Veranstaltung. Der Erlös von 533 Dollar pro Stunde macht mir nachdrücklich klar, dass es besser funktioniert, einen Markt zu finden, bevor man ein Produkt entwickelt, als andersherum. Zwei Monate später langweilt mich das Speedreading bis zur Bewusstlosigkeit, und ich mache meinen Laden dicht. Dienstleistungen sind nicht mein Ding – was ich brauche, ist ein Produkt, das ich verschicken kann.

Herbst 1998 Eine Auseinandersetzung um meine Abschlussarbeit und die akute Angst, als Investmentbanker zu enden, treiben mich in den akademischen Selbstmord. Ich teile dem Prüfungsamt mit, dass ich die Universität bis auf weiteres verlasse. Mein Vater ist davon überzeugt, dass ich niemals zurückkehren werde, und ich bin davon überzeugt, dass mein Leben zu Ende ist. Meine Mutter denkt, dass das alles kein Beinbruch ist und dass überhaupt kein Anlass besteht, sich so theatralisch aufzuführen.

Frühjahr 1999 Innerhalb von drei Monaten nehme ich zwei Jobs an, die ich umgehend wieder hinschmeiße: zuerst als Lehrplanentwickler bei Berlitz, dem weltgrößten Verlag für Fremdsprachenmaterialien. Dann als Analyst bei einem Dreipersonen-Institut, das Forschungen über politisches Asyl betreibt. Es versteht sich von selbst, dass ich anschließend nach Taiwan fliege und dort eine Kette von Fitnessstudios aus dem Boden stampfe, die von den Triaden (der chinesischen Mafia) wieder geschlossen wird. Ich kehre in die USA zurück, beschließe, Kickboxen zu lernen, und gewinne vier Wochen später die amerikanischen Meisterschaften mit dem hässlichsten und unorthodoxesten Stil aller Zeiten.

Herbst 2000 Mein Selbstvertrauen ist wiederhergestellt und meine Abschlussarbeit ist nicht einmal in Gedanken angefangen. Trotzdem kehre ich nach Princeton zurück. Mein Leben ist nicht zu Ende, und wie es aussieht, hat das Jahr meiner Abwesenheit sich zu meinen Gunsten ausgewirkt. Studenten von Mitte zwanzig haben mittlerweile das Auftreten und die Überzeugungskraft von Sektenführern. Einer meiner Freunde verkauft sein Unternehmen für 450 Millionen Dollar, und ich gehe nach Westen, ins sonnige Kalifornien, um dort meine eigenen Milliarden zu verdienen. Obwohl dies der vielversprechendste Arbeitsmarkt der Welt ist, schaffe ich es drei Monate lang, nicht einen einzigen Job zu finden. Ich beschließe, meine Trumpfkarte zu spielen, und fange an, den CEO einer Start-up-Firma mit 32 E-Mails in Folge zu bom-

bardieren. Der gibt schließlich auf und steckt mich in seine Verkaufsabteilung.

Frühjahr 2001 TrueSAN Networks ist von einer 15-Personen-Klitsche zur »Nummer eins der nicht börsennotierten Speichernetzwerk-Anbieter« aufgestiegen (wie misst man so etwas?) und hat 150 Angestellte (was machen die eigentlich alle?). Ein ebenfalls neu eingestellter Verkaufsleiter gibt mir den Auftrag, im Telefonbuch bei A anzufangen und den Dollars hinterherzutelefonieren. Ich frage ihn so taktvoll wie nur möglich, warum wir das wie die Höhlenmenschen machen. Seine Antwort: »Weil ich es sage.« Kein guter Anfang.

Herbst 2001 Nachdem ich ein Jahr von Zwölfstundentagen hinter mir habe, finde ich heraus, dass ich, abgesehen von der Dame am Empfang, am wenigsten im Unternehmen verdiene. Meine Reaktion darauf ist, von nun an während meiner gesamten Arbeitszeit im Web zu surfen. Als ich eines Nachmittags keine obszönen Videoclips mehr finde, die ich an meine Kollegen weiterleiten könnte, fange ich an zu recherchieren, wie schwierig es wohl wäre, einen Versand für Nahrungsergänzungsmittel aufzuziehen. Ich stelle fest, dass man von der Produktion bis zur Werbung alles outsourcen kann. Zwei Wochen und 5000 Dollar Kreditkartenschulden später läuft die Produktion der ersten Lieferung, und die Webseite ist in Betrieb. Das ist auch gut so, denn exakt eine Woche später werde ich gefeuert.

2002 bis 2003 Meine Firma, die BrainQUICKEN LLC, macht Profit, und statt 40 000 Dollar im Jahr verdiene ich jetzt mehr als 40 000 Dollar im Monat. Das einzige Problem ist, dass ich mein Leben hasse und inzwischen mehr als zwölf Stunden pro Tag arbeite – und zwar sieben Tage die Woche. Irgendwie habe ich mir da selbst ins Knie geschossen. Ich gönne mir und meiner Familie einen einwöchigen »Urlaub« in Florenz, wo ich jeden Tag zehn Stunden lang in einem Internetcafé sitze und ausraste. Verdammter Mist. Ich beginne außerdem damit, Studenten in Princeton beizubringen, wie man »erfolgreiche« (das heißt: profitable) Unternehmen aufbaut.

Winter 2004 Das Unmögliche geschieht: Ich bekomme Angebote von einer Infomercial-Produktionsgesellschaft und einem Israelischen Konglomerat (häh?), die beide daran interessiert sind, mein Baby BrainQUICKEN zu kaufen. Ich vereinfache, eliminiere, mache reinen Tisch und unternehme alles, um mich selbst überflüssig zu machen. Erstaunlicherweise läuft die Firma trotzdem weiter – aber beide Deals platzen. Und täglich grüßt das Murmeltier. Kurz darauf versuchen beide Unternehmen, mein Produkt zu kopieren, und verlieren dabei Millionen von Dollars.

Juni 2004 Ich komme zu der Erkenntnis, dass ich da herauskommen muss, bevor ich überschnappe wie Howard Hughes. Selbst wenn mein Unternehmen dabei kollabieren sollte. Ich stelle alles auf den Kopf, schnappe mir einen Rucksack und kaufe mir am John F. Kennedy-Flughafen in New York das erste Einweg-Flugticket nach Europa, das ich bekommen kann. Ich lande in London und will nach Spanien weiterfliegen, um dort vier Wochen lang meine Batterien wieder aufzuladen, bevor ich in die Tretmühle zurückkehre. Meine Erholung beginnt damit, dass ich am ersten Morgen prompt einen Nervenzusammenbruch erleide.

Juli 2004 bis 2005 Aus vier Wochen werden acht, und ich beschließe, auf unbestimmte Zeit in Übersee zu bleiben, um dort ein Diplom in »Automatisierung und Experimentaler Lebensweise« zu erwerben. Zu diesem Zweck beschränke ich das Lesen und Beantworten von E-Mails auf eine Stunde jeden Montagmorgen. Sobald ich mich auf diese Weise selbst aus meinem Unternehmen entfernt habe, steigen die Profite um 40 Prozent. Was in aller Welt aber macht ein Unternehmer, wenn die Arbeit nicht länger als Entschuldigung dafür herhalten kann, dass er hyperaktiv ist und den großen Fragen aus dem Weg geht? Vor Angst schlottern und mit beiden Händen den eigenen Hintern festhalten, offensichtlich.

September 2006 Nachdem ich systematisch meine sämtlichen Vorstellungen darüber, was man tun und was man nicht

tun kann, widerlegt habe, kehre ich in einem seltsamen, ZEN-artigen Geisteszustand in die USA zurück. Unter dem Titel *Drogenhandel als Einnahmequelle und um Spaß zu haben* halte ich Seminare über das ideale Lifestyledesign. Die neue Botschaft ist einfach: Ich habe das Gelobte Land gesehen, und ich habe gute Nachrichten für Sie. Es steht Ihnen ebenfalls offen.

SCHRITT 1:
D wie Definition

Die Realität ist nur eine Illusion,
allerdings eine ziemlich hartnäckige.
*Albert Einstein, deutscher Physiker
und Begründer der Relativitätstheorie*

Vorbemerkungen:
Wie man eine Million Dollar
in einer Nacht verpulvert

> Diese Individuen haben Reichtümer,
> so wie wir sagen, dass wir »Fieber
> haben«, dabei hat das Fieber uns.
> *Seneca (4 v. Chr.–65 n. Chr.),*
> *römischer Philosoph, Dramatiker*
> *und Staatsmann*

Ein Uhr nachts, 10 000 Meter über Las Vegas

Seine Freunde – so betrunken, dass sie angefangen hatten, in Zungen zu reden – waren alle eingeschlafen. Wir waren also gewissermaßen unter uns in der ersten Klasse. Er streckte mir seine Hand entgegen und stellte sich vor. Mein Blick fiel auf einen Ring von enormen Ausmaßen, als seine Finger vom Schein meiner Leselampe getroffen wurden.

Mark war ein waschechter Magnat. Er hatte zu unterschiedlichen Zeiten praktisch alle Tankstellen, Lebensmittelläden und Spielsalons in South Carolina besessen. Mit einem halben Lächeln gestand er mir, dass er und seine Kumpels bei einem Trip nach Las Vegas im Durchschnitt zwischen 500 000 und einer Million Dollar verloren – pro Mann. Eine hübsche Summe.

Er setzte sich in seinem Sitz auf, als die Rede auf meine Reisen kam, aber ich interessierte mich mehr für seine beeindruckende Bilanz als Unternehmer, der alles zu Gold werden lässt.

»Welches von all Ihren Geschäften hat Ihnen denn eigentlich am meisten Spaß gemacht?«

Über seine Antwort musste er weniger als eine Sekunde nachdenken: »Keins davon.«

Er erklärte mir, dass er seit mehr als 30 Jahren mit Leuten verkehrte, die er nicht mochte, um Dinge zu kaufen, die er nicht brauchte. Das Leben war zu einer Abfolge glamouröser Ehefrauen – zurzeit war er bei Nummer drei –, teurer Autos und anderer bedeutungsloser Dinge geworden, mit denen man nichts weiter als angeben konnte. Mark war einer dieser lebenden Toten. Und ein solcher wollte ich nie werden.

Äpfel und Birnen: ein Vergleich

Was ist also anders? Wodurch unterscheiden sich die Neuen Reichen (NR) von den Aufschiebern (A), also jenen, die alles für das Ende aufsparen, nur um dann festzustellen, dass das Leben an ihnen vorübergegangen ist? Sie unterscheiden sich durch ihre Ziele, die klare Prioritäten und Lebensphilosophien zum Ausdruck bringen und durch die sie sich von der Masse abheben. Definiert man die Ziele sowohl der Neuen Reichen als auch der Aufschieber, zeigen schon kleine Unterschiede in der Wortwahl, dass völlig unterschiedliche Handlungen nötig sind, um diese Ziele zu erreichen. Und das, obwohl sie auf den ersten Blick sehr ähnlich aussehen. Die Ziele der NR sind aber nicht nur für Unternehmer relevant. Wie wir später noch sehen werden, können auch Angestellte sie realisieren. Schauen wir uns die Maximen der Aufschieber und der Neuen Reichen einmal im direkten Kontrast an:

A: Für sich selbst arbeiten.
NR: Andere für sich arbeiten lassen.

A: Arbeiten, wann man arbeiten will.
NR: Nicht um der Arbeit willen arbeiten. Mit minimalem Aufwand den maximalen Effekt erreichen.

A: Sich früh oder jung zur Ruhe setzen.

NR: Erholungsperioden und Abenteuer (Mini-Ruhestände) in regelmäßigen Abständen. Erkennen, dass Inaktivität nicht das Ziel sein kann. Das Ziel ist, Dinge zu tun, die Spaß machen.

A: Alle Dinge kaufen, die man haben will.

NR: Alle Dinge tun, die man tun will, und alles sein, was man sein will. Wenn dazu auch ein paar teure Spielzeuge gehören, dann ist das in Ordnung – doch sind diese entweder Mittel zum Zweck oder Bonus, niemals Selbstzweck.

A: Der Chef sein, nicht der Angestellte; das Sagen haben.

NR: Weder Chef noch Angestellter sein, sondern der Besitzer. Die Eisenbahngesellschaft besitzen und jemand anderen haben, der dafür sorgt, dass die Züge pünktlich fahren.

A: Jede Menge Geld verdienen.

NR: Jede Menge Geld verdienen – und zwar aus bestimmten Gründen und mit dem Ziel, bestimmte Träume zu verwirklichen, unter Berücksichtigung von Zeitvorgaben und Teilschritten. Wofür arbeiten Sie?

A: Mehr haben.

NR: Mehr Qualität haben und weniger überflüssige Dinge. Große finanzielle Reserven haben, aber sich darüber im Klaren sein, dass die meisten materiellen Bedürfnisse nur eine Ausrede dafür sind, Zeit mit Dingen zu verschwenden, die nicht wirklich wichtig sind. Sie haben zwei Wochen lang mit dem Händler gefeilscht und Ihren neuen Lexus schließlich 8000 Euro billiger bekommen? Na großartig! Hat Ihr Leben einen Sinn? Tragen Sie etwas Sinnvolles zu dieser Welt bei oder schieben Sie nur Papiere hin und her, tippen auf Ihrer Tastatur herum und lassen sich am Wochenende vollaufen?

A: Den großen Zahltag erreichen, egal, ob es der Börsengang, ein Abschluss, die Rente oder ein anderer Märchenschatz ist.

NR: In großen Dimensionen denken, aber dabei sicherstellen, dass jeder Tag ein Zahltag ist: Cashflow zuerst, großer Zahltag erst an zweiter Stelle.

A: Nicht das tun müssen, was man nicht tun will.

NR: Nicht das tun müssen, was man nicht will. Aber auch die Freiheit und die Entschlossenheit besitzen, die eigenen Träume zu verwirklichen, ohne Arbeit um ihrer selbst willen (»work for work's sake« = W4W) zu betreiben. Wenn man jahrelang einer monotonen Arbeit nachgegangen ist, kann es oft schwerfallen, alte Leidenschaften wiederzuentdecken, die eigenen Träume zu definieren und Hobbys neu zu beleben. Ziel ist nicht nur, das Schlechte auszumerzen – das Ergebnis wäre ein Vakuum –, sondern das Beste der Welt zu suchen und zu genießen.

Steigen Sie aus dem falschen Zug aus

Genug ist genug. Wir wollen keine Lemminge mehr sein. Die blinde Jagd nach dem Geld ist eine sinnlose Übung.

Ich habe mich in gecharterten Flugzeugen über die Anden fliegen lassen, bin auf den schönsten Pisten der Welt Ski gefahren, habe viele der besten Weine getrunken, mich im Liegestuhl neben dem Pool einer privaten Villa entspannt und gelebt wie ein König. Hier ist ein kleines Geheimnis, das ich bisher meistens für mich behalten habe: Das alles hat weniger gekostet als die Miete in den USA. Sobald Sie über Zeit und Ort frei verfügen können, ist Ihr Geld automatisch drei- bis zehnmal so viel wert. Und das hat nichts mit Umtauschkursen zu tun. Mil-

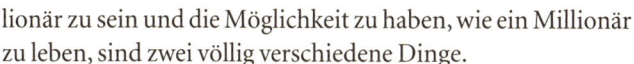

lionär zu sein und die Möglichkeit zu haben, wie ein Millionär zu leben, sind zwei völlig verschiedene Dinge.

Geld kann seinen praktischen Wert vervielfachen, abhängig davon, wie viele »Ws« Sie in Ihrem Leben selbst kontrollieren: **was** Sie tun, **wann** Sie es tun, **wo** Sie es tun und mit **wem** Sie es tun. Ich nenne das den *Freiheitsmultiplikator*. Aus diesem Blickwinkel betrachtet, ist der Investmentbanker mit einem Jahreseinkommen von 500 000 Euro weniger *mächtig* als der angestellte NR, der nur ein Viertel der Stunden arbeitet, 40 000 Euro im Jahr verdient und völlige Freiheit genießt, wenn es darum geht, wann, wo und wie er lebt. Wenn man sich die Zahlen genauer anschaut und den Gegenwert in Lifestyle vergleicht, dann kann die halbe Million des Bankers tatsächlich weniger wert sein als die 40 000 des Angestellten.

Aus allen Möglichkeiten frei wählen zu können – das ist wahre Macht. In diesem Buch geht es deshalb vor allem darum, die eigenen Optionen zu erkennen und diese mit dem geringstmöglichen persönlichen und finanziellen Aufwand zu realisieren. Paradoxerweise ist es nämlich so, dass Sie mehr Geld – viel mehr Geld – verdienen können, indem Sie nur noch die Hälfte Ihrer derzeitigen Leistung erbringen.

Wer sind denn nun die NR?

- Der Angestellte, der seinen Zeitplan umstellt und eine Home-Office-Vereinbarung trifft, um 90 Prozent der Resultate in einem Zehntel der Zeit zu erzielen. Das verschafft ihm den Freiraum, jeden Monat zwei Wochen Skilanglauf zu trainieren oder mit seiner Familie zu verreisen.
- Die Unternehmerin, die sich die am wenigsten profitablen Kunden und Projekte vom Hals schafft, sämtliche Geschäftstätigkeiten outsourct und dann um die Welt reist, um seltene Dokumente zu sammeln. Sie unterhält außerdem noch eine eigene Webseite, auf der ihre Werke als Illustratorin ausgestellt sind.
- Der Student, der alles riskiert (also praktisch nichts) und einen Online-Videoverleih gründet, der das schmale Segment

der HDTV^2-Fangemeinde anspricht und 5000 Dollar pro Monat abwirft. Dieses Nebenprojekt beansprucht zwei Stunden pro Woche und erlaubt es ihm, sich täglich fünf Stunden neben seinem Studium für den Tierschutz zu engagieren.

Die Möglichkeiten sind grenzenlos, doch jeder Weg beginnt mit dem gleichen ersten Schritt: dem Überwinden von Vorurteilen. Wenn Sie der Bewegung beitreten wollen, sollten Sie sich einen neuen Wortschatz aneignen. Legen Sie sich einen neuen Orientierungssinn und einen Kompass für eine ungewöhnliche Welt zu. Ändern Sie die Regeln. Das kann zum Beispiel heißen, Verantwortlichkeiten umzukehren oder die herkömmliche Definition von »Erfolg« über Bord zu werfen.

---

2   HDTV steht für »High Definition«, also »hoch auflösendes Fernsehen«, und garantiert im Gegensatz zu den herkömmlichen Methoden eine sehr hohe Bildqualität.

Neue Spieler in einem neuen Spiel:
global und frei

Turin

> Die Zivilisation hatte zu viele Regeln
> für mich, also habe ich mein Bestes
> getan, sie umzuschreiben.
> *Bill Cosby, amerikanischer Schau-*
> *spieler und Autor*

Als er sich in der Luft um 360 Grad drehte, verstummte der ohrenbetäubende Lärm. Dale Begg-Smith vollführte einen perfekten Rückwärtssalto – die Skier bildeten ein X über seinem Kopf –, und er landete direkt in den Geschichtsbüchern, als er die Ziellinie überquerte.

Es war der 16. Februar 2006, und sein Sieg bei den Olympischen Winterspielen in Turin machte Dale zu einem Wirtschaftsmagnaten mit einer Skigoldmedaille. Doch anders als die Vollzeitathleten würde er nach diesem Moment im Rampenlicht nicht in einen Beruf ohne Zukunft zurückkehren müssen. Ebenso wenig würde dieser Tag in seiner Erinnerung den Höhepunkt seiner einzigen Leidenschaft markieren. Schließlich war er erst 21 Jahre alt und fuhr einen schwarzen Lamborghini.

Dale war in Kanada geboren geworden und ein Spätentwickler gewesen, der erst im Alter von 13 Jahren seine Berufung fand: eine internetbasierte IT-Firma. Glücklicherweise stand ihm ein Mentor und Partner mit größerer Erfahrung zur Seite: sein 15-jähriger Bruder Jason. Die Brüder gründeten das Unternehmen, um ihren Traum vom Olympiasieg zu finanzieren. Nur zwei Jahre später wurde es zum drittgrößten seiner Art weltweit.

Während Dales Mannschaftskameraden Extra-Trainingseinheiten einlegten, war er selbst oft damit beschäftigt, seine Kunden in Tokio mit Sake zu bewirten. Und in einer Welt, wo der Leitsatz

»work harder, not smarter« gilt, war es wohl unvermeidlich, dass Dales Trainer zu der Überzeugung kamen, er verbringe zu viel Zeit mit seinem Unternehmen und zu wenig im Training – egal, wie gut seine Leistungen auch waren. Anstatt sich aber zwischen seinem Unternehmen und seinem Traum, also für Entweder-oder, zu entscheiden, wählte Dale das Sowohl-als-auch. Das Problem war außerdem gar nicht, dass er zu viel Zeit für sein Unternehmen aufgewandt, sondern vielmehr dass er und sein Bruder zu viel Zeit in ihren Kanadiern verbracht hatten.

Im Jahr 2002 zogen sie in das Ski-Mekka der Welt: nach Australien. Dort war das Team kleiner und flexibler und der Trainer eine Ski-Legende. Drei Jahre später wurde Dale australischer Staatsbürger, trat im direkten Wettkampf gegen seine alten Teamkameraden an und gewann Gold bei den Olympischen Winterspielen – etwas, das vor ihm überhaupt erst zwei Australier geschafft hatten.

Inzwischen ist Dale im Land der Kängurus und Koalas sogar auf andere Art verewigt. Die Post hat neben der Elvis-Presley-Gedenkausgabe auch Briefmarken mit seinem Konterfei herausgebracht.

Ruhm hat seine schönen Seiten, genau wie der Blick über den Tellerrand der angebotenen Wahlmöglichkeiten. Es gibt immer mehrere Optionen, und die müssen einander nicht ausschließen.

Neukaledonien, Südpazifik

> Sobald du sagst, dass du auch mit dem Zweitbesten zufrieden bist, wirst du es auch bekommen.
> *John F. Kennedy, amerikanischer Präsident 1961–1963*

Einige Menschen sind noch immer davon überzeugt, dass ein bisschen mehr Geld all ihren Sorgen ein Ende bereiten würde. Ihre Ziele sind wie bewegliche Zielscheiben: 300 000 Euro auf

dem Konto, eine Million Euro in Aktien, 100 000 Euro statt 50 000 Jahreseinkommen und so weiter. Julies Ziel hingegen war nachvollziehbar: Sie wollte mit der gleichen Anzahl Kinder zurückkommen, mit der sie losgefahren war.

Sie lehnte sich im Flugzeug in ihrem Sitz zurück und schaute an ihrem schlafenden Mann Marc vorbei auf die andere Seite des Mittelgangs, um nachzuzählen. So wie sie es schon Tausende Male zuvor getan hatte – eins, zwei, drei. So weit, so gut. In zwölf Stunden würden sie alle wieder zurück in Paris sein, gesund und wohlbehalten. Natürlich nur unter der Voraussetzung, dass das Flugzeug aus Neukaledonien nicht unterwegs auseinanderfiel.

Neukaledonien, eine französische Inselgruppe im tropischen Korallenmeer des Pazifik – dort hatten Julie und Marc gerade ihr Segelboot verkauft, das sie 24 000 Kilometer rund um die Welt getragen hatte. Natürlich hatte es von Anfang an zu ihrem Plan gehört, die Investition für das Boot wieder hereinzubekommen. Unter dem Strich kostete ihre 15-monatige Weltreise von den mit Gondeln bevölkerten Wasserstraßen Venedigs bis zu den Eingeborenen Polynesiens zwischen 18 000 und 19 000 Dollar. Weniger als Miete und Baguettes in Paris. Die meisten Menschen würden das für unmöglich halten. Andererseits wissen die meisten Menschen auch nicht, dass jedes Jahr etwa 300 Familien von Frankreich aus in See stechen, um das Gleiche zu tun. Diese Reise war fast zwanzig Jahre lang ihr Traum gewesen, doch eine ständig anwachsende Liste von Verpflichtungen sorgte dafür, dass dieser immer hintangestellt wurde. Immer wieder gab es neue Gründe dafür, den Trip aufzuschieben. Eines Tages wurde Julie klar: Wenn sie es jetzt nicht wagte, dann würde sie es niemals tun. Die Gründe, zu Hause zu bleiben – berechtigt oder nicht –, würden einfach immer zahlreicher werden, und irgendwann würde es nicht mehr möglich sein, sich selbst davon zu überzeugen, dass ein Entfliehen möglich war.

Nach einem Jahr der Vorbereitungen und einem dreißig Tage langen Testlauf mit ihrem Mann stachen sie zur Reise ihres Lebens in See. Schon kurz nach dem Lichten des Ankers wurde Ju-

lie klar, dass Kinder kein Grund sind, Reisen und Abenteuer aufzuschieben – sie sind im Gegenteil vielleicht sogar der beste Grund dafür, beides zu suchen.

Vor der Reise hatten sich ihre drei Söhne bei der kleinsten Gelegenheit wie die Kesselflicker gestritten. Nun, da sie in einer schwimmenden Einzimmerwohnung miteinander auskommen mussten, lernten sie Geduld, was ihnen ebenso zugute kam wie den Nerven ihrer Eltern. Vor der Reise war die Idee, ein Buch zu lesen, ungefähr so beliebt gewesen wie ein großer Löffel Lebertran. Angesichts der Alternative, auf offenem Meer die Wände anzustarren, lernten alle drei, Bücher zu lieben. So gesehen erwies sich die Entscheidung, die Jungen für ein Jahr aus der Schule zu nehmen und einer neuen Umgebung auszusetzen, als eine großartige Investition in ihre Bildung.

Julie schaute auf die Wolken hinaus, die von den Tragflächen des Flugzeugs durchschnitten wurden, und dachte schon über ihre nächsten Pläne nach: einen Ort in den Bergen finden, wo man das ganze Jahr über Ski fahren konnte. Das Einkommen aus einem Segel- und Takelage-Workshop würde die Skipisten und weitere Reisen finanzieren.

Jetzt, da sie es einmal getan hatte, hatte sie Blut geleckt.

Ändern Sie die Regeln: Alles Populäre ist falsch

Alles Populäre ist falsch.
Oscar Wilde, irischer Dramatiker
und Romancier

Überlisten Sie das Spiel, anstatt nur mitzuspielen

1999 hatte ich bereits meinen zweiten unbefriedigenden Job hingeworfen und tröstete mich mit Erdnussbutter-Sandwiches. Kurze Zeit später gewann ich bei den chinesischen Meisterschaften im Kickboxen eine Goldmedaille. Nicht etwa, weil ich besonders gut im Kicken oder Boxen bin – du lieber Himmel, nein! Allein meinen kämpferischen Fähigkeiten zu vertrauen wäre mir ein bisschen zu gefährlich gewesen. Schließlich ging es nur um eine Wette, und ich hatte gerade einmal vier Wochen Zeit, mich vorzubereiten. Nebenbei bemerkt, habe ich einen Kopf wie eine Wassermelone – und der hätte ein großartiges Ziel abgegeben. Nein, ich gewann, weil ich die Regeln genau durchgelesen und dabei zwei Schlupflöcher entdeckt hatte:

Erstens: Das Wiegen fand am Tag vor dem Wettkampf statt. Mit Dehydrationstechniken, wie ich sie mittlerweile Top-Gewichthebern beibringe, nahm ich in 18 Stunden 28 Pfund ab. Ich brachte beim Wiegen 165 Pfund auf die Wage und hyperhydrierte dann zurück auf 193 Pfund. Es ist viel weniger schwer, gegen jemanden zu kämpfen, der drei Gewichtsklassen leichter ist als man selbst. Arme kleine Burschen. Übrigens: Das

ganze geschah unter ärztlicher Aufsicht – also bitte nicht nach-machen.

Zweitens half mir noch eine Formalität im Kleingedruckten: Fiel einer der Kämpfer in einer Runde dreimal aus dem Ring, dann wurde der Kampf abgebrochen und sein Gegner zum Sieger erklärt. Ich hatte mir vorgenommen, meine Kampf-technik auf diese Regel auszurichten und meine Gegner ein-fach aus dem Ring zu schubsen. Sie können sich vorstellen, dass die chinesischen Kampfrichter in Anbetracht dieser Methode nicht gerade happy waren.

Das Ergebnis? Ich gewann alle Kämpfe durch technischen K. o. und ging als Sieger der nationalen Meisterschaft nach Hause. Alle anderen Wettkampfteilnehmer, die zwischen fünf und zehn Jahre Training und Kampfpraxis aufweisen konnten, mussten sich geschlagen geben.

Seien Sie nicht dumm, sondern hinterfragen Sie den Status quo

Die meisten Menschen benutzen zum Laufen ihre Füße. Heißt das, dass ich es vorziehe, auf den Händen die Straße entlang-zugehen? Trage ich meine Unterhosen über der Hose, nur um anders zu sein? Nein, normalerweise tue ich das nicht. Außer-dem haben mir die Füße beim Laufen und der Tanga in der Jeans bislang recht gute Dienste geleistet. Ich muss nichts ändern, was bereits gut funktioniert.

Verhalten oder Gewohnheiten zu verändern ist nur sinnvoll, wenn die neue Vorgehensweise effizienter ist oder mehr Spaß macht. Wenn also ein Problem auftritt, das alle Menschen auf die gleiche unbefriedigende Art und Weise zu lösen versuchen, sollte man sich fragen, wie es wäre, einmal genau das Gegenteil zu probieren. Etwas, das nicht funktioniert, sollte man sich nicht zum Vorbild nehmen. Wenn das Rezept nichts taugt, ist es egal, ob Sie ein guter Koch sind oder nicht.

Als Verkäufer von Datenspeichersystemen – mein erster Job nach dem College – wurde mir schnell klar, dass ich mit den meisten meiner Anrufe nur aus einem einzigen Grund nicht bei der gewünschten Person landete: Die Vorzimmerdamen verhinderten es. Als ich anfing, meine Anrufe zwischen acht und halb neun Uhr morgens und zwischen sechs und halb sieben Uhr abends zu machen – und so auch nicht länger als insgesamt eine Stunde pro Tag telefonierte –, umging ich die Sekretärinnen und konnte doppelt so viele Termine vereinbaren wie unsere erfahrenen Spitzenverkäufer, die von neun bis 17 Uhr telefonierten. Mit anderen Worten, ich erreichte doppelt so viele Personen wie sie in einem Achtel der Zeit.

Egal, ob in Japan oder Marokko, für alleinerziehende Mütter auf Weltreise oder Multimillionäre, die Autorennen fahren – die Grundregeln erfolgreicher NR sind überraschenderweise immer die gleichen. Aber wie nicht anders zu erwarten, unterscheiden sie sich grundlegend von den Prinzipien aller anderen Menschen.

Die folgenden Regeln sind fundamental, und Sie sollten sie im weiteren Verlauf dieses Buches immer im Hinterkopf behalten:

Der Ruhestand ist nichts weiter als eine Absicherung für den Notfall.
Die Rente sollte man wie eine Lebensversicherung betrachten: Sie sollte Ihnen Sicherheit geben im absolut schlimmsten aller denkbaren Fälle – nämlich dann, wenn Sie körperlich nicht mehr dazu in der Lage sind zu arbeiten und eine finanzielle Reserve brauchen, um zu überleben. Den Ruhestand als Ziel oder Erlösung vom Arbeitsalltag zu betrachten ist aus mindestens drei gewichtigen Gründen ein Denkfehler:

Erstens beruht dieses Denken auf der Annahme, dass Sie während der produktivsten Jahre Ihres Lebens etwas tun müssen, das Ihnen nicht gefällt. Das ist kompletter Unsinn – ein solches Opfer ist durch nichts zu rechtfertigen. Zweitens werden viele Menschen niemals in der Lage sein, mit Hilfe der staatlichen Rente einen Lebensstandard zu halten, wie sie ihn zuvor gewohnt waren. Denn in einer Welt, in der der Ruhestand 30 Jahre dauern kann und die Inflation ihre Kaufkraft Jahr für Jahr um zwei bis vier Prozent schrumpfen lässt, ist selbst das durch private Rentenversicherungen zusätzlich Angesparte nur ein Taschengeld. Diese Rechnung geht schlicht und einfach nicht auf. So werden die goldenen Jahre zu einem Wiedersehen mit der unteren Mittelklasse. Das ist kein schönes Ende.

Und wenn – drittens – die Rechnung bei Ihnen doch aufgeht, dann nur deshalb, weil Sie ein ausnehmend ehrgeiziges sowie fleißiges Arbeitstier sind und sehr, sehr viel sparen. Wenn das tatsächlich so ist, dann raten Sie einmal, was passieren wird. Nach einer Woche im Ruhestand wird die Langeweile Ihnen den Verstand rauben. Wahrscheinlich werden Sie sich nach einem neuen Job umsehen oder ein neues Unternehmen starten. Und das stellt dann irgendwie den Zweck der ganzen Warterei auf den Kopf, nicht wahr?

Ich sage ja nicht, dass Sie nicht auf den möglicherweise schlimmsten Fall vorbereitet sein sollten. Ich selbst habe zum Beispiel verschiedene private Altersvorsorgeversicherungen von jeweils maximaler Höhe abgeschlossen. Diese kann man ohnehin wunderbar von der Steuer absetzen. Aber den Ruhestand halte ich dennoch keinesfalls für mein Ziel.

Energiegeladene und von starkem Interesse geprägte Phasen treten zyklisch auf.
Angenommen, ich würde Ihnen zehn Millionen Euro dafür bieten, dass Sie die nächsten 15 Jahre lang 24 Stunden am Tag arbeiteten und sich dann zur Ruhe setzten. Würden Sie das annehmen? Natürlich nicht. Sie könnten das gar nicht leisten, niemand kann das, es ist unmöglich. Genauso unmöglich wie das, was die meisten Menschen als Karriere definieren: jeden Tag mehr als acht Stunden lang das Gleiche tun, bis man zu-

sammenbricht oder genug Geld hat, um für immer aufzu-
hören.

Wie sonst ist es zu erklären, dass meine 30-jährigen Freunde
allesamt aussehen wie Donald Trump oder Liz Taylor? Es ist
schauderhaft. Sie vergreisen frühzeitig, bedingt durch un-
menschlichen Stress, viele Überstunden und einen enormen
Kaffeekonsum. Doch der Mensch kann nicht überleben, geschweige denn gedeihen, wenn er nicht zwischen Phasen der
Belastung und der Erholung wechselt. Die Leistungsfähigkeit,
das Interesse für bestimmte Dinge und mentale Ausdauer sind
natürlichen Schwankungen unterworfen. Das sollten Sie einplanen.

Der NR setzt sich deshalb zum Ziel, sogenannte *Mini-Ruhestände* in regelmäßigen Abständen wahrzunehmen und Erholung sowie Lebensfreude nicht bis zum Rentenalter aufzuschieben. Wenn man nur dann arbeitet, wenn es am effizientesten
ist, wird das Leben sowohl produktiver als auch schöner.

An meinem Beispiel zeigt sich: Profit und Freizeitspaß
schließen sich nicht aus, man kann sie gleichzeitig haben.
Mittlerweile versuche ich, mir nach jeweils zwei Monaten Pro-
jektarbeit einen ganzen Monat Zeit zu nehmen, um ferne Kon-
tinente zu bereisen oder etwas Neues zu lernen (Tango, Kickboxen, was auch immer).

Weniger zu arbeiten bedeutet nicht, faul zu sein.
Weniger sinnlose Arbeiten zu verrichten, um sich auf die Dinge
zu konzentrieren, die von größerer persönlicher Wichtigkeit
sind, ist NICHT mit Faulheit gleichzusetzen. Für viele Menschen ist das schwer zu akzeptieren, weil es in unserer Kultur
üblich ist, persönliche Opfer höher zu bewerten als persönliche Produktivität.

Vielen Menschen fällt es schwer, die Ergebnisse ihrer Arbeit
zu bewerten. Deshalb ist ihr Maßstab die Zeit, die sie jeweils für
eine Sache benötigen. Mehr investierte Zeit bedeutet mehr
Selbstwertgefühl und mehr positives Feedback von Vorgesetz-

ten und Kollegen. Obwohl NR jedoch weniger Stunden im Büro verbringen, produzieren sie oft bessere Ergebnisse als ein Dutzend Nicht-NR.

Lassen Sie uns »Faulheit« deshalb neu definieren: Faul zu sein bedeutet, eine unbefriedigende Existenz zu ertragen, äußere Umstände oder andere Menschen über sich bestimmen zu lassen oder ein Vermögen anzuhäufen, während man das Leben lediglich als Zuschauer aus dem Bürofenster heraus betrachtet. Die Summe auf Ihrem Bankkonto ändert nichts daran und auch nicht die Anzahl der Stunden, die Sie im Büro damit verbringen, unwichtige E-Mails oder Kleinkram zu bearbeiten. Seien Sie lieber produktiv als beschäftigt.

Es ist nie der richtige Zeitpunkt.
Ich habe einmal meine Mutter gefragt, woher sie wusste, dass der richtige Zeitpunkt gekommen war, um ihr erstes Kind, nämlich mich, zu bekommen. Ihre Antwort war einfach: »Wir wollten ein Kind und wir sahen keinen Grund dafür, es aufzuschieben. Es gibt keinen richtigen Zeitpunkt, um ein Baby zu bekommen.«

Genau so ist es. Für die wichtigen Dinge im Leben ist der Zeitpunkt immer ungünstig. Sie warten auf den richtigen Moment, um Ihren Job zu kündigen? Es werden nie alle Sterne günstig stehen. Die Bedingungen sind nie vollkommen. Doch sie könnten schlechter werden. Denn irgendwann sorgt vielleicht eine Krankheit dafür, dass Sie Ihre Träume mit ins Grab nehmen. Pro-und-Kontra-Listen sind genauso schlimm. Wenn etwas wichtig für Sie ist und Sie es »irgendwann einmal« tun wollen, dann tun Sie es einfach jetzt und korrigieren Sie, wenn nötig, den Kurs unterwegs.

Bitten Sie um Verzeihung, nicht um Erlaubnis.
Wenn Ihr Traum die Leute in Ihrem Umfeld nicht völlig aus der Bahn werfen wird, dann probieren Sie ihn einfach aus und rechtfertigen Sie sich später. Menschen – ob es sich um Eltern,

Lebenspartner oder Chefs handelt – neigen einfach dazu, aus einem emotionalen Impuls heraus Dinge abzulehnen, die sie im Nachhinein ohne Schwierigkeiten akzeptieren können. Wenn der mögliche Schaden überschaubar oder irgendwie wiedergutzumachen ist, dann ist es am besten, wenn Sie anderen gar nicht die Gelegenheit geben, Nein zu sagen. Die meisten Menschen sind schnell bereit, Sie zu bremsen, bevor Sie überhaupt angefangen haben. Sie zögern aber, sich Ihnen in den Weg zu stellen, wenn Sie bereits unterwegs sind. Üben Sie sich darin, ein Unruhestifter zu sein und sich einfach zu entschuldigen, wenn tatsächlich einmal etwas gründlich schiefgegangen ist.

Betonen Sie Ihre Stärken und versuchen Sie nicht, die Schwächen zu beseitigen.

Die meisten Menschen sind in ein paar Dingen richtig gut, doch in vielen anderen Bereichen nicht besonders bewandert. Ich zum Beispiel bin sehr fit, wenn es um Produktdesign und Marketing geht, aber miserabel in fast allen anderen Dingen. Mein Körper ist außerdem so beschaffen, dass ich beispielsweise schwere Dinge heben oder weit werfen kann – das war's dann aber auch schon. Ich habe das lange Zeit ignoriert. Ich habe versucht, ein guter Schwimmer zu werden, und sah dabei aus wie ein ertrinkendes Äffchen. Ich spielte Basketball und legte dabei die Eleganz eines Höhlenmenschen an den Tag. Dann wechselte ich zum Kampfsport und hatte das Gefühl, ich könnte fliegen.

Es ist nicht nur lohnender, es macht auch viel mehr Spaß, mit den eigenen Stärken zu arbeiten, anstatt immer wieder zu versuchen, die Schwachstellen aufzupolieren. Der Unterschied besteht darin, dass Sie so die Ergebnisse multiplizieren können und eben nicht nur winzige Verbesserungen oder im besten Fall mittelmäßige Resultate erzielen. Konzentrieren Sie sich lieber darauf, Ihre besten Waffen noch besser einzusetzen, anstatt Flickwerk zu betreiben.

Wenn Dinge im Überfluss vorhanden sind, verkehren sie sich in ihr Gegenteil.

Ja, es gibt ein »Zuviel des Guten«. Die meisten Unternehmungen und Besitztümer kippen, wenn sie überhand nehmen oder im Überfluss vorhanden sind, plötzlich in ihr Gegenteil um. Sie kennen das sicher: Aus Pazifisten werden dann Militante. Aus Freiheitskämpfern werden Tyrannen.

Aus Segnungen werden Flüche. Aus Hilfe wird Behinderung. Aus Mehr wird Weniger.

Zu oft und zu viel von dem, was Sie wollen, führt meistens dazu, dass Sie es gar nicht mehr wollen. Das gilt für Besitz und sogar für Zeit. Deshalb sollten Sie nicht danach streben, unendlich viel freie Zeit zu haben – das wäre tödlich. Es geht darum, freie Zeit positiv zu nutzen und nur das zu tun, was Sie tun wollen, und nicht das, wozu Sie sich verpflichtet fühlen.

Geld allein ist keine Lösung.

Geld zu haben hat eine ganze Menge Vorzüge, die ich selbst nur allzu gern genieße. Doch immer mehr Reichtümer anzuhäufen löst bei weitem nicht so viele Probleme, wie wir manchmal glauben möchten. »Wenn ich nur mehr Geld hätte, dann ...« – solch eine Behauptung ist die leichteste und bequemste Entschuldigung dafür, sich nicht mit sich selbst auseinanderzusetzen, sich vor notwendigen Entscheidungen zu drücken und das Leben auf später zu verschieben. Wer Geld als Ausrede vorschützt und sich von seiner Arbeit verschlingen lässt, kann anderen Dingen aus dem Weg gehen, etwa so: »Lieber John, ich würde mich gerne weiter mit dir über die gähnende Leere in meinem Leben unterhalten, die mich jedes Mal überfällt, wenn ich morgens meinen Computer hochfahre, aber ich habe noch so viel Arbeit zu erledigen! Ich muss mindestens drei Stunden lang unwichtige E-Mails beantworten, bevor ich die ganzen Kunden nochmal anrufen kann, die gestern Nein gesagt haben. Ich muss los!«

Wenn Sie Ihre gesamte Energie darauf verwenden, Geld zu

verdienen, dann tun Sie so, als sei dies das Allheilmittel schlecht-
hin. So kommen Sie gar nicht dazu, darüber nachzudenken,
wie leer Ihr Leben eigentlich ist und dass Sie sich mit Ihrem beruflichen Engagement nur vorgaukeln, Sie täten Sinnvolles. Da
aber alle anderen das gleiche Spiel der Selbsttäuschung spielen,
lässt sich diese Erkenntnis leicht verdrängen.

Relatives Einkommen ist wichtiger als absolutes Einkommen.
Nehmen Sie folgende Rechenaufgabe auf dem Niveau der fünf-
ten Klasse: Zwei hart arbeitende Burschen fahren aufeinander
zu. Der eine Bursche (A) bewegt sich mit 80 Stunden pro Woche, der andere (B) hingegen mit nur 10 Stunden. Beide verdienen 50 000 Euro im Jahr. Wer von beiden ist reicher, wenn
sie um Mitternacht aneinander vorbeifahren? Wenn Sie jetzt B
geantwortet haben, dann liegen Sie völlig richtig – und eben
das ist der Unterschied zwischen *absolutem* und *relativem* Einkommen.

Das absolute Einkommen wird nur durch eine einzige Va-
riable bestimmt: den reinen Geldwert, die nackte Summe an
sich. Das würde bedeuten: Lieschen Müller verdient 100 000
Euro im Jahr, und deshalb ist ihr Einkommen doppelt so hoch
wie das von Max Mustermann, der 50 000 im Jahr verdient.

Die Berechnung des relativen Einkommens legt hingegen
zwei Messgrößen zugrunde: den Geldwert und die dafür ein-
gesetzte Zeit, normalerweise in Stunden. Schauen wir uns ein-
mal die harten Fakten an: Lieschen Müller verdient 100 000
Euro im Jahr, also folglich 2000 Euro in der Woche (wir rech-
nen vereinfacht mit 50 Wochen). Sie arbeitet 80 Stunden die
Woche und kommt so auf einen Stundenlohn von 25 Euro.
Max Mustermann verdient 50 000 Euro im Jahr, das sind 1000
Euro in der Woche. Er arbeitet aber wöchentlich nur zehn
Stunden und wird folglich mit 100 Euro pro Stunde entlohnt.
Das relative Einkommen Max Mustermanns ist also viermal so
hoch wie das von Lieschen Müller.

Natürlich muss auch Ihr relatives Einkommen absolut gese-

hen mindestens so hoch sein, dass Sie Ihre Ziele verwirklichen können. Wenn Sie 100 Euro in der Stunde verdienen, aber jede Woche nur eine Stunde arbeiten, dann wird es Ihnen sicherlich schwerfallen, auf den Putz zu hauen wie ein Superstar. Ihr absolutes Gesamteinkommen sollte gerade ausreichen, um Ihre Träume zu finanzieren. Das relative Einkommen aber ist die tatsächliche Messlatte Ihres persönlichen Wohlstands. Die Spitzenreiter unter den Neuen Reichen verdienen mindestens 5000 Dollar pro Stunde. Als ich mit der Uni fertig war, fing ich mit ungefähr fünf Dollar Stundenlohn an. Ich werde Ihnen helfen, etwas näher an das erste der beiden genannten Beispiele heranzukommen.

Distress ist schlecht, Eustress ist gut.
Was die meisten lebenslustigen Zweibeiner nicht wissen: Nicht jeder Stress ist schlecht. Und tatsächlich haben die Neuen Reichen auch gar nicht vor, jeglichen Stress aus der Welt zu schaffen. Nicht im Mindesten. Es gibt nämlich zwei unterschiedliche Formen von Stress. Beide unterscheiden sich so stark wie Euphorie und ihr weitaus seltener erwähntes Gegenteil *Dys*phorie.

*Dis*tress bezeichnet schädliche Stimuli, die uns schwach, selbstunsicher und weniger leistungsfähig machen. Distress rührt beispielsweise von destruktiver Kritik und beleidigenden Chefs her und sollte streng vermieden werden. *Eu*stress hingegen ist ein Wort, das Sie möglicherweise noch nie gehört haben. *Eu*- ist eine griechische Vorsilbe. Sie bedeutet »gesund« und kommt zum Beispiel im bereits genannten Wort »Euphorie« vor. Wenn wir einem Vorbild folgen und dadurch unsere Grenzen überschreiten, wenn wir uns der Herausforderung stellen und den Winterspeck abtrainieren oder wenn wir Risiken eingehen, die uns selbstbewusster machen – all das sind Beispiele für Eustress. Dieser Stress ist gesund und lässt uns wachsen.

Wer jeglicher Kritik aus dem Weg geht, wird scheitern. Es ist

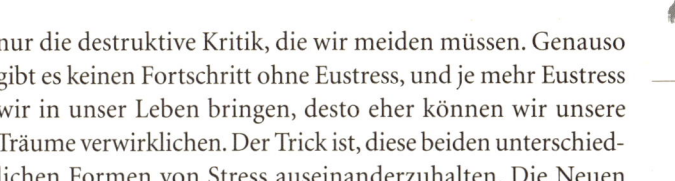

nur die destruktive Kritik, die wir meiden müssen. Genauso gibt es keinen Fortschritt ohne Eustress, und je mehr Eustress wir in unser Leben bringen, desto eher können wir unsere Träume verwirklichen. Der Trick ist, diese beiden unterschiedlichen Formen von Stress auseinanderzuhalten. Die Neuen Reichen sind gleichermaßen entschlossen darum bemüht, Distress aus ihrem Leben zu verbannen, wie sie auf der Suche nach Quellen von Eustress sind.

F & A: Fragen und Aktionen

1. In welcher Weise hält »realistisches« oder »verantwortungsbewusstes« Denken Sie davon ab, das Leben zu führen, das Sie sich wünschen?
2. Sind Sie gelegentlich unzufrieden, wenn Sie tun, was Sie tun *sollen*? Oder bereuen Sie hinterher, nicht etwas anderes gemacht zu haben?
3. Schauen Sie sich an, was Sie gegenwärtig tun, und fragen Sie sich: »Was würde passieren, wenn ich das Gegenteil von dem täte, was alle anderen Leute um mich herum machen? Was opfere ich, wenn ich die nächsten fünf, zehn oder 20 Jahre so weitermache wie bisher?«

Nehmen Sie die Hürden:
Wie man Angst kontrolliert und
Lähmung überwindet

> Manch ein falscher Schritt wird
> getan, indem man stehen bleibt.
> *Chinesischer Glückskeks*

Rio de Janeiro

Die letzten sieben Meter.

»Lauf! Lauuuuuuuuuuuf!« Hans verstand kein Portugiesisch, aber die Bedeutung der Worte war ihm auch so klar: Gib
Gas! Seine Turnschuhe fanden festen Halt auf dem zerklüfte-
ten Felsen, und er schob seine Brust nach vorn, vor sich tausend Meter Nichts.

Beim letzten Schritt hielt er den Atem an, die Angst ließ ihn
beinahe ohnmächtig werden. Die Ränder seines Gesichtsfelds
verschwammen, bis er nur noch einen einzelnen Lichtpunkt zu
sehen glaubte, und dann … schwebte er. Das allumfassend
himmlische Blau des Horizonts umhüllte ihn ganz. Jetzt, nachdem ihm klar geworden war, dass die Thermik ihn und seinen
Gleitschirm erfasst hatte. Er ließ die Angst hinter sich auf der
Bergspitze zurück. Mehrere hundert Meter über dem pracht-
vollen Grün des Regenwalds und den makellos weißen Strän-
den der Copacabana erlebte Hans Keeling seine Erleuchtung.
Das war am Sonntag.

Am Montag war Hans zurück in Century City, einer der besten Adressen in Los Angeles, um in der Anwaltskanzlei, in der
er arbeitete, fristgerecht seine Kündigung einzureichen. Fast

fünf Jahre lang hatte er jeden Morgen den schrillenden Wecker angesehen und sich gefragt: »*Das* soll ich noch 30 oder gar 35 Jahre machen?« Einmal hatte er während eines besonders stressigen Projekts unter seinem Schreibtisch geschlafen, damit er am nächsten Morgen gleich nach dem Aufwachen weiterarbeiten konnte. An jenem Morgen schwor er sich: »Wenn das noch zweimal passiert, bin ich hier weg.« An seinem letzten Arbeitstag vor dem Brasilien-Urlaub verbrachte er zum dritten und letzten Mal die Nacht in seinem Büro.

Wir alle leisten gelegentlich solche Schwüre, und auch Hans hatte sich schon früher ähnliche Versprechen gegeben, doch diesmal war die Sache irgendwie anders. *Er* war anders. Ihm war etwas klar geworden, als er in langsamen Kreisen zur Erde niederschwebte: Die meisten Risiken sind gar nicht so furchteinflößend, wenn man sie erst einmal auf sich genommen hat.

Die Reaktion seiner Kollegen war so, wie er vorausgesehen hatte: »Warum wirfst du alles weg? Du bist Anwalt und auf dem Weg nach oben – was zum Teufel willst du denn eigentlich?« Hans wusste nicht genau, was er wollte. Seit seinem Gleitschirmflug ahnte er aber, was es hieß, frei zu sein. Außerdem wusste er ganz genau, was er nicht mehr wollte, weil es ihm die Tränen der Langeweile in die Augen trieb. Er würde keinen Tag länger zu den lebenden Toten gehören, würde kein Geschäftsessen mehr ertragen, bei dem die Kollegen mit ihren Autos angaben und sich im Glanz ihrer neuen BMWs sonnten – so lange, bis jemand anders mit einem noch teureren Mercedes auftrumpfen konnte. Es war vorbei.

Sofort setzte eine bemerkenswerte Veränderung ein. Zum ersten Mal seit langer Zeit fühlte sich Hans im Einklang mit sich selbst und mit dem, was er tat. Vorher hatte er immer große Angst gehabt, wenn auf einer Flugreise Turbulenzen auftraten. Er fürchtete sich zu sterben, ohne sich ganz verwirklicht oder das Beste aus sich herausgeholt zu haben. Nun konnte er mit einem Mal durch die schlimmsten Stürme fliegen und dabei schlafen wie ein Säugling. Wirklich bemerkenswert.

Mehr als ein Jahr später bekam er immer noch gelegentlich Briefe, in denen ihm diverse Anwaltsfirmen unverlangt Stellen anboten. Doch mittlerweile hatte er Nexus Surf gegründet, einen Anbieter von Surf- und Abenteuerreisen für das obere Preissegment mit Sitz im Tropenparadies Florianopolis in Brasilien. Er hatte seine Traumfrau kennengelernt, eine Carioca mit karamellfarbener Haut namens Tatiana, und war vollauf damit beschäftigt, unter Palmen zu entspannen oder seinen Kunden einen unvergesslichen Urlaub zu bieten.

War es das, wovor er so viel Angst gehabt hatte?

Heute hat er oft sein früheres Ich vor Augen, wenn er mit überarbeiteten und nicht besonders glücklichen Angestellten aufs Meer hinausfährt. Während des Wartens auf die nächste große Welle kommen die wahren Emotionen seiner Kunden zum Vorschein: »Mein Gott, ich wünschte, ich könnte tun, was Sie hier tun.« Seine Antwort darauf ist immer die Gleiche: »Das können Sie.«

Es ist nicht gleichbedeutend mit Aufgeben, wenn man seine gegenwärtige Karriere auf unbestimmte Zeit auf Eis legt. Hans könnte seine Anwaltslaufbahn exakt an dem Punkt wieder aufnehmen, an dem er ausgestiegen ist, obwohl er das derzeit überhaupt nicht vorhat. Doch wenn er dann mit seinen glücklichen Kunden nach einem fantastischen Surftrip wieder ans Ufer zurückpaddelt, reißen diese sich am Riemen und finden ihre Fassung wieder. Sobald sie an Land gegangen sind, hat die Realität sie wieder im Griff: »Ich würde es gern tun, aber ich kann nicht alles stehen und liegen lassen.«

Daraufhin muss Hans lachen.

Die dunkle Macht des Pessimismus: Definieren Sie Ihren persönlichen Albtraum

Tun oder nicht tun? Versuchen oder nicht versuchen? Die meisten Menschen entscheiden sich dafür, es nicht zu wagen – egal,

ob sie sich selbst für mutig halten oder nicht. Unsicherheit und die Aussicht zu scheitern machen uns Angst und lähmen jede Initiative. Die meisten Menschen sind lieber unglücklich, als Unsicherheit zu riskieren. Jahrelang setzte ich mir Ziele, war entschlossen, neue Wege einzuschlagen … und dennoch verliefen diese regelmäßig im Sand. Ich war ebenso unsicher und ängstlich wie der Rest der Welt.

Vor vier Jahren fand ich dann einen ganz einfachen Ausweg aus diesem Dilemma. Zu dieser Zeit hatte ich mehr Geld, als ich ausgeben konnte – ich verdiente 70 000 Dollar im Monat –, und es ging mir absolut dreckig, schlechter als je zuvor. Ich hatte keine Zeit und ich arbeitete mich zu Tode. Ich hatte mein eigenes Unternehmen gegründet, nur um dann zu erkennen, dass es fast unmöglich sein würde, es zu verkaufen. Ich fühlte mich gefangen und kam mir dämlich vor. Eigentlich sollte ich in der Lage sein, die Ursache des Problems zu erkennen, dachte ich mir. Warum bin ich so ein Idiot? Warum kriege ich es nicht hin? Reiß dich am Riemen und hör auf, so ein [hier bitte ein Schimpfwort Ihrer Wahl einsetzen] zu sein! Ich fragte mich, was nicht mit mir stimmte. Dabei war alles in Ordnung. Ich hatte nicht mein Limit erreicht, sondern das Limit meines damaligen Geschäftsmodells. Es lag nicht am Fahrer, sondern am Fahrzeug.

Entscheidende Fehler, die ich in der Anfangszeit gemacht hatte, sorgten dafür, dass ich BrainQUICKEN nie würde verkaufen können. Mein Baby hatte ein paar schwere Geburtsfehler. Die Frage lautete also: Wie befreie ich mich von diesem Frankenstein und erziehe ihn zur Selbstständigkeit? Wie befreie ich mich aus den Tentakeln meiner Arbeitssucht? Und wie überwinde ich die Angst, dass der Laden ohne meine 15-Stunden-Tage auseinanderfällt? Wo ist der Fluchtweg aus diesem selbsterrichteten Gefängnis? Eine Reise, entschied ich. Ein Sabbatjahr, in dem ich um die Welt reiste.

Also unternahm ich diese Reise. Einfach so, denken Sie? Nun ja, dazu kommen wir gleich. Zuerst einmal begnügte ich mich

nämlich damit, sechs Monate lang mit meiner Schande und meinem Zorn herumzulaufen. Dabei betete ich die ganze Zeit eine Endlosschleife von Gründen herunter, warum meine geplante Flucht nur Fantasie war und niemals funktionieren konnte. Zweifellos eine meiner produktiveren Perioden.

Als ich dann eines Tages gerade dabei war, mir in den schönsten Farben auszumalen, wie schlimm mein zukünftiges Leiden sein würde, kam mir plötzlich eine wirklich großartige Idee, die beste meiner gesamten »Don't Happy, Be Worry«-Phase: Ich musste mir doch nur selbst vor Augen führen, wie der befürchtete Albtraum eigentlich aussah. Was wäre das Schlimmste, was durch meine Reise ausgelöst werden könnte? Nun ja, mein Unternehmen könnte eingehen, während ich um die Welt jettete, das war klar. Das würde es wahrscheinlich auch. Eine Abmahnung würde nicht an mich weitergeleitet werden und ich würde von irgendwem verklagt werden. Mein Unternehmen würde dichtmachen und das Inventar in den Regalen verderben, während ich an irgendeinem verlassenen Strand in Irland saß und mir die Fußnägel feilte. Mein Kontostand würde um 80 Prozent einbrechen, und zweifellos würden mein Auto und mein Motorrad aus der Garage gestohlen werden. Wahrscheinlich würde mir jemand vom Balkon eines Wolkenkratzers auf den Kopf spucken, während ich einen herumstreunenden Hund mit Essensresten fütterte, der sich durch mein lautes Fluchen prompt erschrecken und mir ins Bein beißen würde. Mein Gott, das Leben ist hart und grausam.

Die Angst definieren heißt, die Angst überwinden

Dann geschah etwas Komisches. Trotz meines ständigen Bemühens, mich selbst herunterzuziehen, begann ich auf einmal, fast gegen meinen Willen, gegenzusteuern. Sobald das vage Unbehagen und die unbestimmten Ängste ein Ende hatten, weil ich meinen Albtraum, mein Worst-Case-Szenario, definiert hatte, fürchtete ich mich weniger davor, die Reise tatsächlich anzutreten. Plötzlich fing ich an, über einfache Schritte nachzudenken, die ich unternehmen könnte, um finanziell über die Runden zu kommen, wenn tatsächlich alles auf einmal schiefgehen sollte. Wenn es sein müsste, könnte ich beispielsweise jederzeit einen Teilzeitjob als Barkeeper annehmen, um die Miete zu bezahlen. Ich könnte ein paar Möbel verkaufen und nicht mehr essen gehen. Ich könnte den Kindergartenkindern, die morgens an meinem Apartment vorbeiliefen, das Essensgeld klauen. Es gab unzählige Möglichkeiten. Ich begriff, dass es nicht so schwer sein würde, wieder auf die Beine zu kommen, und schon gar nicht zu überleben. Meine Flucht würde mich nicht das Leben kosten – nicht einmal annähernd. Die Konsequenzen wären nicht viel unangenehmer, als mit einer zu engen Hose herumzulaufen.

Auf einer Skala von eins bis zehn (wobei »eins« für keine Auswirkungen und »zehn« für eine dauerhafte Lebensveränderung steht) würde mein sogenanntes Worst-Case-Szenario vielleicht einen *temporären* Wert von drei oder vier erreichen. Ähnliches träfe wohl auf die meisten Menschen zu, die eine Katastrophe der Kategorie »Verdammte Sch**ße, mein Leben ist ruiniert« durchzustehen hätten. Und vergessen Sie nicht, dass wir hier vom Super-GAU mit einer Wahrscheinlichkeit von eins zu einer Million reden. Auf der anderen Seite versprach das wahrscheinlichste Best-Case-Szenario einen *dauerhaften* lebensverändernden Effekt von neun oder zehn auf der gleichen Skala.

Mit anderen Worten: Ich riskierte einen unwahrscheinlichen und zeitlich begrenzten negativen Effekt der Stärke drei oder vier, um eine wahrscheinliche und dauerhafte positive Veränderung der Stärke neun oder zehn zu erreichen. Und notfalls konnte ich, wenn ich das wollte, mit ein wenig Arbeitsaufwand und ohne große Schwierigkeiten wieder zu dem Workaholic werden, der ich derzeit war. Daraus ergab sich die grundlegende Einsicht, dass es praktisch kein Risiko gab. Statt-

dessen konnte ich aber auf große positive Veränderungen in meinem Leben hoffen. Und wenn alles schiefging, würde es mich nicht mehr Arbeit kosten, als ich derzeit investierte, um so weiterzumachen wie bisher.

Also entschloss ich mich, meine Reise anzutreten, und kaufte mir ein Flugticket nach Europa. Ich fing an, zu planen und meinen physischen und psychischen Ballast hinter mir zu lassen. Keine der Katastrophen, die ich mir ausgemalt hatte, trat ein, und mein Leben hat sich seither auf geradezu märchenhafte Weise verbessert. Mein Geschäft lief trotz meiner Abwesenheit besser als je zuvor, und ich vergaß es 15 Monate lang mehr oder weniger, während es meine Reisen um die Welt finanzierte.

Entlarven Sie die Angst, die sich als Optimismus tarnt

Angst hat viele Formen, und oft wird sie nicht beim Namen genannt. Denn viele haben Angst vor der Angst. Gerade intelligente Menschen verdrängen ihre Angst gerne und geben sich optimistisch. Die meisten Angestellten, die den Gedanken an eine Kündigung mit sich herumtragen, versuchen sich selbst weiszumachen, dass ihr Los sich mit der Zeit oder mit steigendem Einkommen verbessern wird. Das hört sich vernünftig an, und es ist eine verlockende Täuschung, wenn man *nur* einen langweiligen oder wenig inspirierenden Job hat. Die meisten handeln nämlich erst, wenn ihnen der Job zur wahren Hölle wird. Alles, was weniger schlimm ist, kann man schließlich ertragen, wenn man es sich nur schönredet.

Glauben Sie aber wirklich daran, dass die Situation sich bessern wird, oder ist das nichts weiter als Wunschdenken und eine Ausrede dafür, nichts zu tun? Wenn Sie sich Ihrer Sache sicher wären, würden Sie dann Ihren Job auf diese Weise in Frage stellen? Vermutlich nicht. Nur Ihre Angst vor dem Un-

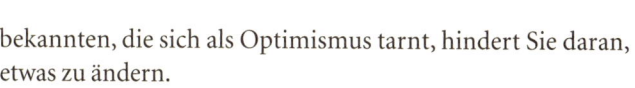

bekannten, die sich als Optimismus tarnt, hindert Sie daran, etwas zu ändern.

Geht es Ihnen heute besser als vor einem Jahr, vor einem Monat oder vor einer Woche? Wenn nicht, dann wird sich Ihre Situation auch nicht von selbst verbessern. Dann machen Sie sich etwas vor, und es ist an der Zeit, nach der Notbremse Ausschau zu halten und den Absprung zu planen. Lässt man die Möglichkeit eines Abgangs à la James Dean einmal außen vor, dann haben Sie noch ein LANGES Leben vor sich. Jeden Tag acht Stunden, 40 bis 50 Jahre lang – das ist eine verdammt lange Zeit, wenn die Rettung am Ende ausbleibt. Auch wenn Sie am Stück durcharbeiten würden, müssten Sie sich noch ungefähr 500 Monate abrackern. Das ist ganz schön lange, und Sie sollten sofort damit aufhören, Ihre Lebenszeit zu verschwenden.

Kann bitte jemand den Oberkellner rufen?

> Du hast es bequem. Du hast keinen Luxus. Und erzähle mir nicht, dass Geld eine Rolle spielt. Der Luxus, von dem ich rede, hat nichts mit Geld zu tun. Man kann ihn nicht kaufen. Er ist der Lohn derjenigen, die keine Angst vor Unbequemlichkeit haben.
> *Jean Cocteau, französischer Dichter, Romancier, Boxmanager und Filmemacher*

Manchmal ist das Timing perfekt. Hunderte von Autos kurven auf dem Parkplatz herum, und dann fährt jemand genau drei Meter vor Ihnen aus seiner Parklücke. Ein Weihnachtswunder! Dann gibt es wieder Momente, in denen das Timing besser sein könnte. Beim Sex klingelt das Telefon und will eine halbe Stunde lang nicht aufhören. Zehn Minuten später steht der UPS-Bote

mit einem Paket vor der Tür. Schlechtes Timing kann einem den Spaß verderben.

Jean-Marc Hachey kam als Entwicklungshelfer nach Westafrika, voller Hoffnung, hier etwas bewirken zu können. In diesem Sinn war sein Timing großartig. Er kam in den frühen 1980er Jahren nach Ghana, mitten in einen Staatsstreich sowie eine Periode der Hyperinflation hinein und gerade noch rechtzeitig, um die schlimmste Dürre des Landes seit zehn Jahren mitzuerleben. Aus ebendiesen Gründen würden aber vielleicht viele andere, die egoistischer und überlebensorientierter denken, sein Timing als eher schlecht bezeichnen.

Auch hatte sich die nationale Speisekarte verändert, und solche Luxusartikel wie Brot oder sauberes Wasser gab es nicht mehr. Er lebte vier Monate lang von einer matschigen Pampe aus Maismehl und Spinat. Nicht gerade das, was die meisten von uns auf dem Teller haben wollen.

»Wow, ich kann überleben.«

Jean-Marc wusste, dass er nicht zurückkonnte, aber es machte ihm nichts aus. Nach zwei Wochen hatte er sich an das Essen gewöhnt – Frühstück, Mittag- und Abendessen: Pampe à la Ghana – und verspürte nicht mehr den Wunsch, wegzulaufen. Die einfachste Ernährung und gute Freunde waren das Einzige, was er wirklich brauchte. Was von außen wie eine Katastrophe aussah, wurde für ihn zu einer Art Offenbarung: Das Schlimmste war gar nicht so schlimm. Um das Leben zu genießen, brauchen Sie keinen Schnickschnack, solange Sie selbstbestimmt über Ihre Zeit verfügen können und erkennen, dass die meisten Dinge nicht so ernst sind, wie Sie sich manchmal einreden.

Heute ist Jean-Marc 48 Jahre alt. Er lebt in einem hübschen Haus in Ontario. Er hat zwar Geld, aber er weiß, wenn er morgen sein Haus verlöre und arm würde, machte ihm das nichts aus. Einige seiner schönsten Erinnerungen drehen sich nach wie vor um Momente, in denen es nichts weiter als gute Freunde und

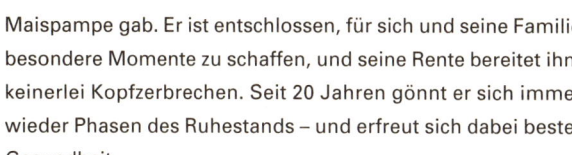

Maispampe gab. Er ist entschlossen, für sich und seine Familie besondere Momente zu schaffen, und seine Rente bereitet ihm keinerlei Kopfzerbrechen. Seit 20 Jahren gönnt er sich immer wieder Phasen des Ruhestands – und erfreut sich dabei bester Gesundheit.

Heben Sie sich Ihre Träume nicht für das Ende auf. Es spricht alles dagegen, Ihr Leben so zu vergeuden.

F & A: Fragen und Aktionen

> Ich bin ein alter Mann und ich habe
> viel Schreckliches erlebt,
> doch das meiste davon ist zum
> Glück nie eingetreten.
> *Mark Twain, amerikanischer*
> *Schriftsteller*

Wenn der Gedanke abzuspringen Sie nervös macht oder Sie ihn aus Angst vor dem Unbekannten immer wieder aufschieben, dann kann ich Ihnen helfen. Nehmen Sie sich einen Stift und ein Blatt Papier und beantworten Sie die folgenden Fragen. Denken Sie nicht zu viel nach, sondern halten Sie fest, was Ihnen spontan einfällt. Kürzen Sie nicht und korrigieren Sie nicht – schreiben Sie einfach drauflos, je mehr, desto besser. Nehmen Sie sich für jede Antwort ein paar Minuten Zeit.

1. **Definieren Sie Ihren Albtraum: Was ist das absolut Schlimmste, das passieren könnte, wenn Sie tun, was Sie möchten?** Welche Zweifel, Ängste und Bedenken kommen hoch, wenn Sie über die großen Veränderungen nachdenken, die Sie in Ihrem Leben vornehmen möchten? Stellen Sie sich den schlimmsten Fall in allen Details vor und malen Sie ihn sich in den buntesten Farben aus. Wäre es das Ende Ihres Lebens? Wie groß wäre der Schaden auf Dauer – wenn es

überhaupt einen gäbe – auf einer Skala von eins bis zehn? Handelt es sich dabei wirklich um Folgen, die sich nicht wieder ändern könnten? Wie wahrscheinlich ist es, dass diese tatsächlich eintreten?

2. **Welche Schritte könnten Sie unternehmen, um den Schaden zu beheben oder die Ausgangssituation wiederherzustellen?** Wahrscheinlich ist das leichter, als Sie sich vorstellen. Überlegen Sie, wie Sie die Dinge wieder unter Kontrolle bekommen könnten.

3. **Welchen Effekt oder welchen Nutzen hätte es – sei es zeitlich begrenzt oder dauerhaft –, wenn eines der wahrscheinlicheren Szenarien einträte?** Nun, da Sie Ihren persönlichen Albtraum definiert haben, sollten Sie sich fragen, welche Ergebnisse mit größerer Wahrscheinlichkeit oder gar mit Sicherheit zu erwarten sind, egal, ob innerlich (Selbstvertrauen, Selbstwertgefühl und so weiter) oder äußerlich. Welche Auswirkungen hätten diese wahrscheinlicheren Ergebnisse auf einer Skala von eins bis zehn? Wie wahrscheinlich ist es, dass Sie zumindest ein halbwegs gutes Ergebnis hinbekämen? Haben weniger intelligente Menschen das Gleiche vor Ihnen versucht und dabei Erfolg gehabt?

4. **Angenommen, Sie würden heute Ihren Job verlieren. Was täten Sie, um Ihr Leben finanziell unter Kontrolle zu bekommen?** Stellen Sie sich das Szenario vor und gehen Sie die oben genannten Fragen eins bis drei durch. Wenn Sie Ihren Job kündigten, um andere Möglichkeiten zu erproben, wie könnten Sie dann später, wenn es unbedingt sein müsste, wieder auf den gleichen Karrierepfad zurückkehren?

5. **Was schieben Sie aus Angst vor sich her?** Wovor wir uns am meisten fürchten, ist normalerweise das, was wir am dringendsten tun müssen. Ein Telefonanruf, ein persönliches Gespräch – was auch immer es sein mag. Wir haben Angst vor dem ungewissen Ausgang, und diese Angst hält uns davon ab, das Notwendige anzupacken. Definieren Sie den Worst Case, akzeptieren Sie ihn und handeln Sie. Ich wiederhole

noch einmal etwas, das Sie sich eigentlich auf die Stirn täto-wieren sollten: *Das, wovor wir uns am meisten fürchten, ist normalerweise das, was wir am dringendsten tun müssen.* Irgendwo habe ich einmal gelesen, dass man den Erfolg eines Menschen im Leben daran messen kann, wie viele unange-nehme Gespräche er zu führen bereit ist. Fassen Sie den Ent-schluss, jeden Tag etwas zu tun, wovor Sie sich fürchten. Ich habe mir das angewöhnt, indem ich regelmäßig den Kon-takt zu Stars und prominenten Wirtschaftleuten suchte und sie um Rat bat.

6. **Was kostet es Sie – finanziell, emotional und physisch –, die Sache vor sich herzuschieben?** Berechnen Sie nicht nur die potenziellen Nachteile Ihres Handelns. Es ist genauso wich-tig, die horrenden Kosten des Nichthandelns zu berück-sichtigen. Wo werden Sie in einem Jahr, in fünf oder zehn Jahren sein, wenn Sie nicht Ihren Neigungen nachgehen und die Dinge tun, die Sie reizen? Was wird es für ein Gefühl sein, auf zehn Jahre Ihres endlichen Lebens zurückzublicken, die Sie verstreichen ließen, weil Sie Dinge taten, von denen Sie wussten, dass sie Sie nicht erfüllen? Wenn Sie zehn Jahre in die Zukunft blicken und mit hundertprozentiger Sicherheit wissen, dass ein Weg der Enttäuschung und der Reue vor Ih-nen liegt, und wenn wir Risiko als »die Wahrscheinlichkeit eines irreversiblen negativen Ausgangs« definieren, dann ist Nichthandeln das größte Risiko von allen.

7. **Worauf warten Sie?** Wenn Sie diese Frage nicht beantwor-ten können, ohne sich auf den bereits erwähnten falschen Zeitpunkt zu berufen, dann ist die Antwort ganz einfach: Sie haben Angst, so wie der Rest der Welt.

Rechnen Sie sich aus, was es Sie kostet, untätig zu bleiben. Ma-chen Sie sich klar, dass viel von dem, was schiefgehen könnte, unwahrscheinlich und/oder leicht zu reparieren ist. Legen Sie los und machen Sie das, was alle Menschen tun, die Herausra-gendes leisten wollen: HANDELN SIE!

Starten Sie Ihr System neu:
Seien Sie unvernünftig,
aber eindeutig

> Der vernünftige Mensch passt sich
> der Welt an; der unvernünftige
> besteht auf dem Versuch, die Welt
> sich anzupassen. Deshalb hängt aller
> Fortschritt vom unvernünftigen
> Menschen ab.
> *George Bernard Shaw,*
> *Maximen für Revolutionäre*

Frühjahr 2005, Universität Princeton, New Jersey

Ich musste sie bestechen. Was hatte ich denn sonst für eine Wahl, um sie zu überzeugen? Sie bildeten einen Kreis um mich herum und wollten alle die gleiche Frage stellen: »Was ist die Aufgabe?« Alle Augen waren auf mich gerichtet.

Wenige Minuten zuvor hatte ich unter begeistertem Applaus meinen Vortrag an der Universität Princeton beendet. Doch mir war klar, dass trotz dieser positiven Reaktion auf meinen Vortrag die meisten Studenten den Hörsaal verlassen und prompt das Gegenteil von dem tun würden, was ich ihnen gepredigt hatte. Die meisten von ihnen würden 80-Stunden-Wochen als hoch bezahlte Kaffeekocher ableisten – außer ich schaffte es doch noch, ihnen zu beweisen, dass die Dinge, über die ich gesprochen hatte, tatsächlich funktionierten.

Daher die Aufgabe. Ich bot demjenigen, der eine nicht näher von mir definierte »Aufgabe« auf möglichst eindrucksvolle

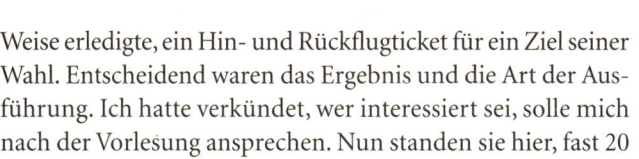

Weise erledigte, ein Hin- und Rückflugticket für ein Ziel seiner Wahl. Entscheidend waren das Ergebnis und die Art der Ausführung. Ich hatte verkündet, wer interessiert sei, solle mich nach der Vorlesung ansprechen. Nun standen sie hier, fast 20 von 60 Seminarteilnehmern.

Die Aufgabe sollte sie dazu bringen, ihre Bequemlichkeit zu überwinden und einige der Strategien zu benutzen, die ich lehre. Sie war denkbar einfach: Kontaktieren Sie drei scheinbar unerreichbare Personen – Jennifer Lopez, Bill Clinton, J. D. Salinger, völlig egal – und bringen Sie wenigstens eine davon dazu, auf drei Fragen zu antworten.

Was glauben Sie wohl, wie viele von den 20 Studenten, die alle ganz heiß darauf waren, einen Freiflug zu gewinnen, sich an die Aufgabe heranwagten? Null. Niemand. Nicht ein einziger.

Es gab jede Menge Ausreden: »Es ist gar nicht so leicht, jemanden dazu zu bringen ...«, »Ich habe wenig Zeit, da ich eine wichtige Hausarbeit schreiben muss ...« oder »Ich würde ja gerne, aber ich weiß einfach nicht wie ...«. Doch der einzig wahre Grund, wieso sich niemand an die Aufgabe herantraute, war immer der gleiche: Es war eine schwierige Aufgabe, vielleicht unmöglich, und gegen die anderen Studenten, so glaubte jeder Einzelne von ihnen, hätte man ohnehin keine Chance. Weil sie alle die Konkurrenz überschätzten, machte kein Einziger von ihnen auch nur den Versuch. Dabei hätte nach den von mir formulierten Regeln selbst jemand, der einen Zettel mit einigen wenigen unleserlichen Sätzen abgab, den Preis bekommen müssen. Dieses Resultat fand ich faszinierend und deprimierend zugleich.

Im darauf folgenden Jahr sah das Ergebnis ganz anders aus. Ich erzählte den Studenten gewissermaßen als Warnung die oben stehende Geschichte. Sechs von 17 Teilnehmern lösten die Aufgabe daraufhin in weniger als 48 Stunden. War die zweite Gruppe besser? Nein. Nach meinem Eindruck hatte es im Seminar des vorangegangenen Jahres mehr fähige Studenten gegeben, aber die hatten keinen Finger krumm gemacht.

Sie hatten zwar jede Menge Potenzial, aber nicht genug Mumm in den Knochen, um die Herausforderung anzunehmen – wenn Sie wissen, was ich meine. Die Studenten der zweiten Gruppe aber hatten sich einfach das zu Herzen genommen, was ich ihnen gesagt hatte, bevor sie sich an die Aufgabe machten, nämlich …

Es ist leichter, das Unrealistische zu tun als das Realistische

Kontakte zu Milliardären zu knüpfen und sich mit Stars zu unterhalten – die zweite Gruppe von Studenten schaffte beides – ist gar nicht so schwer, wenn man nur daran glaubt, dass es geht. Es ist einsam an der Spitze. 99 Prozent der Menschen auf der Welt sind davon überzeugt, dass sie nicht dazu in der Lage sind, Großes zu vollbringen. Also streben sie nur nach dem Mittelmaß. Folglich ist gerade bei den »realistischen« Zielen der Wettbewerb am schärfsten. Deshalb ist es paradoxerweise besonders zeit- und energieaufwändig, solche vermeintlich einfachen Ziele zu erreichen: Es ist leichter, zehn Millionen Euro aufzubringen als eine Million. In einer Bar ist es leichter, die eine perfekte Zehn-Sterne-Traumfrau abzuschleppen als eine der ebenfalls anwesenden Acht-Sterne-Frauen. Soso, Sie sind also unsicher? Sie werden es nicht glauben – das Gleiche gilt auch für den Rest der Welt. Sie dürfen nicht den Fehler machen, die Konkurrenz zu über- und sich selbst zu unterschätzen. Sie sind besser, als Sie glauben.

Unvernünftige und unrealistische Ziele sind aber auch noch aus einem anderen Grund leichter zu erreichen. Wenn man sich ein ungewöhnlich ambitioniertes Ziel setzt, dann führt das zu einem Adrenalinstoß, der dafür sorgt, dass man den Schwierigkeiten und Problemen, die beim Verfolgen jedes Ziels irgendwann unweigerlich auftreten, mit größerer Ausdauer begegnet. Realistische Ziele, also solche, für die lediglich durchschnittliche Ambitionen genügen, sind uninspirierend. Sie geben Ihnen vielleicht die Kraft, ein oder zwei auftretende Probleme zu überwinden – spätestens beim dritten Problem aber werfen Sie unweigerlich das Handtuch, weil die Mühe nicht lohnt. Wenn also der in Aussicht stehende Lohn für Ihre Bemühungen mittelmäßig ist, dann wird auch Ihre Anstrengung nur durchschnittlich sein. Für einen Katamaran-Trip zwischen den griechischen Inseln wäre ich bereit, Wände einzurennen, während ich für eine Wochenendreise nach Columbus (Ohio) nicht einmal meine Cornflakes-Marke wechseln würde. Wenn ich mich für Columbus entscheide, weil es »realistisch« ist, dann wird mir wahrscheinlich der Enthusiasmus fehlen, für dieses Ziel selbst die kleinsten Hürden zu überspringen. Habe ich hingegen das wunderbar kristallklare Ägäische Meer vor Augen und den Geschmack des köstlichen griechischen Weins auf der Zunge, dann bin ich auch bereit, in die Schlacht zu ziehen – für einen Traum, der es wert ist, geträumt zu werden. Obwohl oder gerade weil es ungleich schwieriger ist, die Traumreise in der Ägäis zu verwirklichen, ist es wahrscheinlicher, dass sie tatsächlich unternommen wird, während Columbus scheitert.

Am erfolgreichsten angelt man dort, wo die wenigsten Angler sitzen. Die kollektive Unsicherheit der Menschen sorgt deshalb dafür, dass es oft leichter ist, einen kapitalen Fang an Land zu ziehen, während alle anderen nur auf kleine Fische spekulieren. Es gibt einfach weniger Konkurrenz um die großen Ziele.

Was wollen Sie? Zuerst einmal eine bessere Frage

Um Großes erreichen zu können, müssen Sie aber erst einmal die richtigen Fragen stellen. Die meisten Menschen wissen nämlich nicht, was sie wollen. Mich eingeschlossen. Wenn Sie mich aber fragen, was ich in den nächsten fünf Monaten für meine

Sprachkenntnisse tun will, dann weiß ich das sehr wohl. Man muss die Frage nur genau genug stellen. »Was willst du?« ist zu unpräzise, darauf finden viele Menschen keine sinnvolle Antwort. Vergessen Sie also diese Frage.

»Was sind Ihre Ziele?« hat genau den gleichen Effekt – man ruft damit nur Verwirrung und Mutmaßungen hervor. Für eine bessere Frage müssen wir einen Schritt zurücktreten und uns das Gesamtbild anschauen.

Nehmen wir einmal an, wir haben zehn Ziele und wir erreichen sie alle – welches angestrebte Ergebnis rechtfertigt diese ganzen Anstrengungen? Die übliche Antwort auf diese Frage hätte auch ich selbst noch vor fünf Jahren gegeben: »glücklich zu sein!«

Inzwischen halte ich das nicht mehr für eine gute Antwort. Glücksgefühle kann man sich mit einer Flasche Wein kaufen; das Wort »Glück« ist mittlerweile so allgegenwärtig, dass es fast nichts mehr bedeutet. Es gibt aber einen anderen Begriff, der viel präziser ist und deutlich macht, was ich für unser tatsächliches Ziel halte.

Haben Sie noch einen Augenblick Geduld mit mir. Was ist das Gegenteil von Glück? Traurigkeit? Nein. Genau wie Liebe und Hass sind auch Glück und Traurigkeit die beiden Seiten ein und derselben Medaille. Die Redewendung »Ich habe geweint vor Glück« verdeutlicht das. Das Gegenteil von Liebe ist vielmehr Gleichgültigkeit, und das Gegenteil von Glück ist – und das ist der entscheidende Punkt – Langeweile. Deshalb ist »Begeisterung« ein weitaus sinnvolleres Synonym für »Glück«. Und das ist es auch, was Sie sich auf die Fahnen schreiben sollten. Wenn jemand sagt, dass Sie Ihre »Leidenschaft« oder Ihr »Glück« verfolgen sollten, dann glaube ich, dass er oder sie in Wirklichkeit von »Begeisterung« spricht.

Und damit schließt sich der Kreis. Die Frage, die Sie sich stellen sollten, lautet nicht »Was will ich?« oder »Was sind meine Ziele?«, sondern »Was würde mich begeistern?«.

Erwachsenen-ADS:
Das Abenteuer-Defizit-Syndrom

Irgendwann zwischen der Ausbildung oder dem Uni-Abschluss und Ihrem zweiten Job bekommt Ihr innerer Dialog eine Art Refrain, der so klingt: »Sei realistisch und hör auf, dir was vorzumachen. Das Leben ist kein Hollywoodfilm.«

Als Sie mit fünf Jahren Astronaut werden wollten, sagten Ihre Eltern vielleicht, dass Sie alles werden könnten, was Sie nur wollten. So wie man eben zu einem Kind sagt, dass es den Weihnachtsmann gibt. Wenn Sie 25 sind und verkünden, dass Sie einen Zirkus gründen möchten, dann fällt die Reaktion anders aus: Sei realistisch, werde Buchhalter oder Lehrer oder Arzt, gründe eine Familie, bekomme Kinder und erziehe sie so, dass sie den Kreislauf wiederholen.

Auch wenn es Ihnen gelingt, die Zweifler zu ignorieren, und Sie zum Beispiel Ihr eigenes Unternehmen gründen, dann verschwindet dieses Abenteuer-Defizit-Syndrom nicht, es nimmt nur eine andere Form an. Als ich im Jahr 2001 BrainQUICKEN gründete, hatte ich ein klares Ziel: Ich wollte 1000 Dollar am Tag verdienen, egal, ob ich mir den Kopf an der Tastatur blutig schlug oder an irgendeinem Strand die Füße hochlegte. Kurz darauf korrigierte ich mich jedoch und formulierte mein Ziel neu: Ich wollte eine Einkommensquelle, die automatisch sprudelte. Wenn Sie meine Geschichte bis hierher gelesen haben, dann ist Ihnen nicht entgangen, dass ich zwar bald sehr viel verdiente, es mir aber erst einmal nicht gelang, mein eigentliches Ziel zu realisieren. So lange jedenfalls nicht, bis mich ein Zusammenbruch dazu zwang. Warum? Das Ziel war nicht spezifisch genug. Ich hatte mir nicht überlegt, wie ich die Zeit, die ich bisher mit Arbeit verbracht hatte, füllen wollte. Deshalb arbeitete ich einfach weiter, obwohl es keine finanzielle Notwendigkeit mehr dafür gab. Ich hatte das Bedürfnis, mich produktiv zu fühlen, und ich sah keine andere Möglichkeit, als bis zum Umfallen zu arbeiten.

So arbeiten die meisten Menschen bis zu ihrem Tod unter dem Motto: »Ich werde arbeiten, bis ich X Euro habe, und dann mache ich, was ich will.« Wenn Sie nicht definieren, was Sie genau wollen, dann werden Sie sich stattdessen dem Ziel verschreiben, immer mehr zu verdienen. So versuchen Sie zu vermeiden, der schrecklichen Ungewissheit und Leere ins Gesicht zu sehen. Und das ist der Moment, in dem sowohl Angestellte als auch Unternehmer zu dicken Männern in roten BMWs werden.

Der dicke Mann im roten BMW-Cabrio

Es gab mehrere Momente in meinem Leben, in denen ich glaubte, ich würde einer dieser dicken Männer mit einem Midlife-Crisis-BMW werden – zum Beispiel kurz bevor ich bei TrueSAN gefeuert wurde oder bevor ich aus den USA floh, um nicht eines Tages mit einer Maschinenpistole in ein McDonald's-Restaurant rennen zu müssen. Ich schaute mir all die an, die schon 15 oder 20 Jahre länger als ich auf ähnlichen Karrierepfaden unterwegs waren – und was ich sah, machte mir wirklich Angst.

»Der dicke Mann im roten BMW-Cabrio« war eine perfekte Metapher, die meine Ängste auf den Punkt brachte. Sie wurde so zum geflügelten Wort zwischen mir und meinem Freund Douglas Price. Doug ist ebenfalls ein NR. Wir gingen fast fünf Jahre lang ähnliche Wege, sahen uns mit den gleichen Herausforderungen und Zweifeln konfrontiert und hatten so immer ein Auge auf die psychisch-mentale Entwicklung des anderen. Die Tatsache, dass wir uns bei unseren Durchhängern und Krisen abwechselten, machte uns zu einem guten Team.

Jedes Mal, wenn einer von uns anfing, seine Erwartungen herunterzuschrauben, den Glauben an sich zu verlieren oder die vermeintliche Realität zu akzeptieren, meldete sich der andere per Telefon oder E-Mail und spielte den Mentor oder eine Art Bewährungshelfer: »Hey, wirst du jetzt etwa zu dem dicken

Glatzkopf im roten BMW-Cabrio?« Die Aussicht auf eine solche Zukunft war dann jedes Mal so schrecklich, dass wir unseren Hintern und unsere Prioritäten wieder schleunigst in die richtige Richtung bewegten. Das Schlimmste, was passieren konnte, war eben nicht, mit Pauken und Trompeten Schiffbruch zu erleiden, sondern die tödliche Langeweile als erträglichen Status quo zu akzeptieren.

Vergessen Sie niemals: Ihr Feind ist die Langeweile und nicht irgendein abstraktes Scheitern.

Korrigieren Sie Ihren Kurs: Werden Sie unrealistisch

Es gibt eine besondere Methode, die ich regelmäßig einsetze, um wieder Schwung in mein Leben zu bringen und meinen Kurs zu korrigieren, wann immer der dicke Mann in seinem roten BMW meinen Weg kreuzt. Ich habe festgestellt, dass die erfolgreichsten NR überall auf der Welt ganz ähnlich vorgehen und sogenannte *Traumpläne* zur Hilfe nehmen. Diese Traumpläne verbinden Träume mit einer konkreten Zeitdimension, also eine Erfüllung in beispielsweise sechs oder zwölf Monaten. Es ist ein bisschen so wie Ziele setzen, allerdings gibt es einige wichtige Unterschiede:
- Die Ziele sind keine diffusen Wunschvorstellungen, sondern klar definierte Schritte.
- Die Ziele müssen unrealistisch erscheinen, nur dann lohnen sie sich wirklich.
- Die Traumpläne beziehen sich auf jene Aktivitäten, mit denen Sie das durch Ihr heruntergefahrene Arbeitspensum entstehende Zeitvakuum füllen wollen.

Leben wie ein Millionär erfordert, interessante Dinge zu *tun* und nicht nur Dinge zu besitzen, um die andere Sie beneiden. Und jetzt sind Sie dran: THINK BIG!

F & A: Fragen und Aktionen

Das Leben ist zu kurz,
um klein zu sein.
*Benjamin Disraeli, ehemaliger
britischer Premierminister*

Mit Traumplänen zu arbeiten wird Ihnen Spaß machen, aber es ist auch anstrengend. Je schwerer es Ihnen fällt, desto dringender brauchen Sie diese Methode. Am besten ist es, wenn Sie sich beim Bearbeiten der folgenden Schritte an den auf S. 77/78 stehenden Arbeitsblättern orientieren:

1. Was würden Sie tun, wenn Sie unmöglich scheitern könnten? Wenn Sie zehnmal klüger wären als der Rest der Welt?
Nehmen Sie einen Zettel, schreiben Sie groß »Haben«, »Sein« und »Tun« darauf und zählen Sie darunter jeweils bis zu fünf Dinge auf, von denen Sie träumen. Bitte halten Sie die Reihenfolge dieser drei Kategorien ein. Schritt für Schritt stellen Sie sich also folgende Fragen:

- **Was würde ich gerne *haben*** (einschließlich, aber nicht beschränkt auf materielle Bedürfnisse: Haus, Auto, Klamotten und so weiter)?
- **Was würde ich gerne *sein*** (ein toller Koch, souveräner Sprecher der chinesischen Sprache und so weiter)?
- **Und was würde ich gerne *tun*** (nach Thailand reisen, meine Familiengeschichte erforschen, bei Straußenwettrennen mitmachen und so weiter)?

Wenn es Ihnen schwerfällt, zu benennen, was Sie wollen, dann fragen Sie sich einfach, was Sie hassen oder fürchten, und schreiben Sie dann das Gegenteil davon auf. Setzen Sie sich keine Grenzen und kümmern Sie sich nicht darum, wie Sie diese Ziele erreichen oder umsetzen können. Das ist im Moment unwichtig. Das hier ist eine Übung, um Hemmungen zu

überwinden und Lebensträume nicht länger zu verdrängen. Es ist wichtig, dass Sie keine Schere im Kopf haben und sich auch nicht in die Tasche lügen. Wenn Sie eigentlich einen Ferrari wollen, dann schreiben Sie nicht »den Hunger in der Welt bekämpfen«. Einige werden von Ruhm träumen, andere von Reichtum. Jeder Mensch hat seine Laster und Unsicherheiten. Wenn es etwas gibt, das Ihr Selbstwertgefühl stärken würde, dann schreiben Sie es auf. Ich habe mir zum Beispiel ein Rennmotorrad angeschafft – und abgesehen von der Tatsache, dass ich gerne schnell fahre, gibt das Ding mir einfach das Gefühl, ein cooler Typ zu sein. Daran ist überhaupt nichts Falsches. Betreiben Sie keine Selbstzensur und schreiben Sie alles auf.

2. Keine Idee?

Die meisten Menschen beschweren sich zwar ständig über Umstände, Dinge und Menschen, von denen sie sich irgendwie behindert fühlen. Aber ihre konkreten Träume zu benennen, an deren Verwirklichung sie scheinbar gehindert werden, fällt ihnen echt schwer. Das gilt vor allem für die Kategorie »Was will ich *tun*«? Wenn das auch für Sie gilt, dann stellen Sie sich die folgenden beiden Fragen:

A) Was würden Sie tagtäglich tun, wenn Sie 100 Millionen Euro auf dem Konto hätten?

B) Auf welche Aktivität würden Sie sich jeden Morgen nach dem Aufwachen am allermeisten freuen?

Lassen Sie sich ruhig Zeit. Denken Sie ein paar Minuten lang darüber nach. Wenn Sie dann immer noch keine Idee haben, nehmen Sie die folgenden Anregungen als Hilfestellung:

- ein Ort, den Sie besuchen möchten
- etwas, das Sie tun wollen, bevor Sie sterben
- etwas, woran Sie sich ein Leben lang erinnern werden
- etwas, das Sie jede Woche tun möchten
- etwas, das Sie schon immer lernen wollten

3. Was müssen Sie *tun*, um zu *sein*?

Verwandeln Sie jeden Wunsch bezüglich Ihres neuen Seins ge-
danklich in ein Tun – so wird es Ihnen leichter fallen, wirklich
tätig zu werden und Ihr Sein zu ändern. Benennen Sie eine
Tätigkeit, die Ihren gewünschten Seinszustand auszeichnet,
oder eine Aufgabe, die für die Erreichung dieses Zustands stehen würde. Vielen Menschen fällt es leichter, sich zuerst über
das abstrakte Sein Gedanken zu machen, bevor sie es in ein Tun
übersetzen können. Sie können deshalb damit beginnen auf-
zuzählen, was Sie gerne sein würden. Auf dieser Grundlage
sollten Sie sich dann aber Gedanken machen, welches Tun daraus resultiert.

Hier sind ein paar Beispiele:

Ein toller Koch sein → ein mehrgängiges Weihnachtsmenü
kochen

Ein solider Sprecher des Spanischen sein → sich fünf Minuten lang mit einem spanischstämmigen Kollegen unterhalten

4. Welche vier Träume würden alles verändern?

Nehmen Sie nun Ihren »Traumplan« und kreuzen Sie Ihre vier
aufregendsten und/oder wichtigsten Träume an. Sie können
für die Umsetzung entweder sechs Monate oder auch zwölf
Monate veranschlagen.

5. Ermitteln Sie, was die Verwirklichung Ihrer Träume kosten würde, und errechnen Sie Ihr monatliches Zieleinkommen (MZE) für sechs bzw. zwölf Monate.

Vorausgesetzt, Ihre Ziele sind mit Geld finanzierbar – wie hoch
sind die monatlichen Kosten für die Umsetzung jedes einzelnen dieser vier Träume (Miete, Hypothek, Kreditraten und so
weiter)? Für viele Dinge müssen Sie weitaus weniger bezahlen
als Sie vielleicht erwarten. Einen Lamborghini Gallardo Spyder
zum Beispiel, mit einem Kaufwert von 260 000 Dollar, kann
man in den USA schon für 2897,80 Dollar monatlich leasen.
Meinen persönlichen Favoriten, einen Aston Martin DB9, fand

ich bei eBay für insgesamt 136 000 Dollar oder eine monatliche Rate von 2003,10 Dollar. Oder wie wäre es mit einer Reise um die Welt, zum Beispiel ab Frankfurt und mit Zwischenstopps in Los Angeles – Tokio – Singapur – Bangkok – Neu Delhi oder Bombay – London für 1399 Dollar? Bei einer kostengünstigen Umsetzung Ihrer Träume helfen Ihnen auch die *Tools & Tricks* am Ende des Kapitels »Mini-Ruhestände« (ab Seite 306).

Zum Schluss berechnen Sie nun Ihr monatliches Zieleinkommen (MZE), das Sie zur Realisierung der Ziele auf Ihrem Traumplan benötigen. Das geht folgendermaßen: Zuerst addieren Sie die Kosten, die Sie für Ihre vier Träume veranschlagt haben – dabei können unter Umständen auch 0,– Euro herauskommen. Außerdem fügen Sie noch Ihre monatlichen Ausgaben hinzu und multiplizieren das Ganze mit 1,3. So kalkulieren Sie einen zusätzlichen Puffer von 30 Prozent mit ein. Sie bilden also automatisch Rücklagen und haben außerdem die Sicherheit, immer versorgt zu sein. Die Summe ist Ihr anzustrebendes persönliches MZE. Meist dividiere ich diesen Wert noch durch 30, um mein tägliches Zieleinkommen (TZE) zu kennen. Es fällt mir einfach leichter, mit diesem Tagesziel zu arbeiten.

Wahrscheinlich ist Ihr MZE beziehungsweise Ihr TZE niedriger, als Sie erwartet haben. Sie sinken im Lauf der Zeit oft noch weiter, weil Sie immer mehr »Haben« gegen die einmalige Chance eintauschen, bestimmte Dinge zu »tun«. Aber auch wenn die Summe einschüchternd hoch daherkommt, ist das kein Grund zur Panik. Ich habe Studenten dabei geholfen, innerhalb von drei Monaten ein zusätzliches Einkommen von monatlich mehr als 10 000 Dollar zu generieren.

6. Definieren Sie auf Ihrem Traumplan drei konkrete Schritte für jeden der vier Träume und machen Sie den ersten Schritt *jetzt*.

Ich gebe nicht sonderlich viel auf langfristige Planung und

ferne Ziele. Normalerweise erstelle ich mir Traumpläne für drei und sechs Monate. Die Variablen können sich bei größeren Zeitspannen zu schnell verändern, und wenn der Traum in die ferne Zukunft verschoben wird, ist das wiederum leicht eine Ausrede für Untätigkeit.

In dieser Übung geht es deshalb auch vor allem darum, das Endziel möglichst konkret zu definieren, den dafür nötigen finanziellen Rahmen abzustecken und die ersten wichtigen Schritte zu gehen, um das Ganze ins Rollen zu bringen. Später müssen Sie dann nur noch die notwendige freie Zeit und das MZE sicherstellen. Beides wird das Thema der nächsten Kapitel sein.

Denken Sie nun konkreter über Ihre ersten Schritte nach. Definieren Sie für jeden Traum drei Schritte, die Ihnen helfen, Ihr Ziel zu erreichen. Legen Sie konkrete Maßnahmen fest und gehen Sie daran, diese sofort – morgen (vor elf Uhr vormittags) und übermorgen (ebenfalls vor elf Uhr vormittags) – zu erledigen.

Sobald Sie für jedes Ihrer vier Ziele drei Schritte festgelegt haben, halten Sie diese auf dem Traumplan fest. Fangen Sie SOFORT damit an. Jeder Schritt sollte so einfach sein, dass man ihn in höchstens fünf Minuten erledigen kann. Wenn das nicht möglich ist, dann unterteilen Sie ihn in mehrere kleine Schritte. Falls es gerade mitten in der Nacht ist und Sie niemanden anrufen können, dann tun Sie jetzt gleich etwas anderes. Schicken Sie zum Beispiel eine E-Mail und tätigen Sie den notwendigen Anruf dann gleich morgen früh als Erstes. Sollten Sie etwas recherchieren müssen, dann setzen Sie sich mit jemandem in Verbindung, der die Antwort weiß, anstatt viel Zeit im Internet oder mit Büchern zu verbringen – eine umfassende Analyse lähmt oft nur unnötig. Meiner Meinung nach ist es am besten, gleich zu Anfang jemanden zu finden, der erfolgreich das getan hat, was Sie vorhaben. Bitten Sie ihn um Rat. Das ist meist gar nicht so schwer. Andere Möglichkeiten, um in die Gänge zu kommen, sind etwa, ein Treffen oder ein Telefonat

Traumplan Beispiel: In SECHS Monaten möchte ich gerne

SCHRITT 1: HABEN	SCHRITT 5: KOSTEN
1. Aston Martin DB9	1. 2003 $/Monat
2. Go-Spiel aus dem 19. Jahrhundert	2.
3. Persönliche Assistentin	3. 5 $/Stunde x 80 = 400 $
4. Vollständige Kendo-Rüstung	4.
5.	5.
	A = 2403 $

SCHRITT 2: SEIN	SCHRITT 4: TUN	SCHRITT 5: KOSTEN
1. Gelenkig →	1. Seitspagat können	1.
2. Bestsellerautor →	2. 20 000 Exemplare pro Woche verkaufen	2. 0 $ (kostenlose Praktikanten, die einem den Rücken freihalten)
3. Flüssig in Griechisch →	3. 15 Minuten lange Unterhaltung mit Muttersprachler führen	3.
4. Exzellenter Koch →	4. Thanksgiving-Essen für sechs Leute kochen	4.
5.	5.	5.
		B = 0$

SCHRITT 3: TUN	SCHRITT 5: KOSTEN
1. Ein Konzept für eine Fernsehshow verkaufen	1.
2. Die kroatische Küste besuchen	2. 514 $ Hin- und Rückflug, 420 $ Hotelkosten
3. Intelligente und blendend aussehende Freundin finden	3.
4.	4.
5.	5.
	C = 934 $

MONATLICHES ZIELEINKOMMEN

A + B + C + (1,3 x monatliche Ausgabe)
=
MZE: 2403 + 0 + 934 + (2600) = 5937 $
: 30
=
TZE: 197,90 $

SCHRITTE JETZT
1. Autoverkäufer finden, Testfahrt vereinbaren
2. Stichpunktartige Stellenbeschreibung auf drei großen Jobseiten im Internet einstellen
3. Drei wichtige Fragen formulieren und an fünf Autoren schicken, die vor zwei bis drei Jahren einen Bestseller veröffentlicht haben
4. Erkundigen, wann die beste Reisezeit ist. Überlegen, welche fünf Dinge man dort unbedingt unternehmen sollte

MORGEN
1. Testfahrt machen
2. Ein- bis zweistündige Aufgabe für die drei Top-Bewerber/innen stellen
3. Basierend auf den Antworten einen Plan entwerfen (Marketing/PR)
4. Tickets und Unterkunft für drei Wochen aussuchen und jemanden einladen, mitzukommen

ÜBERMORGEN
1. Entscheiden, welche Details und Extras gewünscht sind
2. Top-Kandidat/in mit 20 Wochenstunden einstellen
3. »Praktikanten gesucht«-E-Mail an nahegelegene Unis schicken
4. Tickets reservieren (notfalls auch für sich allein, wenn Freund/Freundin nicht mitkommen will)

Ihr ganz persönlicher Traumplan[3]: In ____ Monaten möchte ich gerne

SCHRITT 1: HABEN	SCHRITT 5: KOSTEN	
1.	1.	
2.	2.	
3.	3.	
4.	4.	
5.	5.	
	A =	

SCHRITT 2: SEIN	SCHRITT 4: TUN	SCHRITT 5: KOSTEN
1.	1.	1.
2.	2.	2.
3.	3.	3.
4.	4.	4.
5.	5.	5.
		B =

SCHRITT 3: TUN	SCHRITT 5: KOSTEN	
1.	1.	
2.	2.	
3.	3.	
4.	4.	
5.	5.	
	C =	

MONATLICHES ZIELEINKOMMEN

A + B + C + (1,3 x monatliche Ausgaben)
=
MZE:
: 30
=
TZE:

SCHRITTE JETZT	MORGEN	ÜBERMORGEN
1.	1.	1.
2.	2.	2.
3.	3.	3.
4.	4.	4.

---

3   Auf der englischsprachigen Website zum Buch (www.fourhourworkweek.com)
    finden Sie einen Online-Rechner, der Sie bei der finanziellen Berechnung
    Ihrer Traumpläne unterstützen kann. Das Passwort für den Bereich *Reader-
    only Resources* lautet »live«. Hier finden Sie auch Bonuskapitel zum Buch.

mit einem Trainer, Mentor oder Verkäufer zu vereinbaren. Damit Sie sich nicht davor drücken können, kann es oft helfen, einen verbindlichen Termin zu vereinbaren – dann müssen Sie sich der Sache stellen. Nutzen Sie Ihr Pflichtbewusstsein zu Ihrem Vorteil und für die Erfüllung Ihrer Träume. Vergessen Sie den Satz »Das mache ich morgen« – daraus wird niemals etwas. Egal, wie klein die Aufgabe ist: Machen Sie den ersten Schritt jetzt!

Raus aus der Komfortzone

Die wirklich wichtigen Dinge im Leben sind selten bequem. Zum Glück kann man üben, unbequemen Dingen ins Auge zu sehen und sie zu überwinden. Ich habe mich selbst daran gewöhnt, Lösungen vorzuschlagen, anstatt nach ihnen zu fragen; die gewünschten Antworten zu provozieren, anstatt zu reagieren, und meinen Willen durchzusetzen, ohne die Brücken hinter mir abzubrechen. *Um einen ungewöhnlichen Lebensstil zu pflegen, müssen Sie lernen, Entscheidungen zu treffen – sowohl für sich selbst als auch für andere.*

Mit diesem Kapitel beginnend werde ich Ihnen kleine und einfache, aber zunehmend »unbequeme« Übungen vorstellen. Einige davon werden Ihnen möglicherweise leicht oder auch unnötig vorkommen (so wie die gleich folgende). Das wird sich aber ändern, sobald Sie sie ausprobieren.

Betrachten Sie das Ganze als ein Spiel und rechnen Sie mit ein wenig Nervenflattern und Schweißausbrüchen – genau darum geht es. Die meisten dieser Übungen gehen über zwei Tage. Schreiben Sie sich die Übung des Tages in Ihren Terminkalender, damit Sie sie nicht vergessen, und versuchen Sie nicht, mehr als eine Aufgabe auf einmal zu machen.

Los geht's.

Anstarren (zwei Tage)

Mein Freund Michael Ellsberg hat eine Sportart erfunden, die in Einzelwettkämpfen ausgetragen wird. Sie nennt sich Anstarren. Es ist so ähnlich wie Speed-Dating, unterscheidet sich aber durch ein wichtiges Detail – man darf dabei nicht sprechen. Die Gegner müssen sich drei Minuten ununterbrochen in die Augen schauen. Wenn man an einer solchen Veranstaltung teilnimmt, wird einem klar, wie unangenehm das für die meisten Menschen ist.

Üben Sie die nächsten beiden Tage über, anderen in die Augen zu starren – ob es nun Menschen sind, an denen Sie zufällig vorübergehen, oder Ihre direkten Gesprächspartner. Halten Sie so lange durch, bis der andere den Augenkontakt abbricht. Hier noch ein paar Hinweise:

- Fokussieren Sie ein Auge Ihres Gegenübers und vergessen Sie nicht, ab und zu zu blinzeln, damit Sie nicht wie ein Psychopath wirken und eine Tracht Prügel kassieren.
- Halten Sie in Unterhaltungen bewusst den Augenkontakt, während Sie sprechen. Sie werden merken, dass es leichter ist, dem anderen in die Augen zu schauen, während Sie zuhören.
- Üben Sie mit Menschen, die größer oder selbstbewusster sind als Sie selbst. Wenn jemand auf der Straße Sie fragt, warum zum Teufel Sie so glotzen, lächeln Sie einfach und sagen Sie: »Tut mir leid. Ich habe Sie mit einem alten Freund verwechselt.«

SCHRITT 2:
E wie Eliminieren

Es geht nicht darum, zu sammeln,
sondern zu eliminieren. Es ist kein
tägliches Anwachsen, sondern ein
tägliches Abnehmen. Die Krone
einer jeden Kultur ist die Schlichtheit.
Bruce Lee, amerikanischer
Schauspieler und Kampfkünstler

Das Ende des Zeitmanagements:
Illusionen und Italiener

> Eitel ist es, mit mehr zu tun, was
> auch mit weniger getan werden
> kann.
> *Wilhelm von Ockham (1300–1350),*
> *einer der bedeutendsten Philosophen*
> *des europäischen Mittelalters*

Zunächst zwei klare Worte zum Thema Zeitmanagement: Vergessen Sie's. Es ist keine gute Idee, jeden Tag mehr zu tun und jede verfügbare Sekunde mit irgendeiner geschäftigen Tätigkeit verplanen zu wollen. Ich habe lange gebraucht, um das zu begreifen. Ich war früher ein großer Fan der »Viel bringt viel«-Methode.

»Ich bin zu beschäftigt!« – so reden wir uns oft heraus, wenn es darum geht, sich vor den wenigen wirklich wichtigen, aber unangenehmen Aufgaben zu drücken. Die Möglichkeiten, geschäftig zu sein, sind endlos: Man kann Kaltakquise bei ein paar Hundert potenziellen Kaufinteressenten betreiben, seine Outlook-Kontakte neu sortieren, im Büro herumlaufen, um sich von Kollegen Dokumente geben zu lassen, die man nicht wirklich braucht, oder ein paar Stunden lang an seinem BlackBerry herumfummeln, wenn man eigentlich Prioritäten setzen sollte.

Wenn Sie in einem großen Unternehmen aufsteigen wollen und nicht wirklich kontrolliert wird, was Sie eigentlich tun (seien wir mal ehrlich), dann ist es am wirkungsvollsten, wenn Sie einfach mit Akten unterm Arm im Büro herumlaufen und sich ein Handy ans Ohr halten. Schau an, ich bin der fleißigste An-

gestellte hier. So bekommen Sie schnell eine Gehaltserhöhung. Dumm für Sie als angehenden NR ist nur: Auf diese Weise werden Sie es nicht schaffen, sich aus dem Büro loszueisen und in ein Flugzeug nach Brasilien oder nach Thailand zu steigen.

Also: Tappen Sie nicht in diese Falle und lassen Sie ein solches Verhalten schön bleiben. Es gibt schließlich viel bessere Möglichkeiten, und die werden Ihre Ergebnisse nicht nur optimieren – sie werden sie auch vervielfachen. Ob Sie es glauben oder nicht: Es ist nicht nur möglich, mehr zu erreichen, indem man weniger tut. Weniger zu tun ist auch die unabdingbare Voraussetzung dafür, mehr zu erreichen. Willkommen in der Welt des Eliminierens!

So sind Sie produktiv

Nun, da Sie definiert haben, was Sie mit Ihrer Zeit anfangen wollen, müssen Sie sich auch Zeit dafür freischaufeln. Der Trick besteht natürlich darin, das ohne Einkommenseinbußen oder sogar mit einer Einkommensverbesserung zu bewerkstelligen. Mit diesem Kapitel möchte ich Sie dabei unterstützen, Ihre persönliche Produktivität um 100 bis 500 Prozent zu steigern. Die *Prinzipien* sind dabei für Angestellte und Unternehmer die gleichen, doch der *Zweck* ihrer gesteigerten Produktivität ist jeweils ein völlig anderer.

Zuerst der Angestellte. Dieser steigert seine Produktivität, weil er seine Verhandlungsposition verbessern will, um zwei unmittelbar zusammenhängende Dinge zu erreichen: eine Gehaltserhöhung und eine Vereinbarung über Telearbeit, also aus dem Homeoffice. Wie ich Ihnen schon im ersten Kapitel verraten habe, sollten Sie als Angestellter (sofern Sie dies auch bleiben wollen) die typischen Schritte der NR von der Reihenfolge DEAL auf die Reihenfolge DELA, also Definition – Eliminieren – Liberation – Automatisieren – umpolen. Sie müssen sich zuerst von den bei Ihrem Arbeitgeber geltenden Prinzipien be-

freien (**Liberation**), bevor Sie sich erlauben können, beispiels-weise nur noch zehn Stunden pro Woche zu arbeiten. Es ist nun einmal so: In einem Unternehmen wird erwartet, dass man zwischen circa neun und fünf Uhr ausschließlich für die Firma tätig ist. Selbst wenn Sie doppelt so produktiv sind wie Ihre Kollegen und die Aufgaben in einem Viertel der Zeit erle-digen, haben Sie die besten Chancen, gefeuert zu werden, wenn Sie nicht die gewohnten Bürozeiten absitzen. Wenn Sie in zehn Stunden pro Woche doppelt so viel erreichen wie die Leute, die 40 Stunden arbeiten, wird man höchstens von Ihnen fordern: »Arbeiten Sie 40 Stunden und produzieren Sie die achtfachen Ergebnisse.« Das ist eine Spirale ohne Ende, die Sie vermeiden sollten. Daher müssen Sie sich erst aus den Zwängen der festen Arbeitszeit im Büro befreien.

Aber unabhängig davon, welche Reihenfolge für Sie die rich-tige ist, zuerst müssen wir ein paar Dinge definieren.

Effektiv oder effizient

Effektivität bedeutet, die Dinge zu tun, die uns näher an unsere Ziele heranbringen. Effizient zu sein, bedeutet hingegen, eine gegebene Aufgabe (ob sie nun wichtig ist oder nicht) so öko-nomisch wie möglich zu bewältigen. In unserer Gesellschaft ist es leider normal, effizient zu sein, ohne nach der Effektivität zu fragen.

Meiner unmaßgeblichen Meinung nach ist ein Staubsau-gervertreter der Spitzenklasse effizient – das heißt, er versteht sich darauf, an der Haustür etwas zu verkaufen, ohne Zeit zu verschwenden. Dennoch ist er vollkommen uneffektiv. Er würde mehr verkaufen, wenn er ein besseres Medium nutzte, wie etwa E-Mail oder Directmailing. Das Gleiche gilt für einen Men-schen, der 30-mal am Tag nach seinen E-Mails schaut und sich ein ausgefeiltes System von Ordnern zurechtlegt, um sicher-zustellen, dass jede der in seiner Inbox ankommenden geis-

tigen Blähungen so schnell wie möglich bearbeitet wird. Ich war früher selbst Spezialist für derart professionelles Däumchendrehen. So etwas ist auf eine perverse Art effizient, aber es ist alles andere als effektiv.

Behalten Sie also bitte diese zwei Binsenweisheiten im Kopf:

- Etwas Unwichtiges wird auch dadurch, dass man es gut erledigt, nicht zu etwas Wichtigem.
- Die Tatsache, dass eine Aufgabe viel Zeit in Anspruch nimmt, macht sie nicht wichtig.

Von jetzt an denken Sie bitte immer daran: *Was* Sie tun, ist unendlich viel wichtiger, als *wie* Sie es tun. Effizienz ist natürlich wichtig, aber sie ist wertlos, wenn man sie nicht auf die richtigen Dinge anwendet. Und um die richtigen Dinge zu finden, müssen wir zuerst einmal in den Garten gehen.

Paretos Garten: 80/20 und die Beseitigung des Überflüssigen

Vor vier Jahren hat ein Ökonom mein Leben für immer verändert. Es ist eine Schande, dass ich nie die Chance hatte, ihm einen auszugeben. Aber mein lieber Freund Vilfredo ist leider vor beinahe hundert Jahren gestorben.

Vilfredo Pareto war ein gerissener und umstrittener Ökonom und Soziologe, der von 1848 bis 1923 lebte. Der ausgebildete Ingenieur begann seine abwechslungsreiche Karriere als Leiter von Kohlebergwerken und wurde später als Professor für politische Ökonomie der Nachfolger von Léon Walras an der Universität von Lausanne in der Schweiz. Sein bahnbrechendes Werk »Cours d'economie politique« enthielt ein zur damaligen Zeit wenig beachtetes »Gesetz« der Einkommensverteilung, das später nach ihm benannt wurde: Pareto-Gesetz oder die Pareto-Verteilung, im letzten Jahrzehnt auch zunehmend als das 80/20-Prinzip bezeichnet.

Pareto zeigte, dass der Wohlstand einer Gesellschaft extrem ungleich, wenn auch innerhalb der Gruppen sehr regelmäßig verteilt ist. 80 Prozent des Reichtums und des Einkommens sind im Besitz von 20 Prozent der Bevölkerung. Die gleiche mathematische Formel lässt sich auch außerhalb der Ökonomie anwenden. Tatsächlich ist diese Verteilung fast überall anzutreffen. So wurden zum Beispiel 80 Prozent der Erbsen in Paretos Garten von 20 Prozent der Pflanzen hervorgebracht, die er dort gesetzt hatte.

Paretos Gesetz lässt sich folgendermaßen zusammenfassen: 20 Prozent des Inputs sorgen für 80 Prozent des gesamten Outputs. Das lässt sich, je nach Kontext, auch anders ausdrücken:

- 80 Prozent der Konsequenzen folgen aus 20 Prozent der Ursachen.
- 80 Prozent der Ergebnisse resultieren aus 20 Prozent des gesamten Aufwands, inklusive des zeitlichen.
- 80 Prozent der Unternehmensgewinne werden mit 20 Prozent der Produkte erwirtschaftet.
- 80 Prozent der Aktiengewinne werden von 20 Prozent der Anleger gemacht.

Diese Liste kann unendlich fortgesetzt werden. Dabei ist das Ungleichgewicht oft sogar noch stärker ausgeprägt: 90/10, 95/5 oder 99/1 sind nicht ungewöhnlich – mindestens handelt es sich aber um ein Verhältnis 80/20.

Als ich eines späten Abends über Paretos Arbeit stolperte, schuftete ich sieben Tage in der Woche 15 Stunden lang und fühlte mich total überfordert und hilflos. Ich stand vor Sonnenaufgang auf, um mit Europa zu telefonieren, kümmerte mich von neun bis fünf um die Vereinigten Staaten und arbeitete anschließend fast bis Mitternacht, indem ich Telefonate nach Japan und Neuseeland erledigte. Ich war gefangen in einem führerlos dahinrasenden Zug ohne Bremsen, und ich schaufelte wie besessen Kohle, weil mir nichts Besseres einfiel.

Vor die Alternative gestellt, einen Burn-out zu erleiden oder Paretos Ideen einmal auszuprobieren, entschied ich mich für Letzteres. Am nächsten Morgen betrachtete ich mein Geschäft und mein Leben im Licht dieser beiden Fragen:

- Welche 20 Prozent aller Kunden/Vorkommnisse verursachen 80 Prozent meiner Probleme und meines Kummers?
- Welche 20 Prozent aller Maßnahmen sorgen für 80 Prozent der erwünschten Ergebnisse und somit dafür, dass ich glücklich bin?

Einen ganzen Tag lang ignorierte ich alle anderen scheinbar so dringenden Dinge und analysierte meine Situation so umfassend und leidenschaftslos, wie ich konnte. Ich stellte alles auf den Prüfstand, von meinen Freunden über meine Kunden bis hin zu meinen Freizeitaktivitäten. Erwarten Sie nicht, dass man in so einer Situation alles richtig macht – die Wahrheit tut oft weh. Das Ziel einer solchen Analyse ist, zu erkennen, welche Dinge in Ihrem Leben nur wenig dazu beitragen, dass Sie Ihre Ziele erreichen. Diese gilt es zu eliminieren. Finden Sie hingegen Ihre Stärken und multiplizieren Sie diese.

In den folgenden 24 Stunden traf ich eine Reihe von simplen, aber emotional schmerzhaften Entscheidungen, die mein Leben buchstäblich für immer veränderten und mich in die Lage versetzten, den Lebensstil zu genießen, den ich heute pflege. Schon die erste meiner Entscheidungen ist ein großartiges Beispiel dafür, wie dramatisch und wie schnell eine solche Radikalkur Rendite abwirft: Ich hörte auf, 95 Prozent meiner Kunden zu kontaktieren, und schmiss zwei weitere Prozent aus meinem Verteiler. Damit blieben noch die restlichen drei Prozent. Das waren die Top-Kunden, an deren Profil ich mich bei der Neuakquise orientieren konnte.

Von meinen mehr als 120 Großhandelskunden sorgten gerade mal fünf für 95 Prozent des Umsatzes. Da die erwähnten fünf regelmäßig bestellten, ohne dass ich ihnen nachtelefonieren, sie überzeugen oder beschwatzen musste, brachte ich

98 Prozent meiner Zeit damit zu, den restlichen Kunden hinterherzujagen. Mit anderen Worten: Ich arbeitete, weil ich das Gefühl hatte, den ganzen Tag arbeiten zu müssen. Ich hatte nicht begriffen, dass es nicht das Ziel war, von neun bis fünf Uhr zu ackern. Die meisten Menschen tun das, einfach weil es ihrer Gewohnheit entspricht – ob es nun nötig ist oder nicht. Ich selbst schuftete nach dem Prinzip »work for work's sake« (W4W), die meistgehasste Abkürzung im Vokabular der NR für das überkommene Prinzip »Arbeit um der Arbeit willen«.

Ich schaute mir die Probleme an, mit denen ich zu kämpfen hatte. Diese verdankte ich einer großen Anzahl unproduktiver und unprofitabler Kunden. Zum anderen machten mir zwei Großkunden das Leben schwer, die nach der Philosophie lebten: »Hier ist der Schlamassel, den ich angerichtet habe, sehen Sie zu, wie Sie damit klarkommen.«

Um die unprofitablen Kunden kümmerte ich mich nicht weiter. Wenn sie etwas bestellen wollten, schön, dann sollten sie mir eben ihre Bestellung faxen. Wenn nicht, würde ich ihnen definitiv nicht weiter nachlaufen: keine Telefonanrufe, keine E-Mails, gar nichts. Damit blieben mir noch die beiden erwähnten Großkunden, die professionelle Nervensägen waren, aber zu der Zeit etwa zehn Prozent zu meinem Gesamtgewinn beitrugen.

Ein paar von dieser Sorte hat man immer, und durch sie gerät man in eine Zwickmühle, die die Ursache für alle Probleme ist und die zuweilen sogar Selbsthass und Depressionen nach sich ziehen kann. Bis zu diesem Zeitpunkt hatte ich ihre Drohungen und Beleidigungen, die zeitraubenden Streitereien und die Schimpftiraden gewissermaßen als Teil der Betriebskosten verbucht. Durch meine 80/20-Analyse wurde mir klar, dass diese zwei Kunden für einen großen Teil meines beruflichen Ärgers verantwortlich waren. Mein Ärger erstreckte sich bis in meine Freizeit hinein, und ich führte nächtliche Selbstgespräche nach dem Muster: »Ich hätte diesem Drecksack X, Y und auch noch Z sagen sollen.« Schließlich wurde mir das Offensichtliche klar: Der Schaden, den mein Selbstwertgefühl und mein Seelenfrieden nahmen, war den finanziellen Gewinn schlicht und einfach nicht wert. Ich brauchte das Geld nicht aus irgendeinem bestimmten Grund, ich hatte einfach angenommen, dass ich mich darum bemühen müsste, diese beiden Geschäftspartner zufriedenzustellen. Der Kunde hat schließlich immer Recht, stimmt's? So ist es eben im Geschäftsleben, nicht wahr? Nein, verdammt nochmal. Zumindest nicht für die NR. Ich trat den beiden in den Hintern, was mir unglaublich gut tat. Die Unterhaltung verlief folgendermaßen:

> **Kunde:** Seid Ihr denn jetzt vollkommen übergeschnappt? Ich bestelle zwei Kartons, und die kommen zwei Tage zu spät an. [Anmerkung: Er hatte die Bestellung auf dem falschen Weg an die falsche Person geschickt, obwohl wir ihn wiederholt auf die richtige Prozedur hingewiesen hatten.] Ihr seid wirklich der unorganisierteste Idiotenhaufen, mit dem ich je zusammengearbeitet habe. Ich bin seit 20 Jahren in dieser Branche tätig, aber das ist wirklich das Letzte.
>
> **Ein beliebiger NR – in diesem Fall ich:** Ich werde Sie umbringen. Sie werden mir nicht entkommen.

Schön wär's. Ich spielte dieses Gespräch etwa eine Million Mal in meinem Kopf durch, aber in Wirklichkeit lief es eher so ab:

> Es tut mir leid, das zu hören. Wissen Sie, ich höre mir Ihre Beleidigungen jetzt schon eine Zeit lang an und ich glaube, dass wir leider in Zukunft keine Geschäfte mehr miteinander machen können. Ich würde Ihnen empfehlen, einmal ernsthaft darüber nachzudenken, wo Ihre ganze schlechte Laune und Aggressivität eigentlich herkommen. Ich wünsche Ihnen jedenfalls alles Gute für die Zukunft. Wenn Sie etwas bestellen wollen, werden wir das gerne liefern, allerdings nur, wenn Sie es schaffen, sich einigermaßen zivilisiert und ohne Beleidigungen auszudrücken. Sie haben ja unsere Faxnummer. Alles Gute und einen schönen Tag noch. [Klick.]

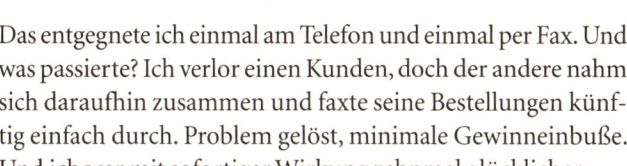

Das entgegnete ich einmal am Telefon und einmal per Fax. Und was passierte? Ich verlor einen Kunden, doch der andere nahm sich daraufhin zusammen und faxte seine Bestellungen künftig einfach durch. Problem gelöst, minimale Gewinneinbuße. Und ich war mit sofortiger Wirkung zehnmal glücklicher.

Dann analysierte ich, was meine fünf größten Kunden für Gemeinsamkeiten hatten, und suchte mir in der folgenden Woche etwa drei Käufer mit einem ähnlichen Profil. Vergessen Sie nicht: Mehr Kunden bedeutet nicht automatisch mehr Einkommen. Mehr Kunden zu bekommen ist nicht das Ziel, denn es führt oft zu 90 Prozent mehr Verwaltungsaufwand für eine kümmerliche Gewinnsteigerung von ein bis drei Prozent. Denken Sie daran: Das wichtigste Ziel heißt, maximales Einkommen durch geringstmöglichen Einsatz (und das bedeutet auch eine minimale Anzahl von Kunden). Ich verdoppelte meine Stärken, das heißt, in diesem Fall meine Top-Kunden. Ich konzentrierte meine Energie darauf, dass sie mehr und häufiger bestellten.

Das Ergebnis? Ich versuchte nicht mehr, 120 Kunden zu umgarnen, stattdessen bekam ich von acht Kunden große Bestellungen, und zwar ohne jegliche Telefonbetteleien oder E-Mail-Predigten. Mein monatliches Einkommen stieg innerhalb von vier Wochen von 30 000 auf 60 000 Dollar, und meine wöchentliche Arbeitszeit fiel mit einem Schlag von über 80 auf ungefähr 15 Stunden. Und das Wichtigste: Zum ersten Mal seit zwei Jahren fühlte ich mich wohl, war optimistisch und befreit.

In den folgenden Wochen wandte ich das 80/20-Prinzip auf Dutzende von weiteren Bereichen an, darunter zum Beispiel:

Werbung: Ich forschte nach, welche Werbemaßnahmen 80 Prozent oder mehr aller Bestellungen generierten, bestimmte die Gemeinsamkeiten zwischen ihnen, verstärkte diese und ließ den ganzen Rest bleiben. Meine Werbungskosten sanken um mehr als 70 Prozent, und meine Einnahmen aus Direktverkäufen stiegen in acht Wochen von 15 000 auf 25 000 Dollar an. Hätte ich nicht in Zeitschriften mit langen Vorlaufzeiten,

sondern im Radio, Fernsehen oder in Zeitungen inseriert, hätten sich meine Einnahmen noch schneller verdoppelt.

Online-Vertriebspartner: Mehr als 250 Online-Affiliates (internetbasierten Vertriebslösungen), die wenig abwarfen, kündigte ich die Zusammenarbeit. Stattdessen konzentrierte ich mich auf die zwei Vertriebspartner, die für 90 Prozent meines Einkommens verantwortlich waren. Mein Managementaufwand sank von fünf bis zehn Stunden in der Woche auf eine Stunde pro Monat. Das über meine Online-Partner erzielte Einkommen stieg im gleichen Zeitraum um mehr als 50 Prozent.

Auch wenn Ihr Job mit meinem nicht vergleichbar ist – treten Sie auf die Bremse und denken Sie daran: Die meisten Dinge bewirken überhaupt nichts. *Geschäftigkeit ist eine Form von Faulheit – Faulheit des Denkens und wahlloses Handeln.* In Arbeit zu ertrinken ist ebenso unproduktiv wie gar nichts zu tun – und es ist weitaus unangenehmer. Gezielt auswählen und weniger tun – das ist der produktivere Weg. Konzentrieren Sie sich auf die wenigen wichtigen Geschäftspartner und Arbeitsgebiete und ignorieren Sie den Rest.

Sie werden eine Menge ausprobieren müssen, um herauszufinden, was die größten Auswirkungen hat, bevor Sie in einem neuen Umfeld (sei es in einem neuen Job oder in einem unternehmerischen Projekt) die Spreu vom Weizen trennen und Aufgaben abschaffen können. Werfen Sie alles an die Wand und schauen Sie, was kleben bleibt. Das ist ein Teil des Prozesses, aber das Ganze sollte nicht länger als einen oder zwei Monate dauern.

Es ist nur allzu leicht, sich in endlosen Details zu verzetteln. Lassen Sie sich nicht hetzen und denken Sie daran, dass *Mangel an Zeit eigentlich ein Mangel an Prioritäten ist.* Nehmen Sie sich die Zeit, einmal durchzuatmen und den Überblick zu gewinnen oder – wie es Pareto tat – die Erbsen zu zählen.

Die Achtstunden-Illusion und das Parkinson'sche Gesetz

> Vor kurzem stand ich vor einer
> Bank, an der hing ein Schild mit der
> Aufschrift »24-Stunden-Banking« –
> aber so viel Zeit habe ich gar nicht.
> *Steven Wright, Schauspieler und*
> *Stand-Up-Comedian*

Wenn Sie Angestellter sind, dann ist es bis zu einem gewissen Grad nicht Ihr Fehler, wenn Sie Ihre Zeit mit Unsinn vertun. Oft gibt es keinen Anreiz, die Zeit sinnvoll zu nutzen, wenn man nicht gerade auf Provisionsbasis bezahlt wird. Die Welt ist übereingekommen, dass man von neun Uhr morgens bis fünf Uhr nachmittags Papiere hin- und herzuschieben hat. Da Sie während dieser Zeit der Lohnsklaverei im Büro eingesperrt sind, sind Sie gezwungen, Aktivitäten zu erfinden, die diese Zeit ausfüllen. Zeit wird verschwendet, weil so viel davon verfügbar ist. Das ist verständlich. Aber jetzt, da Sie das neue Ziel vor Augen haben, Ihrem Arbeitgeber eine Telearbeitsvereinbarung abzutrotzen, anstatt nur auf die nächste Gehaltsüberweisung zu warten, müssen wir uns daran machen, den Status quo in Frage zu stellen und effektiv zu werden. Die besten Angestellten haben nämlich auch die beste Verhandlungsposition.

Unternehmer gehen sehr verschwenderisch mit Zeit um, weil sie es nicht anders gewohnt sind und weil sie sich daran orientieren, wie alle anderen sich verhalten. Ich selbst war da keine Ausnahme. Die meisten Unternehmer waren selbst einmal Angestellte und kommen aus der Achtstunden-Kultur. Also orientieren sie sich am gleichen Schema, egal, ob sie um neun Uhr morgens schon funktionsfähig sind oder ob sie wirklich acht Stunden pro Tag brauchen, um ihr Zieleinkommen zu erwirtschaften. Diese tägliche Arbeitszeit ist eine kollektive gesellschaftliche Vereinbarung und ein Dinosaurier aus der

Zeit der »Klasse durch Masse«-Philosophie. Wie kann es möglich sein, dass alle Menschen auf dieser Welt genau acht Stunden täglich benötigen, um ihre Arbeit zu erledigen? Das stimmt einfach nicht. Es ist nichts weiter als eine willkürliche Festlegung.

Sie brauchen nicht acht Stunden pro Tag, um ein echter Millionär zu werden – und schon gar nicht, um genug Geld zu verdienen, damit Sie wie einer leben können. Acht Stunden pro Woche sind oft mehr als genug, aber ich erwarte nicht, dass Sie mir jetzt schon glauben. Ich weiß, dass Sie wahrscheinlich das Gleiche denken, was ich lange Zeit dachte: Der Tag hat einfach nicht genug Stunden.

Lassen Sie uns zunächst einmal über ein paar Dinge nachdenken, bei denen wir uns wahrscheinlich schnell einig sind. Da wir acht Stunden Arbeitszeit zu füllen haben, füllen wir acht Stunden aus. Hätten wir 15 Stunden, dann würden wir auch die ausfüllen. Wenn ein plötzlicher Notfall auftritt und wir das Büro in zwei Stunden verlassen müssen, aber gleichzeitig einen wichtigen Abgabetermin haben, dann schaffen wir es wunderbarerweise, die Aufgabe in zwei Stunden fertigzustellen.

Das hat alles mit einem Gesetz zu tun, das mir im Frühjahr 2000 von Ed Zschau vorgestellt wurde. Ich war nervös ins Seminar gekommen und konnte mich nicht konzentrieren. Die Abschlussarbeit, die nicht weniger als 25 Prozent der Semesternote ausmachte, war in 24 Stunden fällig. Ich hatte mich für die Aufgabenstellung entschieden, Top-Manager einer Start-up-Firma zu interviewen und ihr Businessmodell ausführlich zu analysieren. Doch die Götter des von mir ausgewählten Unternehmens hatten in ihrer unerforschlichen Weisheit in letzter Sekunde beschlossen, dass ich zwei Schlüsselpersonen nicht interviewen beziehungsweise deren Antworten wegen des bevorstehenden Börsengangs nicht verwenden durfte. *Game over.*

Ich ging nach dem Seminar zu Ed und überbrachte ihm die schlimme Nachricht.

»Ed, ich glaube, ich werde eine Fristverlängerung für meine

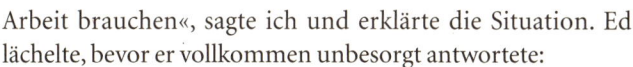

Arbeit brauchen«, sagte ich und erklärte die Situation. Ed lächelte, bevor er vollkommen unbesorgt antwortete:

»Ich glaube, Sie werden das schon schaffen. Unternehmer ist, wer die Dinge zum Laufen bringt, nicht wahr?«

24 Stunden später und eine Minute vor Ende der gesetzten Frist, Eds Assistent wollte gerade das Büro abschließen, gab ich meine 30-seitige Abschlussarbeit ab. Sie basierte auf einem anderen Unternehmen, das ich ausfindig gemacht und dessen Mitarbeiter ich interviewt hatte – ich hatte die ganze Nacht durchgearbeitet und genügend Koffein in mich hineingeschüttet, um eine ganze Olympiamannschaft zu disqualifizieren. Es war eine der besten Arbeiten, die ich in den letzten vier Jahren geschrieben hatte. Sie wurde mit A bewertet.

Bevor ich am vorangegangenen Tag das Seminar verlassen hatte, hatte Ed mir noch einen Rat mit auf den Weg gegeben: das Parkinson'sche Gesetz. Es besagt, dass sich die (scheinbare) Wichtigkeit und die Komplexität einer Aufgabe in genau dem Maß ausdehnen, wie Zeit für ihre Erledigung zur Verfügung steht. Auf magische Weise hat die bevorstehende Deadline Einfluss darauf, wie lange wir brauchen, um eine bestimmte Aufgabe zu erfüllen.

Wenn ich Ihnen 24 Stunden Zeit gebe, um ein Projekt fertigzustellen, dann sind Sie unter diesem Zeitdruck gezwungen, sich auf die Ausführung zu konzentrieren, und Sie haben keine andere Wahl, als nur das absolut Notwendige zu erledigen. Wenn ich Ihnen eine Woche gebe, um die gleiche Aufgabe zu erfüllen, dann haben Sie sechs Tage, um aus einer Mücke einen Elefanten zu machen. Wenn ich Ihnen zwei Monate gebe – der Himmel helfe uns –, dann wird daraus ein mentales Monster. Und das Resultat ist im Fall der kürzeren Abgabefrist mit an Sicherheit grenzender Wahrscheinlichkeit von gleicher oder besserer Qualität, weil man konzentrierter arbeitet.

Aus all dem resultieren zwei Methoden, die Sie nutzen können, um produktiver zu werden. Es handelt sich dabei um zwei Seiten der gleichen Medaille:

- Reduzieren Sie die Aufgabe auf das Wesentliche, um Ihre Arbeitszeit zu verkürzen (das 80/20-Prinzip).

- Verkürzen Sie Ihre Arbeitszeit, um die Aufgabe auf das Wesentliche zu beschränken (das Parkinson'sche Gesetz).

Die beste Lösung besteht darin, beide Ansätze zu nutzen: Identifizieren Sie die wenigen wichtigen Aufgaben, die den Großteil Ihres Einkommens ausmachen, und setzen Sie sich dafür in naher Zukunft eindeutige Deadlines. Wenn Sie sich nicht auf die entscheidenden Aufgaben konzentrieren und sich keinen eng bemessenen Zeitrahmen stecken, dann wird das Unwichtige zum Wichtigen. Selbst wenn Sie wissen, was wichtig ist – wenn Sie keinen festen Termin ins Auge fassen und sich darauf fokussieren, dann bläht sich jede Nebensächlichkeit, die von außen an Sie herangetragen wird, immer weiter auf und verschlingt Ihre Zeit. Eine Nebensächlichkeit nach der anderen wird Sie ablenken, und am Ende des Tages werden Sie nichts zu Ende gebracht haben. Wie sonst könnten das Abgeben eines Päckchens bei UPS, das Festlegen von ein paar Terminen und das Bearbeiten der E-Mails den ganzen Tag in Anspruch nehmen? Das muss Ihnen nicht peinlich sein. Ich habe Monate damit zugebracht, von einer Unterbrechung zur nächsten zu springen, und hatte das Gefühl, dass mein Unternehmen mich managte anstatt umgekehrt.

Sowohl das 80/20-Prinzip als auch das Parkinson'sche Gesetz sind wichtige Konzepte, und ich werde sie im Folgenden immer wieder erwähnen. Im nächsten Kapitel erfahren Sie, wie Sie der täglichen Informationsflut Herr werden, damit Sie sich auf das Wichtige beschränken und Ihre Zeit frei einteilen können. Sie lernen die informationsarme Ernährung des Champions kennen.

Ein Dutzend Muffins und eine Frage

> Die Liebe zur Geschäftigkeit ist nicht
> dasselbe wie Fleiß.
> *Seneca, römischer Philosoph*

Mountain View, Kalifornien

»Samstags habe ich frei«, sagte ich zu der Gruppe von Fremden, die mich anstarrten – alles Freunde eines Freundes von mir. Es stimmte auch. Können Sie sieben Tage die Woche Vollwert-Müsli und Hühnchen essen? Sehen Sie, ich auch nicht. Also urteilen Sie nicht so hart über mich.

Zwischen meinem zehnten und zwölften Muffin ließ ich mich auf die Couch fallen, um meinen Zuckerschock zu genießen, bis die Uhr Mitternacht schlug und wieder die Zeit der vernünftigen Sonntag-bis-Freitag-Ernährung begann. Neben mir auf einem Stuhl saß ein anderer Partygast, der sich an einem Glas Wein festhielt – nicht sein zwölftes, aber sicherlich auch nicht sein erstes. Wir kamen ins Gespräch. Wie üblich sah ich mich mit der Frage »Was machst du so?« konfrontiert, und meine Antwort ließ den Fragenden im Zweifel, ob ich ein krankhafter Lügner oder ein Krimineller war. Wie war es möglich, mit so geringem Zeitaufwand so viel Geld zu verdienen? Das war eine gute Frage. Es war DIE Frage.

In fast jeder Hinsicht hatte meine Partybekanntschaft Charney alles, was man sich wünschen kann. Er war glücklich verheiratet, hatte einen zwei Jahre alten Sohn, und sein zweiter Sohn würde in drei Monaten geboren werden. Er war ein erfolgreicher Vertriebsmann, und obwohl er, wie wir alle, gerne 500 000 Dollar im Jahr mehr verdient hätte, waren seine Finanzen in Ordnung. Das Einzige, was er nicht hatte, war Zeit.

Er stellte mir viele gute Fragen. Ich war gerade von einem Trip nach Europa zurückgekehrt und plante schon ein neues Aben-

teuer in Japan. Er nahm mich zwei Stunden lang ins Verhör, und sein Refrain dabei war:

»Wie ist es möglich, mit so geringem Zeitaufwand so viel Geld zu verdienen?«

»Wenn es dich interessiert, machen wir ein Experiment und ich zeige dir, wie es geht«, bot ich an.

Charney war dabei. Eine E-Mail und fünf Wochen voller Übungen später hatte Charney gute Nachrichten für mich: Er hatte in der letzten Woche mehr erreicht als in den vier Wochen zuvor. Und das, obwohl er sich Montag und Freitag frei genommen und jeden Tag mindestens zwei Stunden mit seiner Familie verbracht hatte. Er arbeitete nicht mehr 40, sondern nur noch 18 Stunden pro Woche und produzierte dabei die vierfachen Ergebnisse. Was war das Geheimnis? Hatte er auf einem Berggipfel eine Erleuchtung gehabt oder ein Initiationserlebnis durch geheimes Kung-Fu-Training? Nö. Hatte ihm eine neue japanische Managementtheorie die Augen geöffnet oder arbeitete er jetzt mit besserer Software? Njet.

Ich hatte ihn nur gebeten, eine einfache Sache zu tun, immer und immer wieder. Mindestens dreimal am Tag zu festgelegten Zeiten musste er sich die folgende Frage stellen: **Bin ich gerade produktiv oder nur aktiv?**

Charney brachte die Sache mit einer weniger abstrakten Wortwahl auf den Punkt: **Erfinde ich Aufgaben, um wichtigen Dingen aus dem Weg zu gehen?**

Er eliminierte alle Aktivitäten, die er um ihrer selbst willen betrieb, und konzentrierte sich darauf, Resultate zu produzieren anstatt Einsatz zu zeigen. Einsatz ist oft nichts weiter als eine andere Bezeichnung für sinnlose Arbeit. Seien Sie deshalb gnadenlos und eliminieren Sie alles Überflüssige. Es ist möglich, weniger zu arbeiten und mehr zu leisten.

F & A: Fragen und Aktionen

Wer mehr Zeit haben will, muss weniger tun. Das können Sie mit zwei Methoden erreichen, die Sie am besten beide nutzen sollten: Definieren Sie eine kurze To-do-Liste. Oder aber umgekehrt: Definieren Sie eine Not-to-do-Liste.

Stellen Sie sich folgende hypothetische Situationen vor. Das wird Ihnen dabei helfen, diese Listen zu erstellen:

1. Wenn Sie einen Herzinfarkt hätten und danach nur zwei Stunden am Tag arbeiten könnten, was würden Sie machen?
Nicht fünf Stunden, nicht vier Stunden, nicht drei – zwei Stunden. Das ist noch nicht ganz, wo ich hinwill, aber es ist ein Anfang. Abgesehen davon, kann ich jetzt schon Ihr Gehirn blubbern hören: Das ist ja lächerlich. Unmöglich! Ich weiß, ich weiß.

Wenn ich Ihnen stattdessen sagen würde, dass man monatelang mit vier Stunden Schlaf pro Nacht auskommen und dabei ganz gut funktionieren kann, würden Sie mir glauben? Wahrscheinlich nicht. Dessen ungeachtet tun Millionen von frischgebackenen Müttern genau das.

Bei dieser Übung haben Sie keine Wahl. Der Arzt hat Sie gewarnt, nachdem er Ihnen einen dreifachen Bypass gelegt hat: Wenn Sie Ihre Arbeit in den ersten drei Monaten nach der Operation nicht auf zwei Stunden pro Tag begrenzen, werden Sie sterben. Wie würden Sie es machen?

2. Wenn Sie einen zweiten Herzinfarkt hätten und Sie dürften nur noch zwei Stunden pro *Woche* arbeiten, was würden Sie tun?

3. Wenn Ihnen jemand eine Pistole an den Kopf hielte und Sie *müssten* vier Fünftel aller zeitraubenden Aktivitäten aufgeben, welche wären das?
Einfachheit erfordert Rücksichtslosigkeit. Wenn Sie vier Fünf-

tel aller zeitraubenden Aktivitäten aufgeben müssten – E-Mails, Telefonate, Unterhaltungen, Papierkram, Meetings, Werbung, Kunden, Lieferanten, Produkte, Dienstleistungen und so weiter –, was würden Sie eliminieren, damit die negativen Auswirkungen auf Ihr Einkommen so gering wie möglich wären? Wenn Sie diese Übung auch nur einmal im Monat machen, kann allein die Beantwortung dieser Frage Sie zur Vernunft rufen und verhindern, dass Sie überschnappen.

4. Mit welchen Dingen verbringen Sie Ihre Zeit, um das Gefühl zu haben, dass Sie produktiv sind? Nennen Sie drei Beispiele.
Mit der Erledigung von Unwichtigem rechtfertigen wir oft, dass wir wichtigere Dinge hinausschieben. Meist schieben wir das vor uns her, was unangenehm ist, weil die Möglichkeit besteht, zu scheitern oder zurückgewiesen zu werden. Seien Sie ehrlich mit sich selbst, wir alle kennen schließlich diese Mechanismen. Womit rechtfertigen Sie sich?

5. Gewöhnen Sie sich Folgendes an: Stellen Sie sich bei jeder Tätigkeit die Frage, ob Sie mit Ihrem Tag zufrieden wären, wenn dies das Einzige wäre, was Sie heute erledigten.
Gehen Sie niemals ins Büro oder an Ihren Computer ohne eine klare Liste von Prioritäten. Sie werden sonst lediglich unzusammenhängende E-Mails bearbeiten und Ihren Kopf für diesen Tag durcheinanderbringen. Stellen Sie Ihre To-do-Liste für morgen spätestens heute Abend zusammen. Ich rate davon ab, dafür Outlook oder andere Computerprogramme zu verwenden, weil man so ohne Schwierigkeiten endlos viele Dinge in die Liste aufnehmen kann. Ich benutze ein normales DIN A4-Blatt, das ich dreimal zusammenfalte. Das ergibt eine Größe von etwa sieben mal zehn Zentimetern, das Papier passt perfekt in die Tasche und man kann nur ein paar Dinge darauf notieren.

Es sollten niemals mehr als zwei wirklich wichtige Dinge pro Tag zu erledigen sein. Niemals. Das ist auch gar nicht nötig,

wenn es sich bei diesen beiden wirklich um Dinge handelt, die für Sie von entscheidender Bedeutung sind. Manchmal hat man Schwierigkeiten, sich zwischen mehreren Dingen zu entscheiden, die alle wichtig zu sein scheinen. In diesem Fall schauen Sie sich alle der Reihe nach an und fragen Sie sich: »*Wenn dies das Einzige ist, was ich heute erledige, werde ich dann mit meinem Tag zufrieden sein?*«

Um die Dinge zu erkennen, die nur scheinbar dringend sind, fragen Sie sich: »Was wird passieren, wenn ich das nicht erledige? Ist es wert, etwas Wichtiges aufzuschieben, um das hier zu erledigen?« Wenn Sie heute nicht schon mindestens eine wichtige Sache erledigt haben, dann verschwenden Sie die letzte Arbeitsstunde nicht damit, eine DVD zurückzubringen, weil Sie keine drei Euro Säumniszuschlag zahlen wollen. Erledigen Sie die wichtige Aufgabe und bezahlen Sie die drei Euro Strafe.

6. Kleben Sie ein Post-it auf Ihren Computermonitor oder geben Sie in Outlook eine Terminerinnerung ein, damit Sie sich mindestens dreimal am Tag die Frage stellen: »Erfindest du gerade Dinge, um das Wichtige zu vermeiden?«

7. Vergessen Sie Multitasking.
Ich sage Ihnen nur, was Sie schon wissen. Sich beim Telefonieren die Zähne zu putzen und dabei gleichzeitig E-Mails zu beantworten, funktioniert einfach nicht. Mittagessen, während man im Internet recherchiert und dabei Instant Messaging betreibt? Ebenso wenig.

Wenn Sie richtig priorisieren, dann ist Multitasking überflüssig. Es ist kein gutes Zeichen, wenn Sie viel auf einmal tun, um sich produktiv zu fühlen, während Sie in Wirklichkeit weniger erreichen. Ich wiederhole es: Sie sollten höchstens zwei wichtige Ziele oder Aufgaben am Tag haben. Erledigen Sie diese nacheinander von Anfang bis Ende, ohne Ablenkung. Geteilte Aufmerksamkeit führt zu mehr Unterbrechungen, Konzentrationsaussetzern, schlechteren Ergebnissen und weniger Zufriedenheit.

8. Nutzen Sie das Parkinson'sche Gesetz auf der Makro- und der Mikroebene.

So können Sie mit weniger Zeitaufwand mehr erreichen. Sorgen Sie mit straffen Zeitplänen und genauen Deadlines dafür, dass Sie konzentriert handeln und nichts aufschieben. Auf der Makroebene bedeutet das, dass Sie um vier Uhr nach Hause gehen und sich Montag und/oder Freitag frei nehmen. Nehmen Sie sich das fest vor – es wird Ihnen helfen, Prioritäten zu setzen. Und vielleicht ist die Folge sogar ein Privatleben. Wenn allerdings das Adlerauge Ihres Chefs über Sie wacht, müssen Sie erst einmal Ihrem Arbeitsplatz entfliehen. Mehr dazu im nächsten Kapitel.

Auf der Mikroebene geht es darum, die Anzahl von Dingen auf Ihrer To-do-Liste zu begrenzen. Zwingen Sie sich dazu, sofort zu handeln und Nebensächlichkeiten zu ignorieren, indem Sie sich kurze Fristen setzen.

Raus aus der Komfortzone

Lernen Sie, Vorschläge zu machen (zwei Tage)
Fragen Sie nicht mehr nach der Meinung anderer und fangen Sie an, Lösungen vorzuschlagen. Beginnen Sie mit kleinen Dingen. Wenn jemand fragt: »In welches Restaurant wollen wir gehen?«, »Welchen Film wollen wir sehen?«, »Was wollen wir heute Abend machen?« oder irgendetwas in der Art, dann fragen Sie nicht zurück: »Tja, was würdest du/würden Sie denn vorschlagen …?« *Bieten Sie eine Lösung an.* Machen Sie Schluss mit dem Hin und Her und treffen Sie eine Entscheidung. Üben Sie das im privaten ebenso wie im beruflichen Umfeld. Hier sind ein paar Sätze, die Ihnen dabei helfen können (meine Favoriten sind der erste und der letzte):

Kann ich einen Vorschlag machen?

Ich schlage vor …

Ich würde gerne vorschlagen …

Ich würde sagen, wir … Was meint ihr?

Lasst uns … versuchen – und wenn das nicht klappt, versuchen wir etwas anderes.

Die Informationsdiät:
Kultivieren Sie Ihre selektive Ignoranz

> Ab einem bestimmten Alter lenkt
> Lesen den Geist zu sehr von seinen
> kreativen Beschäftigungen ab.
> Wer zu viel liest und sein Gehirn zu
> wenig nutzt, entwickelt faule Denk-
> gewohnheiten.
> *Albert Einstein, deutscher Physiker*

Ich hoffe, Sie sitzen. Beißen Sie nicht mehr von Ihrem Sandwich ab, damit Sie nicht daran ersticken. Halten Sie anwesenden Kindern die Ohren zu. Ich werde Ihnen jetzt etwas verraten, das die meisten Menschen erschreckend finden: Ich schaue
mir nie die Nachrichten an und ich habe in den letzten fünf
Jahren nur ein einziges Mal eine Zeitung gekauft, auf dem Lon-
doner Flughafen Stansted, und das auch nur, weil ich damit Rabatt auf eine Diät-Pepsi bekam.

Sie werden jetzt vielleicht denken: Das ist ja geradezu obszön!
Ich will ein informierter und verantwortungsbewusster Bürger sein! Wie bleibe ich denn auf dem Laufenden und wie er-
fahre ich, was in der Welt vor sich geht? Ich werde diese Frage
beantworten, aber gedulden Sie sich einen Moment – es kommt
noch besser: Ich bearbeite meine geschäftlichen E-Mails ausschließlich montags, ungefähr eine Stunde lang, und ich höre
niemals meine Voicemail ab, wenn ich im Ausland bin. Wirklich niemals.

Aber was ist, wenn irgendwo ein Notfall eintritt? Das passiert nicht. Meine Geschäftspartner wissen inzwischen, dass ich

nicht auf Notrufe reagiere, also existieren die Notfälle irgendwie nicht oder sie erreichen mich nicht. Wenn Sie nicht mehr verlangen, über alles informiert zu werden, und stattdessen anderen die Verantwortung übertragen, dann werden auftretende Probleme auch ohne Sie gelöst, und manche Schwierigkeiten verschwinden sogar ganz von allein wieder.

Kultivieren Sie eine selektive Ignoranz

> Es gibt viele Dinge, die ein kluger
> Mann nicht wissen will.
> *Ralph Waldo Emerson, amerikanischer Philosoph und Schriftsteller*

Ich möchte Ihnen vorschlagen, sich ab sofort die unheimliche Fähigkeit zur selektiven Ignoranz zuzulegen. Was ich nicht weiß, macht mich nicht heiß, und außerdem ist es auch noch praktisch. Es ist von größter Wichtigkeit, dass Sie lernen, alle Informationen und Unterbrechungen, die *irrelevant* oder *unwichtig* sind und mit denen Sie *nichts anfangen* können, zu ignorieren oder umzuleiten. Die meisten Informationen fallen unter alle drei Kategorien.

Der erste Schritt besteht nun darin, sich auf eine Informationsdiät zu setzen. Ebenso wie der moderne Mensch zu viele Kalorien, noch dazu ohne Nährwert, konsumiert, nimmt er zu viele Daten auf. Meist handelt es sich dabei außerdem um Daten, die auf falschen Quellen basieren. Die Lebensweise der Neuen Reichen hingegen bringt zwar massiven Output hervor, erfordert aber nur geringen Input. Die meisten Informationen sind negativ, schlucken viel Zeit, haben nichts mit Ihren Zielen zu tun und unterliegen nicht Ihrem Einfluss. Ich wette mit Ihnen, dass alles, was Sie heute gelesen oder sich angeschaut haben, mindestens zwei dieser vier Punkte erfüllt.

Ich lese jeden Tag, während ich zum Mittagessen gehe, die

Schlagzeilen in den Zeitungsautomaten – und sonst nichts. Diese selektive Ignoranz hat mir in den letzten fünf Jahren nicht ein einziges Mal Probleme bereitet. Anstatt sich mit Smalltalk zu langweilen, kann man nun sogar ein tatsächliches Gespräch einleiten, indem man fragt: »Was gibt es denn Neues auf der Welt?« Und wenn es wirklich so wichtig ist, dann werden Sie die Leute darüber reden hören. Hinzu kommt, dass ich mir mit Hilfe meiner Spickzettelmethode mehr vom Weltgeschehen merken kann als viele andere, die vor lauter Bäumen und überflüssigen Details den ganzen Regenwald nicht sehen.

Was Informationen angeht, die sich praktisch umsetzen lassen, konsumiere ich pro Monat jeweils maximal ein Drittel eines Branchen- und eines Wirtschaftsmagazins, was insgesamt etwa vier Stunden in Anspruch nimmt. Das ist alles, was ich an ergebnisorientiertem Lesen betreibe. Außerdem lese ich jeden Tag zur Entspannung eine Stunde vor dem Einschlafen, vor allem Romane.

Und wie in aller Welt kann ich dann ein verantwortungsvoller Bürger sein? Ich will Ihnen ein Beispiel dafür geben, wie ich und andere NR Informationen bekommen und auswerten. Ich habe bei der letzten amerikanischen Präsidentschaftswahl meine Stimme abgegeben, obwohl ich zu der Zeit in Berlin war. Ich traf meine Wahlentscheidung innerhalb weniger Stunden. Zuerst schickte ich E-Mails an gebildete und informierte Freunde in den USA, die meine Werte teilen, und fragte sie, für wen sie stimmen würden und warum. Zweitens, da ich Menschen nach ihren Handlungen und nicht nach ihren Worten bewerte, fragte ich Freunde in Berlin, die nicht durch die amerikanische Medienpropaganda beeinflusst sind, wie sie die Kandidaten und ihre Vorgeschichte beurteilen. Und schließlich schaute ich mir die Fernsehdebatte mit den Kandidaten an. Das war's. Ich ließ verlässliche Menschen Hunderte von TV-Stunden und Tausende von Druckseiten für mich auswerten. Es war so, als hätte ich Dutzende von Medienreferenten, die

mich berieten – und ich musste nicht einen einzigen Cent dafür bezahlen.

Das ist ein einfaches Beispiel, werden Sie jetzt wahrscheinlich sagen und mich fragen, was ist, wenn man etwas erfahren oder tun will, und die eigenen Freunde nicht weiterhelfen können? Wie zum Beispiel kann ein Erstlingsautor erfahren, auf welche Weise er dem größten Verlagshaus der Welt sein Buchprojekt verkaufen soll? So ein Zufall, dass Sie gerade das fragen. Ich wandte zwei Methoden an:

- Anhand von Leserrezensionen wählte ich einen Bestseller aus Dutzenden aus. Die Autoren dieses Buches hatten nämlich genau das geschafft, was auch mir vorschwebte. Wenn ich vor einer »Wie geht das«-Aufgabe stehe, dann lese ich nur autobiografische »Wie ich es geschafft habe«-Berichte. Zuschauer und Möchtegerne sind die Zeit nicht wert.
- Auf Grundlage der Lektüre dieses Buches dachte ich mir intelligente und spezifische Fragen aus. Dann kontaktierte ich zehn weitere Top-Autoren und Agenten weltweit per Telefon sowie E-Mail und stellte Ihnen diese Fragen – 80 Prozent antworteten mir.

Auf die Gespräche bereitete ich mich vor, indem ich in den betreffenden Büchern immer nur die wichtigsten Abschnitte las, was weniger als zwei Stunden dauerte. Um eine Vorlage für meine Mails und ein Skript für meine Telefonate zu erarbeiten, benötigte ich noch nicht einmal vier Stunden, und die eigentlichen E-Mails und Telefonate nahmen nur eine Stunde in Anspruch. Auf diese Weise einen persönlichen Kontakt herzustellen ist nicht nur effektiver und effizienter als die »So viel wie möglich«-Methode, ich knüpfte so auch die nötigen Beziehungen und fand Mentoren, die mir halfen, dieses Buch zu verkaufen. Oft vergisst man, wie wirkungsvoll ein persönliches Gespräch sein kann. Probieren Sie es aus. Sie werden sehen, es funktioniert. Und auch hier gilt: Weniger ist mehr. Behalten Sie das im Hinterkopf.

Wie man mit einem zehnminütigen Training seine Lesegeschwindigkeit um 200 Prozent erhöht

Keine Frage, es wird Momente geben, in denen Sie etwas lesen müssen, weil Sie sich bestimmte Informationen aneignen wollen. Hier sind vier einfache Tipps, wie Sie Zeit sparen und Ihre Lesegeschwindigkeit innerhalb von zehn Minuten um mindestens 200 Prozent steigern können – ohne Verständniseinbußen.

(Zwei Minuten): **Fahren Sie mit einem Stift oder Ihrem Finger die Zeilen entlang, während Sie so schnell wie möglich lesen.** Lesen ist eine Abfolge von sprunghaften Schnappschüssen des Auges (diese Augenbewegungen bezeichnet man auch als Sakkaden). Wenn Sie einen visuellen Anhaltspunkt haben, verhindert das Rücksprünge.

(Drei Minuten): **Beginnen Sie jede Zeile, indem Sie das jeweils dritte Wort fokussieren, und beenden Sie die Zeile, wenn Sie beim drittletzten Wort angekommen sind.** So nutzen Sie Ihre Fähigkeit des peripheren Sehens. Testen Sie diese Methode an folgendem Beispielsatz. Obwohl Sie nur den Satzteil zwischen den fett gedruckten Worten mit Ihren Augen fixieren, können Sie den ganzen Satz erfassen:

*Ich **kenne einen** Informationssüchtigen, der sich **zum** Entzug entschloss.*

Verlagern Sie, wenn Sie sich daran gewöhnt haben, Anfangs- und Endpunkt noch weiter nach innen.

(Zwei Minuten): **Nachdem Sie ausreichend geübt haben, versuchen Sie, nur noch zwei Schnappschüsse – diese nennt man Fixationen – pro Zeile zu machen. Das heißt, Sie fixieren nur die von Ihnen bestimmten Anfangs- und Endpunkte einer Zeile.**

(Drei Minuten): **Üben Sie sich fünf Seiten lang darin, schneller zu lesen, als Sie den Inhalt aufnehmen können, aber mit guter Technik (wie oben beschrieben).** Erst dann beginnen Sie,

**in einer Geschwindigkeit zu lesen, die Sie als angenehm emp-
finden.** Das wird Ihre Wahrnehmung schärfen und Ihre Spitzen-
geschwindigkeit erhöhen. Das ist etwa so wie beim Autofahren,
wo einem eine Geschwindigkeit von 80 Kilometern pro Stunde
normalerweise sehr schnell vorkommt, sich aber wie Zeitlupe
anfühlt, wenn man auf der Autobahn vorher die ganze Zeit 120
gefahren ist.

Um Ihre Lernfortschritte messbar zu machen, müssen Sie Ihre
Lesegeschwindigkeit in Worten pro Minute (WpM) ermitteln.
Dazu zählen Sie in einem beliebigen Buch die Anzahl der Worte
aus zehn Zeilen zusammen und teilen das Ergebnis durch zehn,
wodurch Sie die durchschnittliche Anzahl der Wörter pro Zeile
erhalten. Wenn Sie dieses Ergebnis mit der Zeilenanzahl einer
Seite multiplizieren, dann wissen Sie, wie viele Wörter die
durchschnittliche Seite hat. Dann ist es ganz einfach: Wenn Sie
vorher in einer Minute 1,25 Seiten (bei durchschnittlich 330 Wör-
tern pro Seite) gelesen haben, dann ist Ihre anfängliche Lesegeschwindigkeit 412,5 Wörter pro Minute. Wenn Sie, nachdem
Sie trainiert haben, 3,5 Seiten schaffen, dann sind das 1155 Wörter pro Minute und Sie zählen zu den schnellsten Lesern der
Welt.[4]

---

4 Neben Seminaren gibt es zahlreiche Literatur und Software zum Thema
Speedreading, mit der Sie Ihre Lesegeschwindigkeit in Eigenregie noch weiter
optimieren können.

F & A: Fragen und Aktionen

> Lernen, Dinge zu ignorieren, ist
> einer der besten Wege zu innerem
> Frieden.
> *Robert J. Sawyer, kanadischer*
> *Science-Fiction-Autor*

1. Beginnen Sie sofort mit einer einwöchigen Medien-Fastenkur.

Die Welt bekommt nicht einmal einen Schluckauf, geschweige denn geht sie unter, wenn Sie nicht mehr am Informationstropf hängen. Mit der »Pflastermethode« können Sie sich am leichtesten aus Ihrer Medienabhängigkeit befreien: Lösen Sie sich schnell und mit einem Ruck davon. Sprich: mit einer einwöchigen Fastenkur. Informationen sind wie Eiscreme. Deshalb werden Sie bei jeder anderen Methode scheitern: Vor der Eisdiele zu stehen und »Oh, ich nehme nur eine Kugel« zu sagen ist in etwa so realistisch wie »Ich gehe nur mal schnell eine Minute online«. Gehen Sie auf Entzug.

Wenn Sie danach wieder mit Ihrer 15 000-Kalorien-Kartoffelchips-Informationsdiät weitermachen wollen, schön, aber ab morgen gelten für die nächsten mindestens fünf Tage folgende Regeln:

- **keine** Zeitungen, Zeitschriften, Hörbücher oder Radiosendungen mit informativem Inhalt. Musik ist jederzeit erlaubt.
- **keinerlei** Nachrichtenseiten im Internet.
- **kein** Fernsehen, außer – wenn Sie möchten – jeden Abend eine Stunde zur Unterhaltung.
- **keine** Bücher, abgesehen von diesem und einem belletristischen. Letzteres dürfen Sie etwa eine Stunde lang vor dem Einschlafen lesen. Als jemand, der in den letzten 15 Jahren ausschließlich Sachbücher gelesen hat, kann ich Ihnen zwei Dinge sagen: Erstens ist es nicht produktiv, zwei Sachbücher oder Ratgeber gleichzeitig zu lesen. Und zweitens eignet sich

ein guter Roman besser, um von den Ereignissen des Tages abzuschalten.

- **kein** Surfen im Internet, außer wenn es für eine Aufgabe notwendig ist, die an diesem Tag erledigt werden soll. Notwendig heißt notwendig und nicht »schön zu wissen«.

Unnötiges Lesen sollten Sie während dieser einwöchigen Fastenkur meiden wie die Pest. Und was sollen Sie jetzt mit der ganzen frei gewordenen Zeit machen? Ersetzen Sie die Zeitung am Frühstückstisch durch ein Gespräch mit Ihrem Partner, reden Sie zur Abwechslung einmal mit Ihren Kindern oder lernen Sie die Prinzipien der NR. Zwischen neun und fünf Uhr erledigen Sie die Dinge mit der höchsten Priorität, wie im letzten Kapitel gelernt. Wenn Sie danach noch Zeit übrig haben, machen Sie die Übungen aus diesem Buch. Es mag sich vielleicht eingebildet anhören, das eigene Buch zu empfehlen, aber das hat seinen Grund: Zum einen sind die Informationen, die es Ihnen vermittelt, wichtig, und zum anderen müssen Sie diese *heute* anwenden, und nicht morgen oder übermorgen.

Jeden Tag nach der Mittagspause – aber nicht früher – holen Sie sich Ihre Fünf-Minuten-Dosis Information. Fragen Sie einen gut informierten Kollegen oder den Kellner: »Irgendetwas Wichtiges los auf der Welt? Ich bin heute nicht dazu gekommen, mir eine Zeitung zu kaufen.« Hören Sie damit auf, sobald Sie feststellen, dass die Antwort Ihr Handeln überhaupt nicht beeinflusst. Die meisten Menschen erinnern sich gar nicht daran, was sie morgens zwei Stunden lang gelesen haben.

Seien Sie streng mit sich selbst. Ich kann die Medizin nur verschreiben, einnehmen müssen Sie sie selbst.

2. Gewöhnen Sie sich an, sich selbst zu fragen: »Ist diese Information definitiv und unmittelbar wichtig für mich? Werde ich sie verwenden?«
Es reicht nicht, Informationen für »etwas« zu verwenden – es muss sofort geschehen, und es muss wichtig sein. Wenn Sie ei-

nes der beiden Kriterien verneinen müssen, dann brauchen Sie die Information nicht. Informationen sind nutzlos, wenn sie nicht tatsächlich benötigt werden oder wenn sie wieder vergessen sind, bevor Sie die Chance hatten, sie anzuwenden.

Ich hatte früher die Angewohnheit, wenn ich etwas recherchieren oder vorbereiten musste, mir die nötigen Bücher und Webseiten Monate im Voraus anzusehen beziehungsweise durchzulesen, so dass ich dann das gleiche Material noch einmal lesen musste, wenn der Abgabetermin näher rückte. Das ist dumm und überflüssig. Orientieren Sie sich an Ihrer kurzen To-do-Liste und füllen Sie nur die dabei auftretenden Informationslücken auf.

3. Üben Sie sich in der Kunst der Nichtvollendung.

Auch hier muss ich zugeben, dass ich selbst lange gebraucht habe, um diese Kunst zu lernen. Etwas anzufangen heißt nicht automatisch, dass man es auch zu Ende bringen muss.

Wenn Sie einen Artikel lesen, der Käse ist, dann legen Sie ihn zur Seite und nehmen Sie ihn nicht wieder in die Hand. Wenn Sie ins Kino gehen und der Film schlechter ist als »Matrix Revolutions«, dann machen Sie, dass Sie da rauskommen, bevor noch mehr Neuronen absterben. Wenn Sie nach einem halben Teller Spareribs satt sind, dann legen Sie die verdammte Gabel hin und bestellen Sie auch keinen Nachtisch.

Mehr ist nicht besser, und manchmal ist es zehnmal sinnvoller, etwas aufzugeben, als es zu Ende zu führen. Gewöhnen Sie sich an, langweilige und unproduktive Dinge nicht abzuschließen, wenn es nicht gerade ein Vorgesetzter verlangt.

Raus aus der Komfortzone

Sammeln Sie Telefonnummern (zwei Tage)

Achten Sie darauf, Augenkontakt zu halten, und fragen Sie jeden Tag mindestens zwei attraktive Vertreter des anderen Ge-

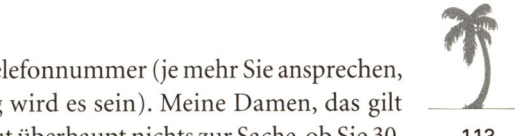

schlechts nach ihrer Telefonnummer (je mehr Sie ansprechen, desto weniger stressig wird es sein). Meine Damen, das gilt auch für Sie – und es tut überhaupt nichts zur Sache, ob Sie 30, 40, 50 oder älter sind. Denken Sie daran, dass das Ziel nicht die Telefonnummern an sich sind. Es geht darum, die Angst vor dem Fragen zu überwinden, also ist das Ergebnis auch gar nicht so wichtig. Wenn Sie in einer festen Beziehung sind, dann werfen Sie anschließend alle Telefonnummern weg.

Wenn Sie schnell ein bisschen Übung bekommen wollen, gehen Sie in ein Einkaufszentrum – das ziehe ich vor, weil man dort rasch sein Unbehagen überwinden kann – und versuchen Sie, in fünf Minuten drei Leute hintereinander anzusprechen. Wenn Sie wollen, können Sie eine Variation folgender Formulierung verwenden:

Entschuldigen Sie bitte, ich weiß, das hört sich jetzt komisch an, aber wenn ich Sie jetzt nicht frage, dann trete ich mir den Rest des Tages in den Hintern. Ich bin unterwegs, um einen Freund/ eine Freundin zu treffen [das heißt, ich habe Freunde und ich bin kein Stalker], aber ich finde Sie wirklich sehr [extrem, hammer- mäßig] hübsch [schön, umwerfend]. Würden Sie mir Ihre Tele- fonnummer geben? Ich bin kein Spinner – ich verspreche es. Wenn Sie kein Interesse haben, können Sie mir ja einfach eine falsche geben.

Lassen Sie sich nicht unterbrechen:
Lernen Sie, Nein zu sagen

> Denken Sie unabhängig.
> Seien Sie der Schachspieler,
> nicht die Schachfigur.
> *Ralph Charell, amerikanischer*
> *Schriftsteller*

Frühjahr 2000, Universität Princeton, New Jersey

13:35 Uhr

»Ich glaube, ich habe es verstanden. Weiter. Im nächsten Absatz wird erklärt, dass …« Ich hatte mir ausführliche Notizen gemacht, und ich war entschlossen, keinen einzigen Punkt auszulassen.

15:45 Uhr

»Okay. Das klingt vernünftig, aber wenn wir uns das folgende Beispiel ansehen …« Ich hielt einen Moment lang mitten im Satz inne. Der Assistent des Professors hatte das Gesicht in den Händen vergraben.

»Tim, lassen Sie uns hier Schluss machen. Ich werde diese Dinge im Kopf behalten, Sie können sich darauf verlassen.« Er hatte genug. Ich auch. Doch ich wusste, dass ich erfolgreich gewesen war und es nicht würde wiederholen müssen.

Während meiner gesamten vier Jahre an der Universität verfolgte ich eine bestimmte Strategie. Wenn ich in irgendeinem

Seminar in der ersten Arbeit oder im ersten Test (wenn es sich nicht gerade um Multiple Choice handelte) eine schlechtere Note als »A« bekam, ging ich mit Fragen für zwei bis drei Stunden ausgerüstet in die Sprechstunde des Dozenten und ging nicht wieder weg, bis er alle Fragen beantwortet hatte oder vor Erschöpfung zusammengeklappt war.

Das war für mich in zweierlei Hinsicht wichtig: Ich erfuhr genau, wie der Betreffende Arbeiten bewertete, und nebenbei meist auch noch, welche Vorurteile oder Abneigungen er hatte. Darüber hinaus würde es sich der Dozent sehr, sehr genau überlegen, ob er mir beim nächsten Mal etwas Schlechteres als ein »A« geben sollte. Er würde mir nur, wenn er wirklich gute Gründe dafür hatte, eine schlechte Note geben, weil er wusste, dass ich sonst für eine weitere dreistündige Sitzung vor seiner Tür stünde.

Was ich damit sagen will, ist Folgendes: Lernen Sie, schwierig zu sein, wenn es darauf ankommt. An der Uni ist es ebenso wie im Leben: Wer den Ruf hat, durchsetzungsstark zu sein, wird bevorzugt behandelt und muss nicht jedes Mal darum betteln oder kämpfen.

Erinnern Sie sich an Ihre Schulzeit zurück. Auf dem Schulhof gab es immer einen großen Jungen, der zahllose andere, die kleiner und schwächer waren als er, drangsalierte. Aber da gab es auch ein schmächtiges Kind, das, wenn es provoziert wurde, wild und ohne Rücksicht auf Verluste um sich schlug. Vielleicht ging es aus diesen Prügeleien nicht als Sieger hervor, aber trotzdem entschied sich der Schulhoftyrann in der Regel nach ein oder zwei unangenehmen Erfahrungen, dieses Kind in Ruhe zu lassen. Es war leichter, sich jemand anderen zu suchen. Seien Sie dieses Kind.

Das Wichtige zu tun und das Triviale zu ignorieren ist vor allem deshalb so schwierig, weil alle Welt sich verschworen zu haben scheint, Ihnen irgendwelchen Müll aufzudrängen. Zum Glück gibt es ein paar Tricks, mit deren Hilfe Sie es für andere sehr unangenehm machen, Sie zu nerven. Es ist an der Zeit, sich gegen Informationsbelästigung zur Wehr zu setzen.

Jede Unterbrechung hindert uns daran, eine entscheidende Aufgabe von Anfang bis Ende abzuarbeiten. Die Verursacher kommen in erster Linie aus den folgenden drei Kategorien:

Zeitverschwender: Dinge, die man folgenlos ignorieren kann. Zu den am weitesten verbreiteten Zeitverschwendern gehören Meetings, Diskussionen, Telefonanrufe und E-Mails, die *unwichtig* sind.

Zeitfresser: Aufgaben oder Anfragen, die erledigt werden müssen und denen wir uns aus Routine regelmäßig widmen, die aber oft die Arbeit an wichtigen Aufgaben unterbrechen. Hier sind ein paar, die Sie vielleicht kennen: E-Mails lesen und beantworten, Telefonate und Rückrufe erledigen, Kundendienst (Fragen zum Bestellstatus beantworten, Produktauskünfte geben und so weiter), Finanz- oder Verkaufsreports erstellen, Besorgungen und Botengänge erledigen, kurz gesagt: alle notwendigen, periodisch wiederkehrenden Tätigkeiten.

Versäumtes Empowerment: Fälle, in denen sich jemand erst eine Genehmigung holen muss, bevor er eine Kleinigkeit veranlassen kann. Hier sind nur ein paar Beispiele: Probleme mit Geschäftspartnern lösen, Kundenanfragen beantworten, über finanzielle Aufwendungen entscheiden und so weiter.

Schauen wir uns einmal an, was der Arzt in den einzelnen Fällen jeweils empfiehlt.

Zeitverschwender: Werden Sie ein Ignorant

Zeitverschwender lassen sich am leichtesten eliminieren und abwenden. Der Trick besteht darin, sie entweder abzublocken

oder, wenn das nicht möglich sein sollte, umgehend zu handeln, anstatt sich lange und umständlich mit ihnen auseinanderzusetzen.

Zuerst einmal sollten Sie weniger E-Mails konsumieren und produzieren. Sie stellen die häufigsten Unterbrechungen dar. Ich kann Ihnen zwei grundlegende Dinge empfehlen:

Erstens: Schalten Sie den Signalton für ankommende Mails aus, wenn Ihr Mailprogramm einen besitzt, und deaktivieren Sie auch das automatische Senden/Empfangen von Mails, das Ihnen neue E-Mails in den Posteingang spült, sobald jemand sie abgeschickt hat.

Zweitens: Schauen Sie zweimal am Tag nach Ihren Mails, einmal um 12 Uhr mittags oder kurz vor der Mittagspause, und dann noch einmal um 16 Uhr. So stellen Sie sicher, dass Sie auch die meisten Antworten auf vorher versandte Rundmails erwischen. Schauen Sie niemals morgens als Erstes in Ihr Postfach. Schon allein diese Angewohnheit kann Ihr Leben verändern. Ein scheinbar kleiner Schritt, der enorme Konsequenzen hat. Erledigen Sie stattdessen bis spätestens elf Uhr die wichtigste Aufgabe des Tages. Schieben Sie diese nicht unnötig auf, so kommen Sie erst gar nicht in die Versuchung, das Mittagessen oder das Lesen der Mails als Ausrede vorzuschieben.

Vorher müssen Sie aber noch eine Autoreply-Mail verfassen, die Ihren Chef, Ihre Kollegen, Lieferanten und/oder Kunden dazu bringt, effektiver mit Ihnen zu kommunizieren. Meine Empfehlung ist, dass Sie nicht vorher fragen, ob Sie das tun dürfen. Denken Sie an das eine unserer zehn Gebote: *Bitten Sie um Verzeihung, nicht um Erlaubnis.*

Wenn Ihnen das zu gefährlich ist, dann sprechen Sie mit Ihrem unmittelbaren Vorgesetzten und schlagen Sie vor, diese Methode drei Tage lang auszuprobieren. Führen Sie dringende Projektaufgaben und Frustration über ständige Unterbrechungen als Grund an. Scheuen Sie sich nicht, dem hohen Spam-Aufkommen oder jemandem außerhalb der Firma die Schuld zuzuschieben.

Hier ist eine einfache Textvorlage, die Sie benutzen können:

Liebe Freunde [oder: Sehr geehrte Kollegen],

wegen hoher Arbeitsbelastung beantworte ich meine Mails derzeit nur zweimal täglich, nämlich um 12 und um 16 Uhr.

In Notfällen, die nicht bis 12 bzw. 16 Uhr warten können (bitte nur, wenn es wirklich dringend ist), kontaktieren Sie mich telefonisch unter 555–555–5555.

Ich bitte um Verständnis für diese Maßnahme, die effizienteres und effektiveres Arbeiten gewährleistet. Meine erhöhte Produktivität kommt auch Ihnen zugute.

Mit freundlichen Grüßen
Tim Ferriss

So bald wie möglich sollten Sie Ihre Mails nur noch einmal täglich bearbeiten. Notfälle sind selten echte Notfälle. Die meisten Menschen sind einfach nicht in der Lage, den Ernst einer Situation einzuschätzen. Nebensächlichkeiten werden unnötig aufgeblasen, um Zeit zu füllen und sich wichtig zu fühlen. Wenn Sie die Autoreply-Funktion in beschriebener Weise nutzen, mindert das die kollektive Effektivität nicht im Geringsten. Im Gegenteil, es zwingt Ihre Kollegen und Geschäftspartner, sich zu fragen, ob es wirklich einen Grund gibt, Sie zu unterbrechen, und sorgt dafür, dass sinnlose und zeitaufwändige Kontaktaufnahmen auf ein Minimum reduziert werden.

Anfangs hatte ich große Angst, wichtige Anfragen zu verpassen und eine Katastrophe heraufzubeschwören – möglicherweise geht es Ihnen genauso, während Sie diese Zeilen lesen. Aber nichts geschah. Probieren Sie es einfach aus und arbeiten Sie an den Feinheiten, wo sich Nachbesserungsbedarf zeigt.

Ich verwende sogar eine sehr extreme Autoreply-Mail, die allerdings noch nie eine Beschwerde zur Folge hatte und die mir erlaubt, nur einmal pro Woche meine E-Mails zu beant-

worten. Besuchen Sie einfach http://fourhourworkweek.com/
autoresponse/, dann können Sie sich selbst ein Bild machen.
Ich habe den Text drei Jahre lang immer wieder überarbeitet,
bis ich die gegenwärtige Formulierung gefunden habe. Mittlerweile funktioniert sie wunderbar.

Der zweite Schritt besteht nun darin, auch die hereinkom-
menden Telefonanrufe vorzusortieren und die Telefonate nach
draußen zu begrenzen.

Nutzen Sie, wenn möglich, zwei Telefonnummern – einen
Festanschluss im Büro (für die weniger dringenden Anrufe)
und ein Handy (für Dringendes). Das funktioniert natürlich
auch mit zwei Handys oder mit einer Internettelefonnummer,
die alle nicht dringenden Anrufe auf ein Voicemail-System
umleitet (www.skype.de, zum Beispiel).

Nennen Sie die Handynummer in Ihrer Autoreply-Mail und
nehmen Sie diese Anrufe immer an, außer wenn es sich um einen unidentifizierten Anrufer oder einen Anruf handelt, den
Sie nicht annehmen möchten. Lassen Sie im Zweifelsfall den
Anrufer auf Ihre Mailbox sprechen, hören Sie ihn sofort im
Anschluss ab und entscheiden Sie dann, wie wichtig die Sache
ist. Wenn es warten kann, lassen Sie es warten. Die Unterbre-
cher müssen lernen, zu warten.

Das Bürotelefon sollte stummgeschaltet sein, damit alle Anrufe auf den Anrufbeantworter laufen. Der Ansagetext dürfte
Ihnen bekannt vorkommen:

Guten Tag. Sie sind mit dem Anschluss von Tim Ferriss verbunden.

Ich höre den Anrufbeantworter zweimal täglich ab, um 12 und
um 16 Uhr, und rufe Sie dann zurück, wenn Sie mir eine Nachricht hinterlassen. Bitte geben Sie auch Ihre E-Mail-Adresse an,
weil die Antwort auf diesem Weg meist schneller geht. In wirklich
dringenden Fällen, die nicht bis 12 bzw. 16 Uhr warten können,
rufen Sie mich bitte auf meinem Handy unter 666–666–6666 an.

So kann ich produktiver arbeiten, was auch Ihnen zugute kommt.
Ich danke Ihnen für Ihr Verständnis.
Ich wünsche Ihnen einen schönen Tag.

Wenn jemand Sie auf dem Handy anruft, dann ist es vermutlich dringend, und der Grund des Anrufs sollte dann auch im Vordergrund stehen. Andernfalls sollten Sie dem Anrufer nicht erlauben, Ihre Zeit in Anspruch zu nehmen. Es beginnt schon mit der Anrede. Vergleichen Sie diese beiden Beispiele:

> **Jane** (Angerufene): Hallo?
> **John** (Anrufer): Hallo, Jane, sind Sie das?
> **Jane**: Ja, am Apparat.
> **John**: Hallo Jane, hier ist John.
> **Jane**: Oh, hallo John. Was gibt es?

John wird nun abschweifen und Jane in ein Gespräch über Nichtigkeiten verwickeln. Das Gespräch kann sich hinziehen, bevor sie endlich herausfindet, was der Grund seines Anrufs war. Besser ist das folgende Vorgehen:

> **Jane**: Jane am Apparat.
> **John**: Hallo, hier spricht John.
> **Jane**: Hallo John, ich stecke gerade mitten in einer Sache. Wie kann ich Ihnen helfen?

Vielleicht geht es dann so weiter:

> **John**: Oh, ich kann auch später anrufen.
> **Jane**: Nein, ich habe eine Minute Zeit. Was kann ich für Sie tun?

Ermutigen Sie den Anrufer nicht zum Schwatzen und lassen Sie nicht zu, dass er abschweift. Lenken Sie das Gespräch so, dass der Grund des Anrufs möglichst schnell thematisiert wird. Wenn der Anrufer weitschweifig erzählt oder ankündigt, sich betreffend der Details später noch einmal zu melden, nageln Sie ihn fest. Verlangen Sie, dass er auf den Punkt kommt. Wenn er zu einer langen Beschreibung seines Problems ansetzt, dann unterbrechen Sie ihn:

> John, entschuldigen Sie, dass ich Sie unterbreche, aber ich erwarte in fünf Minuten einen Anruf. Wie kann ich Ihnen helfen?

Alternativ können Sie auch den letzten Satz abändern und ihn bitten: »Könnten Sie mir eine E-Mail schicken?«

Nachdem Sie erfahren haben, wie Sie sich vor Unterbrechern per E-Mail oder Telefon schützen können, müssen Sie nun in einem dritten Schritt noch lernen, auch einmal Nein zu sagen und vor allem Meetings zu vermeiden.

Als im Jahr 2001 unser neuer Verkaufsleiter bei TrueSAN seinen ersten Tag hatte, gab er in einem Meeting, an dem das gesamte Unternehmen teilnahm, folgendes Statement ab: »Ich bin nicht hier, um Freunde zu finden. Ich wurde angeheuert, um ein Verkaufsteam aufzubauen und unsere Produkte zu verkaufen, und das ist es, was ich vorhabe. Vielen Dank.« So viel zum Thema Smalltalk.

Der neue Verkaufsleiter löste sein Versprechen ein. Den Mitarbeitern, die den gepflegten Büroklatsch unter Kollegen schätzten, stieß seine unverblümte Art der Kommunikation sauer auf – aber jeder respektierte seine Arbeit. Er war nie grundlos unhöflich, aber er war direkt und sorgte dafür, dass die Leute um ihn herum das Ziel nicht aus den Augen verloren. Einige hielten ihn nicht gerade für charismatisch, aber niemand hätte abgestritten, dass er spektakulär effektiv war.

Ich kann mich noch daran erinnern, wie ich zum ersten Mal in seinem Büro saß. Frisch von der Universität und voller Ehrgeiz begann ich sofort, ihm ausführlich auseinanderzusetzen, welche Konzepte und Interessentenprofile ich entwickelt hatte, wie die bisherigen Reaktionen darauf aussahen und so weiter. Ich hatte mich mehr als zwei Stunden lang vorbereitet, schließlich sollte er einen positiven ersten Eindruck von mir bekommen. Er hörte mir lächelnd zu, aber nicht länger als zwei Minuten, dann hob er die Hand. Ich verstummte. Er lachte freundlich und sagte: »Tim, ich will nicht die ganze Geschichte. Sagen Sie mir einfach, was wir tun müssen.«

Im Lauf der nächsten Wochen half er mir zu erkennen, wann ich mich auf die wichtigen Dinge konzentrierte, also auf Maßnahmen, die dazu beitrugen, mit unseren zwei oder drei wichtigsten Kunden einen Abschluss zu erzielen, und wann nicht. Unsere Meetings dauerten jetzt nicht mehr länger als fünf Minuten.

Fassen Sie den Entschluss, dass von jetzt an alle Menschen in Ihrem Umfeld fokussiert arbeiten, und meiden Sie alle Meetings, die keine klaren Zielvorgaben haben, egal, ob diese persönlich oder telefonisch abgehalten werden. Man kann diesen Entschluss durchaus taktvoll umsetzen, aber gehen Sie davon aus, dass einige Zeitverschwender anfangs trotzdem ein paar Mal beleidigt sein werden, wenn Sie ihre Einladungen ausschlagen. Sobald klar geworden ist, dass dahinter nichts weiter steht als Ihre Absicht, an einer Aufgabe dranzubleiben, und dass sich das auch nicht ändern wird, werden sie es akzeptieren und Sie in Ruhe lassen. Verstimmungen gehen auch wieder vorbei. Geben Sie diesen Dummköpfen nicht nach, sonst werden Sie selber einer.

Gewöhnen Sie den Menschen in Ihrem Umfeld an, effektiv und effizient zu handeln. Das wird Ihnen niemand abnehmen. Hier sind ein paar Tipps:

Die allermeisten Dinge sind nicht dringend.
Bringen Sie Ihre Kollegen und/oder Mitarbeiter dazu, die Kommunikationswege in dieser Reihenfolge zu benutzen: E-Mail, Telefon, persönliches Meeting. Das gibt Ihnen die Freiheit, Ihr eigenes Tempo und Ihre eigenen Prioritäten umzusetzen. Wenn jemand ein Meeting vorschlägt, bitten Sie stattdessen um eine E-Mail und ersatzweise um ein Telefonge-

spräch, wenn es sein muss. Führen Sie dringende Arbeitsver-
pflichtungen als Grund an.

**Beantworten Sie Voicemail-Anfragen, wann immer es mög-
lich ist, per E-Mail.**
Das führt dazu, dass auch Ihre Kollegen und Mitarbeiter beginnen, ihre Anliegen knapp und präzise zu formulieren. Helfen Sie Ihrem Umfeld, diese Angewohnheit zu verinnerlichen.

Wie die Begrüßung am Telefon, so sollte auch Ihre Kommunikation per E-Mail so optimiert sein, dass Sie überflüssiges
Hin- und Hermailen verhindern. So sollte zum Beispiel eine
Frage wie »Können wir uns um 16 Uhr treffen?« besser lauten:
»Können wir uns um 16 Uhr treffen? Wenn ja, dann … Wenn
nicht, nennen Sie mir bitte drei andere Termine, die Ihnen besser passen.« Diese »Wenn … dann«-Struktur wird umso wichtiger, je seltener Sie Ihre Mails abrufen. Da ich nur einmal pro
Woche meine E-Mails bearbeite, ist es von großer Wichtigkeit,
dass niemand in den sieben Tagen, nachdem ich ihm eine E-
Mail geschickt habe, eine »Was ist, wenn …?«-Antwort oder
andere Informationen von mir erwartet. Wenn ich zum Beispiel den Verdacht habe, dass eine Warenbestellung nicht im
Versand angekommen ist, dann schicke ich meiner Versand-
leiterin eine Mail etwa mit folgendem Wortlaut:

Liebe Susan,

ist die neue Warenbestellung eingetroffen? Wenn ja, dann sagen
Sie mir bitte, ob … Wenn nicht, dann kontaktieren Sie bitte Max
Mustermann unter 555–5555 oder per E-Mail unter max@mus-
termann.com (er ist auf cc gesetzt) und fragen Sie nach dem Lie-
ferdatum und dem Stand der Lieferung. John, wenn es irgendwelche Probleme mit der Lieferung gibt, sprechen Sie sich bitte
mit Susan ab, die unter 555–4444 erreichbar ist und die bis zu einem Warenwert von 500 Dollar für mich entscheiden kann. In
Notfällen können Sie beide mich auf meinem Handy erreichen,
aber ich vertraue Ihrem Urteil. Vielen Dank.

Eine solche Mail beantwortet eventuelle Rückfragen im Voraus, verhindert, dass zwei Dialoge parallel geführt werden müssen, und sorgt dafür, dass Probleme auch ohne mich gelöst werden können. Gewöhnen Sie sich an, wenn Sie in einer E-Mail eine Frage stellen, immer automatisch zu überlegen, welche »Wenn … dann«-Abfolgen eingebaut werden sollten.

Meetings sollten überhaupt nur stattfinden, um Entscheidungen zu treffen.

Gewöhnen Sie sich Meetings ab, in denen ein Problem erst definiert werden muss. Das muss alles vorab geklärt sein, sonst verbringen Sie unnötig viel Zeit mit irrelevanten Themen. Wenn Ihnen jemand ein Treffen vorschlägt oder einen Telefongesprächstermin vereinbaren will, dann bitten Sie darum, dass er Ihnen eine E-Mail mit einer Agenda schickt, welche Punkte er besprechen möchte:

> Das hört sich praktikabel an. Können Sie mir bitte eine Mail mit einer Agenda schicken, damit ich mich vorbereiten kann? Also die Themen und Fragen, die wir klären müssen? Das wäre großartig. Vielen Dank im Voraus.

Geben Sie Ihrem Gegenüber keine Chance, sich zu drücken. Die Äußerung »Vielen Dank im Voraus« sorgt in den meisten Fällen dafür, dass Sie umgehend eine Antwort erhalten.

Das Medium E-Mail zwingt die Leute, das gewünschte Ergebnis eines Meetings oder einer Telefonkonferenz schriftlich festzuhalten. In neun von zehn Fällen ist das Meeting unnötig und Sie können die Fragen, wenn sie erst einmal formuliert sind, per Mail beantworten. Zwingen Sie anderen diese Vorgehensweise auf. In den mehr als fünf Jahren seit der Gründung meines Unternehmens hatte ich kein einziges persönliches Meeting und weniger als ein Dutzend Telefonkonferenzen, von denen keine länger als 30 Minuten dauerte.

Legen Sie vorab die Dauer von Meetings fest.

Halten Sie das Meeting kurz und lassen Sie keine Open-End-Diskussionen zu, wenn Sie die ganze Veranstaltung schon nicht haben verhindern können. Wenn die Fragen klar umrissen sind, dann sollte es nicht länger als 30 Minuten dauern, eine Entscheidung zu fällen. Führen Sie anderweitige Verpflichtungen an (ungerade Zeiten wirken dabei glaubwürdiger – also zum Beispiel 15:20 und nicht 15:30 Uhr) und zwingen Sie die Leute, auf den Punkt zu kommen, anstatt Smalltalk zu machen, sich gegenseitig zu bemitleiden oder abzuschweifen. Wenn Sie an einem Meeting teilnehmen müssen, das länger dauern soll oder kein festgelegtes Ende hat, dann teilen Sie dem Organisator mit, dass Sie Ihren Teil gern am Anfang abhandeln möchten, weil Sie in 15 Minuten einen anderen Termin haben. Wenn es sein muss, erfinden Sie einen wichtigen Anruf. Machen Sie sich vom Acker und lassen Sie sich später von jemand anderem über die Ergebnisse informieren.

Eine weitere Möglichkeit ist, ganz offen zu sagen, wie unnötig dieses Meeting Ihrer Meinung nach ist. Wenn Sie sich für diesen Weg entscheiden, sollten Sie sich auf Widerstand gefasst machen und Alternativen anbieten können.

Dulden Sie keine Besucher, die nur ein Schwätzchen halten wollen.

Ihr Büro ist Ihr Tempel, Sie bestimmen die Regeln. Manche empfehlen, ein unmissverständliches »Bitte nicht stören«-Schild aufzuhängen. Allerdings habe ich die Erfahrung gemacht, dass das zwar recht gut funktioniert, wenn man ein eigenes Büro hat, aber bei Bürozellen gerne ignoriert wird.

Ich löste das Problem, indem ich ein Headset aufsetzte – auch dann, wenn ich es gar nicht verwendete. Wenn sich jemand trotzdem näherte, tat ich so, als wäre ich am Telefonieren. Ich hielt einen Finger vor die Lippen und sagte etwas wie »Ja, ich höre« ins Mikrofon und dann: »Einen Moment mal, bitte«. Ich wandte ich mich dem Eindringling zu und sagte:

»Hallo. Was kann ich für Sie tun?« Ich ließ ihn nicht »ein anderes Mal wiederkommen«, sondern zwang ihn, mir in fünf Sekunden sein Anliegen zusammenzufassen und mir, wenn nötig, eine E-Mail zu schicken.

Wenn Spielchen mit dem Kopfhörer nicht Ihr Ding sind, dann sollten Sie den Eindringling auf die gleiche Weise empfangen wie einen Anrufer auf dem Handy: »Hallo Eindringling, ich stecke gerade mitten in einer Sache. Wie kann ich helfen?« Wenn das nicht innerhalb von 30 Sekunden klar wird, bitten Sie die Person, Ihnen eine E-Mail zu dieser Frage zu schicken. Bieten Sie nicht an, dass Sie die erste E-Mail schreiben: »Ich will Ihnen gerne helfen, aber ich muss das hier erst zu Ende bringen. Können Sie mir eine kurze E-Mail schicken, um mich daran zu erinnern?« Wenn Sie den Eindringling immer noch nicht loswerden können, geben Sie ihm ein Zeitlimit für Ihre Verfügbarkeit (das kann man übrigens auch am Telefon machen): »Okay, ich habe nur zwei Minuten, aber sagen Sie mir, worum es geht und wie ich helfen kann.«

Nutzen Sie den Puppy Dog Close, um sich Meetings vom Hals zu schaffen.
Gucken Sie sich eine nützliche Technik von Verkäufern in Tierhandlungen ab, die mit der »Puppy Dog Close«-Methode ihre Welpen an den Mann bringen: Wenn ein Kunde Gefallen an einem Welpen findet, aber noch zögert, den Kauf in die Tat umzusetzen, dann bietet man ihm einfach an, den Kleinen zur Probe mit nach Hause zu nehmen – er könne ihn ja wieder zurückbringen, wenn er seine Meinung ändern sollte. Und natürlich findet diese Rückgabe praktisch nie statt.

Der Hundewelpen-Abschluss ist in allen Situationen, in denen sich Ihr Gegenüber gegen eine permanente Veränderung sträubt, von unschätzbarem Wert. Mit einem Testlauf, der jederzeit wieder beendet werden kann, bekommt man den Fuß in die Tür: »Lassen Sie es uns nur einmal versuchen.« Vergleichen Sie:

Sie werden diesen Welpen lieben. Sie werden rund um die Uhr für ihn verantwortlich sein, bis er in zehn Jahren stirbt. Kein einziger unkomplizierter Urlaub mehr, und außerdem haben Sie endlich die Chance, überall in der Stadt Hundehaufen aufzulesen. Was halten Sie davon?

Oder:

Sie werden diesen Welpen lieben. Nehmen Sie ihn doch einfach einmal unverbindlich mit nach Hause und schauen Sie, wie es geht. Sie können ihn ja wieder zurückbringen, wenn Sie Ihre Meinung ändern.

Und jetzt stellen Sie sich vor, dass Sie im Büroflur auf Ihren Chef zugehen und ihm die Hand auf die Schulter legen:

Ich würde gerne zu dem Meeting gehen, aber ich habe eine bessere Idee: Lassen Sie uns das mit den Meetings in Zukunft vergessen, wir vergeuden damit doch bloß unsere Zeit und treffen ohnehin keine sinnvollen Entscheidungen.

Oder:

Ich würde gerne zu dem Meeting gehen, aber ich ersticke derzeit in Arbeit und es gibt ein paar wichtige Dinge, die ich unbedingt erledigen muss. Wenn es geht, würde ich heute lieber einmal aussetzen – ich wäre im Meeting sowieso mit den Gedanken woanders. Ich verspreche, dass ich mich hinterher informieren werde, indem ich mich mit dem Kollegen X zusammensetze. Ist das okay?

Die zweite Variante sieht in beiden Fällen weniger endgültig aus, und das ist natürlich genau so beabsichtigt. Wiederholen Sie Ihre Bitte regelmäßig und sorgen Sie dafür, dass Sie in dieser Zeit mehr erreichen als die Teilnehmer an den jeweiligen

Meetings. Seilen Sie sich so oft wie möglich ab und führen Sie an, dass Sie so viel produktiver sein können, zeigen Sie Ihre Ergebnisse. Mit der Zeit werden sich alle daran gewöhnen und man wird Ihre Abwesenheit akzeptieren.

Gehen Sie vor wie ein geschicktes Kind: »Nur dieses eine Mal! Bittebitte!!! Ich verspreche, ich werde auch X machen!« Eltern fallen darauf herein, weil die Kinder ihnen helfen, sich selbst etwas vorzumachen. Das funktioniert mit Chefs, Lieferanten, Kunden und auch mit dem Rest der Welt.

Setzen Sie diese Technik ein, aber hüten Sie sich, selbst darauf hereinzufallen. Etwa wenn ein Vorgesetzter Sie bittet, »nur dieses eine Mal« Überstunden zu machen. Wenn Sie einmal Ja sagen, wird er das auch in Zukunft von Ihnen erwarten.

Zeitfresser: Erst sammeln, dann erledigen

Wenn Sie noch nie einer Druckerei einen Auftrag erteilt haben, dann werden die Preise und die Vorlaufzeiten Sie möglicherweise überraschen. Nehmen wir zum Beispiel an, dass es 310 Euro kostet und eine Woche dauert, 20 T-Shirts mit Ihrem individuell gestalteten Vierfarb-Logo zu bedrucken. Wie viel mag es kosten und wie lange würde es wohl dauern, nur drei T-Shirts zu bedrucken? 310 Euro und eine Woche.

Wie ist das möglich? Ganz einfach, die Kosten für das Einrichten der Maschinen sind die gleichen. Für die Druckerei entstehen bei beiden Aufträgen die gleichen Materialkosten für die Druckplatten (150 Euro) und die gleichen Arbeitskosten (100 Euro). Das Einrichten der Maschine nimmt dabei die meiste Zeit in Anspruch, deshalb muss der kleine Auftrag genauso in den Zeitplan eingepasst werden wie der große, daher auch die gleiche Lieferzeit. Und der Rest erklärt sich aus dem, was in der Wirtschaft als Skaleneffekt bezeichnet wird: Kaufe ich drei T-Shirts, dann zahle ich pro Stück 20 Euro; beim Kauf von 20 Stück zahle ich pro Stück nur noch drei Euro.

Man spart also Kosten und Zeit, wenn man wartet, bis man eine größere Bestellung zusammenhat. Man spricht auch von Batch- oder Chargenproduktion, im Druckgewerbe ist die Rede vom Sammeldruck. Sammeln ist auch die Lösung für Zeitfresser, die zwar notwendig, aber sehr zeitraubend sind. Also jene Aufgaben, die wir routinemäßig erledigen und die uns immer wieder bei Wichtigerem unterbrechen.

Wenn Sie fünfmal in der Woche Ihre Mails checken und Rechnungen bezahlen, dann dauert das vielleicht jedes Mal 30 Minuten und Sie bearbeiten insgesamt 20 Briefe oder Mails. Nehmen Sie sich stattdessen nur einmal in der Woche dafür Zeit, dann dauert es insgesamt wahrscheinlich nur 60 Minuten. Die meisten Menschen entscheiden sich aus Angst vor Notfällen für die erste Methode. Aber echte Notfälle sind selten. Und sollte eine wirklich dringende Nachricht Sie tatsächlich einmal nicht erreichen, dann ist festzuhalten: Das Versäumen eines Termins lässt sich normalerweise ohne große Einbußen wiedergutmachen.

Auch außerhalb der Druckbranche gilt: Es gibt für alle Aufgaben, ob sie nun riesengroß oder winzig klein sind, eine unvermeidliche Einrichtungszeit. Selbst bei Aufgaben, die ganz ohne Maschinen auskommen, ist es nach jeder Unterbrechung nötig, in psychologischer Hinsicht den Hebel umzulegen, wenn man den Faden wieder aufnehmen will – und das kann bis zu 45 Minuten in Anspruch nehmen. Mehr als ein Viertel eines jeden Achtstunden-Arbeitstags (genau 28 Prozent) geht durch solche Unterbrechungen verloren.

Das gilt für alle wiederkehrenden Aufgaben, und das ist genau der Grund, warum wir bereits beschlossen haben, E-Mails und Telefonanrufe nur noch zweimal am Tag zu bestimmten, vorher festgelegten Zeiten entgegenzunehmen. Wir sammeln sie also, bevor wir sie bearbeiten. In den letzten drei Jahren habe ich meine Mails nie öfter als einmal pro Woche überprüft. Oft habe ich sie bis zu vier Wochen am Stück nicht angesehen. Nichts, was dadurch passierte, war irreparabel, und in keinem

Fall kostete die Korrektur mehr als 300 Dollar. Dieses Vorgehen hat mir Hunderte von überflüssigen Arbeitsstunden erspart. Was ist Ihre Zeit wert?

Schauen wir uns einmal ein hypothetisches Beispiel an: Nehmen wir an, Ihre Arbeitsstunde ist 20 Euro wert. Das wäre zum Beispiel der Fall, wenn Sie im Jahr 40 000 Euro verdienten und ca. 50 Wochen arbeiteten: 40 000 Euro geteilt durch 2000 (40 Wochenstunden mal 50 Wochen) sind gleich 20 Euro pro Stunde.

Schätzen Sie ab, wie viel Zeit Sie sparen, wenn Sie ähnliche Aufgaben sammeln und erst zu einem bestimmten Zeitpunkt gemeinsam erledigen. Rechnen Sie aus, wie viel diese eingesparte Arbeitskraft wert wäre, indem Sie Stundenanzahl mit Ihrem Stundenlohn multiplizieren (in unserem Beispiel 20 Euro):

1 x pro Woche:	10 Stunden = 200 Euro
1 x in zwei Wochen:	20 Stunden = 400 Euro
1 x pro Monat:	40 Stunden = 800 Euro

Überlegen Sie sich, wie lange Sie bestimmte Aufgaben sammeln wollen, bevor Sie diese erledigen. Bestimmen Sie außerdem, welche Kosten eventuell auftretende Probleme verursachen können. Wenn Sie durch einen geringeren Arbeitseinsatz mehr sparen, als Sie für auftretende Schwierigkeiten bezahlen, dann können Sie die Abstände, in denen Sie sich um die Zeitfresser kümmern, noch vergrößern.

Um bei unserem Beispiel zu bleiben: Wenn ich einmal pro Woche meine E-Mails bearbeite und dadurch im Durchschnitt zwei Verkaufsabschlüsse pro Woche verliere, die zusammen einen Verlust von 80 Euro bedeuten, dann behalte ich diesen Rhythmus bei, weil 200 Euro (zehn Stunden meiner Zeit) minus 80 Euro entgangener Gewinn immer noch 120 Euro Nettogewinn ausmachen. Außerdem habe ich nun zehn Stunden mehr Zeit, mich wirklich wichtigen Aufgaben zu widmen. Finanziell kann das von großem Nutzen sein, wenn Sie in dieser Zeit zum Beispiel einen weiteren Großkunden an Land ziehen können. Ein persönlicher Nutzen kann hingegen etwa eine Reise sein, für die Sie jetzt Zeit haben und die das eigene Leben positiv verändert. Beides zusammengenommen bedeutet einen beträchtlichen Zugewinn, der über den einfachen Stundenlohn, den man einspart, hinausgeht.

Wenn Sie allerdings feststellen, dass die Probleme, die entstehen, mehr kosten, als Sie an eigenem Stundenlohn einsparen, dann widmen Sie sich der Erledigung der Aufgaben etwas häufiger. In diesem Fall würde ich von einmal auf zweimal die Woche zurückgehen (nicht auf täglich) und versuchen, die Abläufe so zu verbessern, dass ein wöchentlicher Rhythmus möglich wird.

Machen Sie nicht den Fehler, härter zu arbeiten, wenn die Lösung darin besteht, schlauer zu arbeiten. Ich selbst habe sowohl berufliche als auch private Aufgaben in immer größeren Abständen abgearbeitet, weil ich gemerkt habe, wie selten dabei echte Probleme auftreten. Hier sind einige Beispiele: E-Mail (montags, 10:00 Uhr morgens), Telefon (völlig abgeschafft), Wäsche (jeden zweiten Sonntag um 22:00 Uhr abends), Kreditkartenabrechnungen und sonstige Rechnungen (die meisten werden automatisch abgebucht, aber ich prüfe die Kontostände jeden zweiten Montag nach den E-Mails), Krafttraining (jeden vierten Tag für 30 Minuten) und so weiter.

Die Vision betrifft vor allem das
Empowerment der Arbeiter. Es geht
darum, ihnen alle aktuellen Informationen zur Verfügung zu stellen,
damit sie mehr tun können, als sie es
in der Vergangenheit konnten.
Bill Gates, Mitbegründer von
Microsoft und einer der reichsten
Männer der Welt

Fehlendes Empowerment bedeutet, dass jemand nicht in der
Lage ist, eine Aufgabe auszuführen, ohne vorher die Erlaubnis
oder notwendige Informationen einzuholen. In der Praxis
heißt das oft, dass die eigenen Arbeitsschritte stark kontrolliert
werden oder dass man selbst jemanden derart überwacht. Das
kostet in beiden Fällen *Ihre* Zeit. Deshalb sollten Angestellte
versuchen, Zugang zu allen notwendigen Informationen und
so viel unabhängige Entscheidungsfreiheit wie möglich zu erhalten. Das Ziel des Unternehmers ist es hingegen, seinen Angestellten und Auftragnehmern so viel Informationen und
Entscheidungskompetenz wie möglich zu gewähren. Der Kundenservice ist oft geradezu der Inbegriff für fehlendes Empowerment. Ein Beispiel aus meiner persönlichen Erfahrung mit
BrainQUICKEN zeigt, wie gravierend – aber auch wie leicht zu
lösen – dieses Problem sein kann.

Im Jahr 2002 hatte ich die Kundenservicebereiche Paketver-
folgung sowie Rücksendung outgesourct, beantwortete aber
Produktanfragen nach wie vor selbst. Das Ergebnis? Ich bekam
mehr als 200 Mails pro Tag und verbrachte meine gesamte Arbeitszeit damit, sie zu beantworten. Und die Mails wurden jede
Woche mehr. Ich musste Werbeaufträge stornieren und Liefe-
rungen zurückfahren, weil noch mehr Kundenservice meinem
Unternehmen den Todesstoß versetzt hätte. Mein Modell war

nicht skalierbar.[5] Merken Sie sich dieses Wort, denn es wird später noch wichtig werden. Der Grund für die schlechte Skalierbarkeit des Kundenservices in meinem Unternehmen war, dass es einen Engpass gab, durch den alle Informationen und Entscheidungen fließen mussten: mich.

Der Beweis? Die überwiegende Mehrheit der eingehenden Mails enthielt keine produktbezogenen Fragen, sondern Anfragen externer Kundenbetreuer, die für verschiedene Dinge eine Erlaubnis oder Anweisungen von mir brauchten: »Der Kunde behauptet, die Lieferung nicht erhalten zu haben. Was sollen wir tun?« Oder: »Eine Flasche aus der Lieferung dieses Kunden ist im Zoll hängengeblieben. Können wir an eine Adresse in den USA noch einmal versenden?« Oder: »Der Kunde braucht das Produkt für einen Wettkampf, der in zwei Tagen stattfindet. Können wir es mit Overnight-Express versenden und, wenn ja, was sollen wir dafür berechnen?«

Es war endlos. Hunderte und Aberhunderte von unterschiedlichen Fällen machten es quasi unmöglich, ein Handbuch zu verfassen, das alle denkbaren Fragen beantwortete, und ich hatte auch gar nicht die Zeit oder die nötige Erfahrung dazu. Glücklicherweise aber gab es jemanden mit der nötigen Erfahrung: die Kundenbetreuer selbst. Ich schickte ihnen eine E-Mail, die die täglichen 200 Mails augenblicklich auf weniger als 20 E-Mails pro Woche reduzierte:

Sehr geehrte Kundenbetreuer,
ich möchte eine neue Vorgehensweise in unserer Zusammenarbeit etablieren, die alle bisherigen ablösen wird.
Stellen Sie den Kunden zufrieden. Wenn es sich um ein Problem

---

5 »Gut skalierbar« bedeutet, dass sich der Ressourcenbedarf eines Systems beim Übergang von kleinen auf große Aufgabenstellungen eher linear als quadratisch oder exponenziell verändert. Das heißt, dass für zehnfache Leistungen beispielsweise zehnfache Ressourcen benötigt werden und nicht etwa für eine doppelte Leistung schon zehnfache Ressourcen aufgebracht werden müssen.

handelt, dessen Lösung weniger als 100 Dollar kostet, urteilen Sie selbst und lösen Sie es. Ich erteile Ihnen hiermit die offizielle schriftliche Ermächtigung und bitte Sie, mich in diesen Fällen nicht mehr zu kontaktieren. Ich bin nicht mehr Ihr Kunde – meine Kunden sind Ihre Kunden. Fragen Sie mich nicht um Erlaubnis. Tun Sie, was Sie für richtig halten, und wir werden das Feintuning dort vornehmen, wo es nötig wird.

Vielen Dank.

Tim

Bei näherer Betrachtung stellte sich dann heraus, dass mehr als 90 Prozent der Fragen, die vorher das Senden einer E-Mail veranlasst hatten, für weniger als 20 Dollar gelöst werden konnten. Ich schaute mir die finanziellen Auswirkungen der unabhängigen Entscheidungen meiner Kundenbetreuer zu Beginn wöchentlich an, später nur noch monatlich und seit einiger Zeit nur noch vierteljährlich.

Es ist erstaunlich, dass sich der IQ eines Menschen zu verdoppeln scheint, sobald man ihm Verantwortung überträgt und ihm das Gefühl gibt, dass man ihm vertraut. Im ersten Monat entstanden etwa 200 Dollar mehr Kosten, als es mit meinem vollen Einsatz der Fall gewesen wäre. Auf der anderen Seite sparte ich mehr als 100 Stunden Arbeitszeit pro Monat, die Kunden erhielten einen schnelleren Service, die Rücksendungen gingen unter drei Prozent zurück (der Durchschnitt liegt in der Branche bei zehn bis 15 Prozent), die Kundenbetreuer konnten schneller reagieren, und all das zusammen führte zu rapidem Wachstum, höheren Gewinnmargen und glücklichen Gesichtern bei allen Beteiligten.

Die Leute sind schlauer, als Sie denken. Geben Sie ihnen eine Chance, sich zu beweisen.

Wenn Sie Angestellter sind und Ihre Arbeit dadurch behindert wird, dass Sie alle Entscheidungen bis ins Detail abklären müssen, dann vereinbaren Sie einen Gesprächstermin mit Ihrem Chef und erklären Sie ihm, dass Sie produktiver sein werden und ihn weniger oft bei seiner Arbeit unterbrechen möchten:

> Ich hasse es, Sie dauernd zu unterbrechen und von den wichtigen Dingen abzuhalten, die Sie auf dem Schreibtisch haben. Ich hätte ein paar Ideen, wie ich produktiver arbeiten könnte. Haben Sie eine Sekunde Zeit?

Legen Sie sich vor dem Gespräch eine Anzahl von neuen »Regeln« zurecht, die es Ihnen erlauben werden, autonomer zu arbeiten. Ihr Chef kann die Ergebnisse Ihrer Entscheidungen am Anfang täglich oder wöchentlich überprüfen. Schlagen Sie ihm eine einwöchige Testphase vor und schließen Sie mit: »Ich würde das gerne einmal versuchen. Denken Sie, dass wir einen einwöchigen Probelauf machen können?« Oder nehmen Sie meinen Lieblingssatz: »Hört sich das vernünftig an?« Es fällt den Menschen schwer, etwas als unvernünftig zu bezeichnen.

Machen Sie sich klar, dass Ihr Chef ein Vorgesetzter ist, kein Sklaventreiber. Lassen Sie andere spüren, dass Sie den Status quo gerne in Frage stellen, dann werden die meisten Ihrer Vorgesetzten, Kollegen oder Mitarbeiter lernen, Ihnen nicht in die Quere zu kommen, zumal dann, wenn es im Interesse einer höheren Produktivität ist. Wenn Sie selbst Unternehmer sind und dazu neigen, alles alleine entscheiden zu wollen, dann machen Sie sich klar: Die Tatsache, dass Sie manche Dinge besser erledigen können als jeder andere auf der Welt, rechtfertigt nicht automatisch, dass Sie es auch wirklich tun sollten – schon gar nicht, wenn es sich um Kleinkram handelt. Versetzen Sie andere dazu in die Lage, selbstständig zu handeln, ohne Sie unterbrechen zu müssen.

Unterm Strich heißt das, dass Sie sich bessere Arbeits- und Lebensbedingungen erkämpfen müssen. Legen Sie Regeln fest, die Ihnen entgegenkommen: Begrenzen Sie die Zugriffsmöglichkeiten anderer auf Ihre Zeit, zwingen Sie die Leute dazu, ihre Anliegen zu formulieren, bevor sie bei Ihnen auflaufen, und sammeln Sie Routineaufgaben, um sie gemeinsam zu erledigen, damit sie nicht die Arbeit an wichtigen Projekten stören. Lassen Sie nicht zu, dass andere Sie unterbrechen. Konzentrieren Sie sich auf das Wichtige und finden Sie Ihren Lifestyle.

Im nächsten Kapitel *A wie Automation* erfahren Sie, wie die Neuen Reichen Geld verdienen, das nicht gemanagt werden muss, und wie sie das größte Hindernis aus dem Weg räumen, das noch übrig ist: sich selbst.

F & A: Fragen und Aktionen

Erkennen Sie den Impuls, Ihre Arbeit zu unterbrechen, rechtzeitig und bekämpfen Sie ihn. Das gelingt sehr viel leichter, wenn Sie ein paar Regeln, Antworten und Routinen haben, an denen Sie sich orientieren können. Sorgen Sie dafür, dass niemand Sie durch überflüssige Unterbrechungen daran hindert, die wichtigen Dinge von Anfang bis Ende zu erledigen – Sie selbst ebenso wenig wie andere.

Da erforderliche Maßnahmen bereits dargestellt worden sind, möchte ich diese hier nur noch einmal kurz zusammenfassen. Der Teufel steckt aber im Detail, lesen Sie deshalb gegebenenfalls auch die Einzelheiten im Kapitel noch einmal nach.

1. Schränken Sie Ihre Verfügbarkeit per E-Mail und Telefon ein und schmettern Sie unnötige Kontaktaufnahmen ab.
Richten Sie jetzt auf Ihrem Anrufbeantworter und in Ihrem E-Mail-Programm entsprechende Ansagen und Autoreplys ein. Üben Sie sich darin, unnötigen Gesprächen aus dem Weg zu gehen beziehungsweise zielgerichtet zu kommunizieren. Gewöhnen Sie sich an, zur Begrüßung nicht »Wie geht es Ihnen?«, sondern »Wie kann ich Ihnen helfen?« zu sagen. Werden Sie spezifisch – und vergessen Sie nicht: keine Geschichten! Versuchen Sie jede unnötige Unterbrechung zu unterbinden. Meiden Sie Meetings, wo immer es geht, indem Sie …

- Probleme mit Hilfe von E-Mails statt in persönlichen Meetings lösen.
- Ihre Teilnahme absagen. Erinnern Sie sich an den Hundewelpen-Abschluss.

Wenn ein Meeting sich nicht vermeiden lässt, denken Sie daran,
- mit einer klaren Zielvorgabe ins Meeting zu gehen.
- eine Uhrzeit festzulegen, wann Sie das Meeting verlassen werden, auch wenn dieses dann noch nicht zu Ende sein sollte.

2. Sammeln Sie Aufgaben, die regelmäßig anfallen, erledigen Sie sie gemeinsam und minimieren Sie so den Zeitaufwand. So haben Sie mehr Zeit für die Ziele, die Sie auf Ihren Traumplänen vermerkt haben.
Welche Routineaufgaben kann ich sammeln und gemeinsam erledigen? Das heißt, welche Aufgaben (zum Beispiel Wäsche, Einkauf, Post, Zahlungen, Reports) kann ich zu einer festen Zeit jeden Tag, jede Woche, jeden Monat oder jedes Quartal erledigen, um keine Zeit dadurch zu verschwenden, dass ich diese Dinge öfter als unbedingt nötig tue?

3. Definieren oder verlangen Sie Regeln und Leitlinien für autonomes Handeln und überprüfen Sie gelegentlich die Ergebnisse.
Eliminieren Sie den Entscheidungsengpass überall dort, wo Fehler keinen Weltuntergang zur Folge haben. Wenn Sie Angestellter sind, glauben Sie an sich selbst und bitten Sie darum, dass man Ihnen versuchsweise mehr Entscheidungsfreiräume gewährt. Bereiten Sie praktikable »Regeln« vor und bitten Sie Ihren Chef um seine Zustimmung, nachdem Sie ihm die Vorteile präsentiert haben. Auch hier können Sie den Hundewelpen-Abschluss einsetzen: Lassen Sie es wie einen einmaligen Testlauf aussehen, der jederzeit widerrufen werden kann. Für den Unternehmer oder Manager gilt: Geben Sie anderen die

Chance, sich selbst zu beweisen. Die Wahrscheinlichkeit eines nicht wiedergutzumachenden Schadens oder kostspieliger Probleme ist minimal, und die Zeitersparnis ist garantiert. Vergessen Sie nicht: Ihr Profit ist nur dann sinnvoll, wenn Sie auch etwas mit ihm anfangen können. Und dafür brauchen Sie Zeit.

Raus aus der Komfortzone

Kommen Sie wieder ins Trotzalter (zwei Tage)
Benehmen Sie sich in den nächsten zwei Tagen so wie alle normalen Zweijährigen und antworten Sie auf alle Bitten mit »Nein«. Treffen Sie keine Auswahl. Lehnen Sie alle Dinge ab, solange Sie nicht sofort dafür gefeuert werden. Seien Sie egoistisch. Dabei gilt wie bei der letzten Übung: Das Ziel ist nicht irgendein konkretes Ergebnis. Es geht also hier nicht konkret darum, nur die Dinge zu eliminieren, die Zeit kosten, sondern um die Fähigkeit, Nein zu sagen. Gewöhnen Sie sich daran. Fragen wie die folgenden eignen sich gut dazu, ein solches Verhalten zu üben:

> Haben Sie einmal eine Minute Zeit für mich?
> Wollen wir heute/morgen ins Kino gehen?
> Können Sie mir bei X helfen?

»Nein« sollte Ihre Standardantwort auf alle Anfragen sein. Denken Sie sich keine umständlichen Ausreden oder Notlügen aus, dabei wird man Sie ertappen. Eine einfache Antwort wie »Tut mir wirklich leid, ich kann nicht – ich habe einfach zu viel auf meinem Schreibtisch« genügt als Allzweckantwort.

Schritt 3:
A wie Automation

SCOTTY: Das Schiff gehört Ihnen,
Sir. Alle Systeme sind bereit und
laufen automatisch. Ein Schimpanse
und zwei Praktikanten könnten es
fliegen!
CAPTAIN KIRK: Danke, Mister Scott.
Ich werde versuchen, das nicht
persönlich zu nehmen.
Star Trek

Das Leben outsourcen: Wie Sie sich den Rest vom Hals schaffen

> Der Reichtum eines Menschen
> bemisst sich an der Zahl der Dinge,
> um die er sich nicht kümmern muss.
> *Henry David Thoreau,*
> *amerikanischer Schriftsteller*

Wenn *ich* Ihnen diese Geschichte erzählte, dann würden Sie mir nicht glauben, also lasse ich A. J. die Geschichte selbst erzählen. Sie gibt einen Vorgeschmack auf das, was möglich ist – unglaubliche Dinge, die Sie alle selbst realisieren werden.

Mein outgesourctes Leben

Ein Tatsachenbericht von A. J. Jacobs, Autor von »Britannica & ich« und Editor-at-Large der Zeitschrift *Esquire*

Es begann vor einem Monat. Ich hatte den Bestseller »Die Welt ist flach« von Thomas Friedman zur Hälfte gelesen. Ich mag Friedman, trotz seiner merkwürdigen Idee, einen Schnurrbart zu tragen. In seinem Buch geht es darum, dass die Globalisierung in eine neue Phase getreten ist. Sowohl die Herstellung von Produkten als auch geistige Dienstleistungen werden zunehmend outgesourct und in Indien oder China erbracht. Das wird nicht nur die Sektoren Kundendienst und Automobilbau, sondern jede einzelne Branche in den USA und in Europa nachhaltig verändern, vom Rechts- über das Bankwesen bis hin zum Dienstleistungssektor Buchhaltung und Bilanzen.

Ich habe kein Unternehmen; ich habe noch nicht einmal eine aktuelle Visitenkarte. Ich bin Autor und Redakteur, und ich arbeite von zu Hause aus – meistens in meinen Boxershorts oder, wenn ich mich nicht ganz so leger fühle, in meiner Pinguin-Schlafanzughose. Andererseits denke ich mir, warum sollen eigentlich die großen Konzerne den ganzen Spaß alleine haben? Warum soll ich beim größten Businesstrend des neuen Jahrhunderts nicht mitmachen? Warum soll ich nicht die einfacheren meiner Aufgaben outsourcen? Warum soll ich nicht mein Leben outsourcen?

Am nächsten Tag schicke ich eine E-Mail an eine der Firmen, die Friedman in seinem Buch erwähnt. Brickwork hat seinen Sitz in Indien, genauer gesagt in Bengaluru, und bietet *Remote Executive Assistants* an, also so etwas wie externe Chefassistenzen. Die meisten Kunden sind Finanzunternehmen oder Unternehmen im Gesundheitssektor, die Daten aufbereitet haben wollen. Ich erkläre, dass ich gerne jemanden verpflichten würde, der mich bei meiner Arbeit für den *Esquire* unterstützt – genauer gesagt, dabei, Informationen zu recherchieren, Texte zu formatieren und ähnliche Sachen. Der CEO des Unternehmens, Vivek Kulkarni, antwortet mir persönlich: »Es wäre uns ein großes Vergnügen, einer Persönlichkeit wie Ihnen unsere Dienstleistungen anzubieten.« Die Sache fängt jetzt schon an, mir zu gefallen. Als »Persönlichkeit« hat mich bisher noch niemand bezeichnet. In Amerika schaffe ich es kaum, vom Kellner eines Pizza-Hut-Restaurants respektvoll behandelt zu werden – umso schöner ist es zu wissen, dass ich in Indien als Persönlichkeit gelte.

Ein paar Tage später bekomme ich eine E-Mail von meiner neuen Fernassistentin:

Sehr geehrter Herr Jacobs,
mein Name ist Honey K. Balani. Ich werde Sie in Ihrer redaktionellen Arbeit und allen persönlichen Belangen unterstützen …
Ich werde versuchen, mich ganz Ihren Erfordernissen anzupas-

sen, und mich darum bemühen, alle Aufgaben zu Ihrer vollsten
Zufriedenheit zu erfüllen.

»Zu Ihrer vollsten Zufriedenheit«. Das ist Weltklasse. Damals,
als ich noch im Büro arbeitete, da war von so etwas nie die Rede.
Ja, ich bin sicher, dass jeder, der eine solche Behandlung gefor-
dert hätte, umgehend zum Personalchef zitiert worden wäre.

***

Ich gehe mit meinem Freund Misha essen. Misha ist in Indien
geboren, hat eine Softwarefirma gegründet und ist damit geradezu abartig reich geworden. Ich erzähle ihm von der *Operation Outsourcen*. »Du solltest mal mit YourManInIndia
(YMII) sprechen«, sagt er. Misha erklärt mir, dass es sich dabei
um ein Unternehmen handelt, dessen hauptsächliche Zielgruppe indische Geschäftsleute sind, die nach Übersee gezogen sind, aber immer noch Eltern daheim in Delhi oder Mum-
bai haben. YMII ist sozusagen ihr Concierge-Service in der
alten Heimat, also ein Unternehmen, das sich um alles kümmert – sie kaufen Kinokarten, Handys und alles, womit man
sonst noch verlassene Muttis glücklich machen kann.

Perfekt. Das könnte mein Outsourcing auf eine ganz neue
Ebene befördern. So kann ich die Arbeit wunderbar klar einteilen: Honey kümmert sich um meine geschäftlichen Belange,
und YMII kann sich meines Privatlebens annehmen – Rechnungen bezahlen, Urlaubsreservierungen vornehmen oder online einkaufen. Glücklicherweise ist YMII ebenso angetan von
dieser Idee wie ich, und schon hat das Support-Team der Jacobs GmbH seine Belegschaft verdoppelt.

***

Honey hat ihr erstes Projekt für mich erledigt: eine Recherche
über die Dame, die vom *Esquire* zur *Sexiest Woman Alive* gekürt
wurde. Ich habe den Auftrag, ein Porträt dieser Frau zu schreiben, und ich habe nicht die geringste Lust, mich durch die

ganzen sabbernden Fanseiten im Internet zu kämpfen. Als ich Honeys Datei öffne, denke ich unwillkürlich: Amerika ist im Arsch. Honeys Faktensammlung ist der Hammer: Da gibt es umfangreiche Aufstellungen. Es gibt Überschriften über den einzelnen Absätzen. Es gibt eine übersichtlich gegliederte Auflistung der Haustiere, Maße und Lieblingsspeisen (unter anderem Schwertfisch) der sexy Dame. Wenn alle in Bengaluru wie Honey arbeiten, dann tun mir die vielen jungen Amerikaner leid, die gerade ihren Uni-Abschluss machen. Ihre Konkurrenz auf dem Arbeitsmarkt ist eine arbeitshungrige, höfliche und mit allen Excel-Wassern gewaschene indische Armee.

***

Im Verlauf der nächsten Tage lade ich einen Berg von Online-Botengängen bei Asha (vom YMII Personal Service) ab: Rechnungen bezahlen, Sachen bei drugstore.com bestellen, einen Kitzel-mich-Elmo aus der Sesamstraße für meinen Sohn besorgen (da sie ausverkauft sind, kauft Asha stattdessen einen Chicken-Dance-Elmo im Hühnerkostüm – eine gute Wahl). Ich lasse sie bei Cingular anrufen und nach meinem Handytarif fragen. Ich kann es natürlich nicht mit Sicherheit sagen, aber ich wette, dass ihr Anruf von Bengaluru nach New Jersey ging und von dort an ein Cingular-Callcenter in Bengaluru umgeleitet wurde. Aus irgendeinem Grund finde ich diese Vorstellung wunderbar.

***

Heute ist der vierte Tag meines neuen Lebens, und als ich morgens meinen Computer hochfahre, ist mein Mail-Eingang bereits voll von den Berichten meiner Zuarbeiter in Übersee. Es ist ein seltsames Gefühl, dass Leute für mich arbeiten, während ich schlafe. Seltsam, aber schön. Ich vergeude also keine Zeit, während ich in mein Kissen schnarche; die Dinge werden erledigt.

***

Honey ist meine Beschützerin. Stellen Sie sich vor: Aus irgendeinem Grund bekomme ich ständig Mails vom Fremdenverkehrsamt in Colorado zugeschickt. (Zuletzt informierten sie mich über ein Festival in Colorado Springs, bei dem der bekannteste Harlekin der Welt auftreten würde.) Ich gebe Honey den Auftrag, höflich darum zu bitten, mich mit diesen Pressemeldungen in Zukunft zu verschonen. Hier ist die Mail, die sie abschickt:

Sehr geehrte Damen und Herren,
Herr Jacobs erhält regelmäßig und definitiv zu oft E-Mails von *Colorado News*. Sie berichten zwar über sehr interessante Themen – doch leider sind diese für eine Veröffentlichung im *Esquire* ungeeignet.
Wir wissen Ihr initiatives Vorgehen zu schätzen, doch leider können wir die notwendige Zeit nicht aufbringen, um diese zahlreichen und umfangreichen Artikel zu lesen. Ihre E-Mails erfüllen deshalb weder für uns noch für Sie einen sinnvollen Zweck. Darum bitten wir Sie, uns keine weiteren Mails mehr zu schicken.
Wir möchten damit keinesfalls Ihre Arbeit herabwürdigen, hoffen aber auf Ihr Verständnis.
Mit Dank
Honey K. Balani

Das ist die beste Absage in der Geschichte des Journalismus. Sie ist über die Maßen höflich, aber sie vermittelt auch einen unmissverständlichen Unterton der Entrüstung. Honey scheint geradezu erbost darüber zu sein, dass Colorado die wertvolle Zeit von Herrn Jacobs vergeudet.

***

Ich beschließe, den nächsten logischen Schritt zu tun und zu testen, ob meine Fernassistentin mich auch in einem ganz anderen Beziehungsgeflecht vertreten kann: meiner Ehe. Diese Streitereien mit meiner Frau rauben mir die Nerven – schon

deshalb, weil Julie viel besser diskutieren kann als ich. Vielleicht wird sich Asha besser schlagen:

> Hallo Asha,
> meine Frau ist wütend auf mich, weil ich vergessen habe, am Geldautomaten Geld abzuheben. ... Bitte sagen Sie ihr, dass ich sie liebe, aber erinnern Sie sie sanft daran, dass auch sie manchmal etwas vergisst – sie hat im letzten Monat zweimal ihre Brieftasche verloren. Und sie hat vergessen, einen Nagelknipser für Jasper zu kaufen.
> A. J.

Ich kann Ihnen nicht sagen, wie es mich beglückte, diese Nachricht abzuschicken. Es ist vermutlich unmöglich, einen besseren Weg zu finden, seiner Frau den eigenen Ärger mitzuteilen, ohne die angestauten Aggressionen direkt an ihr auszulassen, als ihr eine E-Mail von einem Subkontinent am anderen Ende der Welt schicken zu lassen. Am nächsten Morgen erhalte ich cc die Mail, die Asha an Julie geschickt hat.

> Julie,
> ich verstehe Deine Wut darüber, dass ich vergessen habe, am Geldautomaten Geld abzuholen. Ich war vergesslich und es tut mir leid.
> Aber ich denke, das ändert nichts an der Tatsache, dass ich Dich sehr liebe ...
> In Liebe
> A. J.
>
> PS: Diese Mail schickt Asha im Auftrag von Herrn Jacobs.

Und als ob das noch nicht genug wäre, schickt sie Julie auch noch eine E-Card. Ich klicke darauf: Zwei Teddybären umarmen sich mit dem Worten: »Immer wenn Du eine Umarmung brauchst, bin ich für Dich da ... Es tut mir leid.«

Verdammt! Meine Assistentinnen in Indien sind einfach zu verflixt nett! Die Entschuldigung ist drin, aber meine kleinen Sticheleien hat sie weggelassen. Sie versucht, mich vor mir selbst zu schützen. Sie verleiht meinem Es das nötige Über-Ich. Ich fühle mich kastriert.

Andererseits scheint Julie sehr angetan zu sein: »Das ist nett, Schatzi. Ich verzeihe dir.«

***

Trotz meiner neuen Hilfstruppe bin ich nach drei Wochen immer noch gestresst. Vielleicht ist der Chicken-Dance-Elmo schuld daran. Mein Sohn liebt ihn wahnsinnig, und sein Gequake treibt auch mich langsam aber sicher in den Wahnsinn. Warum auch immer – ich denke, es ist an der Zeit, eine weitere Grenze zu überschreiten: Ich muss mein gestresstes Innenleben outsourcen.

Als Erstes versuche ich, meine Therapie zu delegieren. Mein Plan sieht so aus, dass ich Asha eine Liste meiner Neurosen und ein oder zwei Anekdoten aus meiner Kindheit gebe, sie 50 Minuten lang mit meinem Psychiater reden und mir dann von ihr dessen Rat übermitteln lasse. Clever, oder? Mein Therapeut weigerte sich. Berufsethos oder so etwas. Schön, dann eben nicht. Stattdessen lasse ich mir von Asha ein gründlich recherchiertes Dossier über Stressabbau schicken. Es hatte eine angenehm indische Note, mit einigen Yoga-Übungen und Visualisierungen.

Es gibt daran nichts auszusetzen, aber es erscheint mir irgendwie noch nicht genug zu sein. Schließlich kommt mir die rettende Idee: Ich muss meine Sorgen outsourcen. In den letzten Wochen habe ich mir die Nägel abgekaut, weil ein geschäftlicher Abschluss sich zu lange hinauszögerte. Ich frage Honey, ob sie Interesse hat, sich an meiner Stelle die Nägel abzukauen. Nur ein paar Minuten pro Tag. Sie hält das für eine großartige Idee. »Ich werde mir über diese Sache jeden Tag Sorgen machen«, schreibt sie mir. »Machen Sie sich keine Sorgen.«

Meine neurotischen Ängste an jemand anderen zu delegieren ist eines der erfolgreichsten Experimente dieses Monats. Jedes Mal, wenn ich anfange, mir den Kopf zu zerbrechen, fällt mir wieder ein, dass ja Honey bereits an der Sache dran ist, und ich entspannte mich wieder. Das ist kein Witz. Und schon allein das ist es wert.

Auf einen Blick: Wie Ihr Leben sein wird

> Die Zukunft ist da. Sie ist bloß noch nicht sehr weit verbreitet.
> *William Gibson, Science-Fiction-Autor und Erfinder des Begriffs »Cyberspace«*

So könnte auch Ihr vollautomatisierter Alltag aussehen:

Morgens wache ich in meiner Mietwohnung in Buenos Aires auf, und da es Montag ist, widme ich mich nach einem vorzüglichen Frühstück eine Stunde lang meinen Mails. Sowmya aus Indien – sie wurde mir durch A. J. Jacobs empfohlen – hat einen lang gesuchten Klassenkameraden für mich ausfindig gemacht, und Anakool von YMII hat die Ergebnisse der Recherchen über die Zufriedenheit von Rentnern und die durchschnittliche Jahresarbeitszeit verschiedener Branchen in einer Excel-Tabelle zusammengestellt. Ein weiterer Fernassistent aus Indien hat Interviewtermine für diese Woche vereinbart und außerdem die Kontaktdaten der besten Kendo-Schulen Japans sowie der bekanntesten Salsalehrer in Kuba zusammengetragen. Im nächsten E-Mail-Ordner sehe ich erfreut, dass Linda, die Account-Managerin meines Fulfillment-Unternehmens[6]

---

6 Unternehmen im Logistiksektor, die von Lagerhaltung über Bestellannahme, Auslieferung, Zahl- und Mahnwesen bis hin zu Kundenbetreuung, Garantieabwicklung und Retourenmanagement ein breites Spektrum von Dienstleistungen anbieten.

in Tennessee, in der letzten Woche fast zwei Dutzend Probleme aus der Welt schaffen konnte – was meine größten Kunden in China und Südafrika bei Laune hält. Außerdem hat sie meiner Finanzbuchhaltung in Michigan die Umsatzsteuerdaten übermittelt. Die Steuern sind über meine Kreditkarte bezahlt worden. Ein rascher Blick auf meine Konten bestätigt mir, dass alles wunderbar läuft. Alles ist gut im Land der Automatisierung.

Es ist ein schöner sonniger Tag, und ich klappe mit einem Lächeln meinen Laptop zu. Das »All you can eat«-Frühstücksbuffet mit Kaffee und Orangensaft kostete mich vier Dollar. Meine indischen Assistenten berechnen zwischen vier und zehn Dollar pro Stunde. Alle anderen Dienstleister werden nach Leistung bezahlt oder wenn Ware verschickt wird. Daraus resultiert ein merkwürdiges Business-Phänomen: Negativer Chashflow ist unmöglich.

Es geschehen tatsächlich lustige Dinge, wenn man harte Dollars verdient, seinen Lebensunterhalt mit Peseten bestreitet und Arbeitsleistung in Rupien bezahlt, aber das ist erst der Anfang.

Aber ich bin Angestellter!
Was hat das alles mit mir zu tun?

> Niemand kann dir Freiheit geben. Niemand kann dir Gleichberechtigung, Gerechtigkeit oder sonst irgendetwas geben. Wenn du ein Mann bist, dann nimmst du dir all das.
> *Malcolm X, Malcolm X Speaks*

Sich über das Internet einen persönlichen Assistenten zu engagieren ist ein gewaltiger Schritt. Er markiert den Moment, in dem Sie lernen, Arbeit zu delegieren und andere anzuleiten, anstatt selbst angeleitet zu werden. Sie machen die ersten kleinen Schritte, um die wichtigsten aller NR-Fähigkeiten zu er-lernen: Fernmanagement und Kommunikation.

Es ist an der Zeit zu lernen, selbst Chef zu sein. Das ist nicht zeitaufwändig, es kostet nicht viel, und das Risiko ist gering. Ob Sie gerade jemanden *brauchen* oder nicht, tut nichts zur Sache. Es geht vor allem darum, zu üben. Außerdem ist das die Na-gelprobe für Ihre Unternehmerqualitäten: Können Sie andere Leute managen – das heißt, führen und kritisieren? Ich glaube, mit der richtigen Anleitung und etwas Übung wird das kein Problem für Sie darstellen. Die meisten Unternehmer schei-tern, weil sie den Sprung ins kalte Wasser machen, bevor sie schwimmen gelernt haben. Die Zusammenarbeit mit einem virtuellen persönlichen Assistenten (VA) ist eine einfache Übung ohne versteckte Haken. Mit einem zwei- bis vierwöchigen Test, der Sie nicht die Welt kosten wird, können Sie die Grundzüge des Managements erlernen. Diese Summe ist keine Ausgabe, sondern eine Investition – und deren Rendite ist ganz erstaun-lich. Sie wird sich in spätestens zehn bis 14 Tagen auszahlen, dann werden Sie von der enormen Zeitersparnis profitieren. Ein NR zu werden heißt nicht einfach, intelligenter zu arbei-ten. Es heißt, ein System zu etablieren, mit dem man sich selbst ersetzen kann.

Auch wenn Sie nicht die Absicht haben, Unternehmer zu werden, ist diese Übung die konsequente Fortführung Ihrer 80/20-Analyse und des zugehörigen Eliminierungsprozesses. Jemanden darauf vorzubereiten, Sie zu ersetzen, wird Ihnen helfen, die letzten noch verbliebenen überflüssigen Dinge aus Ihrem Terminkalender zu entfernen. Was sich dort an un-wichtigen Aufgaben bis heute gehalten hat, wird verschwinden, sobald Sie jemand anderen für die Erledigung bezahlen müs-sen.

Ja, was ist überhaupt mit den Kosten? Das ist eine Hürde, die zu nehmen den meisten Menschen schwerfällt. Wenn ich selbst etwas besser tun kann als irgendein Assistent, warum sollte ich ihn dann überhaupt bezahlen? *Weil das Ziel ist, freie Zeit zu*

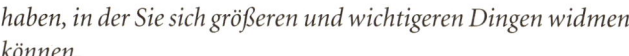

haben, in der Sie sich größeren und wichtigeren Dingen widmen können.

Diese Übung soll Ihnen helfen, eine der letzten Hürden auf dem Weg in eines neues Leben zu überwinden. Sie müssen sich vollkommen bewusst machen, dass Sie immer sparen können, wenn Sie alle Dinge selbst machen. Das heißt aber nicht, dass Sie Ihre Zeit tatsächlich damit verbringen sollten. Wenn Sie Ihre Zeit, die 15 bis 20 Euro pro Stunde wert ist, mit Dingen zubringen, die jemand anderes für acht Euro pro Stunde erledigen könnte, dann ist das nichts anderes als ein schlechter Einsatz Ihrer Ressourcen. Es ist wichtig, sich in kleinen Schritten daran zu gewöhnen, andere dafür zu bezahlen, dass sie Arbeit für Sie erledigen. Nur wenige Menschen tun das, was ein weiterer Grund dafür ist, dass so wenige Menschen ihren idealen Lifestyle verwirklichen können.

Selbst wenn die Kosten pro Stunde für externe Helfer gelegentlich mehr betragen, als Sie zurzeit verdienen, ist dieser Handel oft sein Geld wert. Nehmen wir an, Sie verdienen 50 000 Euro im Jahr, also 25 Euro die Stunde (gerechnet auf einen Achtstundenjob, Montag bis Freitag, 50 Wochen im Jahr). Wenn Sie einem Assistenten der Spitzenklasse 30 Euro pro Stunde bezahlen und er oder sie Ihnen eine ganze Achtstundenschicht pro Woche einspart, dann betragen Ihre Kosten nur 40 Euro. Sie bezahlen Ihrem Helfer 240 Euro, aber Sie bekommen von Ihrem Arbeitgeber Ihren Stundenlohn von 8 Stunden mal 25 Euro, also 200 Euro, trotzdem bezahlt (und wenn Sie selbstständig sind, stellen Sie diesen Stundenaufwand Ihrem Kunden mit 200 Euro in Rechnung). Sie haben also nur eine Differenz von 40 Euro. Dafür haben Sie einen ganzen zusätzlichen Tag pro Woche frei. Sind Sie bereit, 40 Euro pro Woche dafür zu bezahlen, dass Sie nur noch von Montag bis Donnerstag arbeiten müssen? Ich schon, und ich tue es auch. Und vergessen Sie nicht, dass das nur das Worst-Case-Szenario ist. Wenn Ihr externer Helfer schneller ist als sie und beispielsweise nur sechs Stunden statt acht Stunden für eine Recherche oder eine Tabellenerstellung benötigt, machen Sie sogar noch Geld damit.

Aber was ist, wenn Ihr Chef ausflippt? Im Allgemeinen ist es so, dass sich diese Frage gar nicht erst stellt, denn Vorbeugen ist besser, als hinterher zu versuchen, das Ganze zu erklären. Es gibt keinen moralischen oder juristischen Grund, warum Ihr Chef davon wissen sollte, vorausgesetzt, dass Sie keine vertraulichen Aufgaben outsourcen. Die erste Option ist, persönliche Aufgaben zu vergeben. Zeit ist Zeit, und wenn Sie mit lästigen Pflichten und Botengängen Zeit zubringen, die Sie besser anderweitig nutzen könnten, dann wird ein VA Ihr Leben verbessern und Ihre Managementfähigkeiten gleichzeitig trainieren. Zweitens können Sie geschäftliche Aufgaben outsourcen, wo es nicht gegen den Datenschutz verstößt.

Sind Sie bereit, eine Armee von Assistenten aufzubauen? Schauen wir uns zunächst einmal die dunkle Seite des Delegierens an. Ein kurzer Überblick wird Ihnen helfen zu vermeiden, dass Macht missbraucht und Ressourcen vergeudet werden.

Die Gefahren des Delegierens: Bevor Sie beginnen

Hat man Ihnen je unlogische Aufträge erteilt, unwichtige Arbeiten aufgegeben oder Sie angewiesen, etwas auf die vorstellbar ineffizienteste Weise zu tun? Das macht keinen Spaß und ist nicht produktiv.

Jetzt sind Sie dran: Zeigen Sie, dass Sie es besser können! Das Delegieren soll ein weiterer Schritt in Richtung Reduzieren sein, nicht aber eine Ausrede dafür, noch geschäftiger zu sein und noch mehr unwichtige Dinge zu veranlassen. Vergessen Sie nicht – nur wenn etwas klar definiert und wichtig ist, sollte es überhaupt getan werden.

Eliminieren Sie, bevor Sie delegieren. Automatisieren Sie

niemals etwas, das eliminiert werden kann, und delegieren Sie niemals etwas, das automatisiert oder optimiert werden kann. Andernfalls verschwenden Sie statt Ihrer eigenen Zeit nun die Zeit eines anderen – was letztendlich nichts anderes bedeutet, als dass Sie Ihr schwer verdientes Geld vergeuden. Wenn das kein Anreiz ist, effektiv und effizient zu arbeiten! Jetzt spielen Sie mit Ihrem eigenen Zaster. An diesen Gedanken müssen Sie sich gewöhnen, und dies ist der erste kleine Schritt auf dem Weg, selbst Chef zu werden.

Hatte ich schon erwähnt, dass Sie eliminieren sollten, bevor Sie delegieren? Es ist zum Beispiel bei Führungskräften beliebt, ihre E-Mails von ihren Sekretärinnen oder Assistenten lesen zu lassen. In manchen Fällen mag das sinnvoll sein. Ich für meinen Teil nutze einen Spam-Filter, Autoreplys mit FAQ und automatische Weiterleitungsaufträge an die zuständigen Dienstleister. Damit drücke ich meine E-Mail-Verpflichtungen auf zehn bis 20 Antworten pro Woche. Auf diese Weise kostet mich das Beantworten meiner Mails wöchentlich nur 30 Minuten – weil ich systematisch eliminiere und automatisiere.

Ich brauche auch keinen Assistenten, um Termine für Meetings und Telefonkonferenzen zu organisieren, weil ich Meetings komplett abgeschafft habe. Wenn ich einmal im Monat eine 20-minütige Telefonkonferenz ansetzen muss, dann schicke ich eine aus zwei Sätzen bestehende E-Mail herum, und damit hat es sich.

Prinzip Nummer eins ist, zuerst die Regeln und Prozesse zu optimieren und erst dann Aufgaben an externe Dienstleister zu vergeben. Wenn wir Menschen einsetzen, um einen optimierten Prozess in Schwung zu bringen, vervielfacht sich die Produktion. Der Versuch, Menschen einzusetzen, um einen schlechten Prozess zu verbessern, vervielfacht die Probleme.

Die nächste Frage lautet: »Was sollen Sie delegieren?« Das ist eine gute Frage, aber ich will sie nicht beantworten. Ich will mir lieber im Fernsehen die Simpsons anschauen. Um die Wahrheit zu sagen, es ist verdammt viel Arbeit, darüber zu schreiben, wie man nicht arbeitet. Ritika von Brickwork und Venky von YMII sind durchaus dazu in der Lage, diesen Abschnitt für mich zu schreiben, deshalb werde ich lediglich zwei grundsätzliche Regeln und ein Fallbeispiel voranstellen und die Detailfragen ihnen überlassen.

Goldene Regel Nummer 1: Jede delegierte Aufgabe muss sowohl zeitraubend als auch *wohldefiniert* sein. Wenn Sie wie ein kopfloses Huhn herumrennen und dann Ihren VA beauftragen, das für Sie zu übernehmen, werden Sie Ihre Situation nicht verbessern.

Goldene Regel Nummer 2: Die Sache hat auch eine etwas weniger ernste Seite – haben Sie Spaß dabei! Lassen Sie jemanden in Bengaluru oder Shanghai E-Mails an Ihre Freunde schicken, um Verabredungen zum Essen oder ähnliche einfache Dinge zu vereinbaren. Oder überraschen Sie Ihren Partner oder Ihre Partnerin mit einer telefonischen Liebesbotschaft aus Bengaluru. Effektiv zu sein bedeutet nicht, dass man die ganze Zeit todernst sein muss. Es macht Spaß, zur Abwechslung einmal die Kontrolle zu haben. Entledigen Sie sich Ihrer angestauten Aggressionen und beugen Sie einem späteren Seelenschaden vor.

Persönlicher Assistent bei Howard Hughes

Howard Hughes, der superreiche Filmmacher und Exzentriker, dessen Geschichte der Film »The Aviator« erzählt, war berüchtigt dafür, seinen Assistenten komische Aufträge zu erteilen. Hier sind ein paar, die Sie sich einmal durch den Kopf gehen lassen können:

- Nach seinem ersten Flugzeugabsturz erzählte Hughes einem Freund, er sei davon überzeugt, seine Genesung den heilenden Kräften von Orangensaft zu verdanken. Er glaubte, die Heilkraft des Saftes würde durch den Kontakt mit der Luft gemindert. Deshalb verlangte er, dass frische Orangen vor seinen Augen aufgeschnitten und ausgepresst wurden.

- Wenn Hughes sich ins Nachtleben von Las Vegas stürzte, hatten seine Gehilfen die Aufgabe, sich den Mädchen zu nähern, die Hughes gefielen. Nahm eine von ihnen Hughes' Einladung an, dann zog einer der Assistenten eine Erklärung aus der Tasche. Die Frauen mussten vorab unterschreiben, auf alle möglichen Rechte und Ansprüche zu verzichten.

- Hughes hatte 24 Stunden am Tag einen Friseur in Bereitschaft, ließ aber seine Haare und Nägel nur etwa einmal im Jahr schneiden.

- Über die Jahre, in denen er sein Hotelzimmer nicht mehr verließ, gibt es ein Gerücht. Demnach habe Hughes seine Gehilfen angewiesen, jeden Tag um Punkt vier Uhr nachmittags einen Cheeseburger in die Äste eines bestimmten Baumes vor seiner Suite zu legen.

Welch eine Welt der Möglichkeiten! Genauso, wie Henry Fords Modell T der Menschheit die Massenmobilität schenkte, gestatten virtuelle persönliche Assistenten jedem Menschen, sich das Verhalten eines exzentrischen Milliardärs zuzulegen. Wenn das kein Fortschritt ist.

Jetzt will ich aber schnell das Mikrofon an meine indische VA Venky weitergeben.

Venky (YMII): Beschränken Sie sich nicht. Fragen Sie uns einfach, ob etwas möglich ist. Wir haben Partys arrangiert, das Catering besorgt, Sommerkurse recherchiert, Buchführungen bereinigt, auf der Basis von Blaupausen dreidimensionale Modelle angefertigt. Fragen Sie uns einfach. Wir könnten für Sie das nächstgelegene kinderfreundliche Restaurant ausfindig machen, die Kosten ermitteln und den nächsten Kindergeburtstag Ihres Sohnes organisieren. So sparen Sie Zeit, um zu arbeiten oder mit Ihrem Sohn zusammen zu sein.

Was können wir nicht tun? Wir können nichts tun, was unsere physische Präsenz erfordern würde. Aber Sie werden sich wundern, wie wenige Aufgaben das in unserer heutigen Zeit noch sind.

Wir kümmern uns natürlich auch um geschäftliche Dinge, zum Beispiel Termine vereinbaren, Recherchen durchführen, Internetseiten programmieren, pflegen oder auch den Content dafür erstellen. Wir haben beispielsweise einen vergesslichen Klienten, den wir dauernd per Telefon erinnern müssen. Ein anderer Klient möchte, dass wir ihn jeden Morgen wecken. Wir haben Detektivarbeit geleistet und Leute wieder zusammengebracht, die nach dem Hurrikan Katrina den Kontakt verloren hatten. Wir haben sogar Jobs für Klienten gefunden! Mein Favorit bisher: Einer unserer Klienten besitzt ein Paar Hosen, die er wirklich liebt und die nicht mehr hergestellt werden. Er schickt sie nach Bengaluru (von London aus), um dort für einen Bruchteil des ursprünglichen Preises exakte Kopien nähen zu lassen.

Hier sind noch ein paar weitere YMII-Spezialaufträge:

- Einen übereifrigen Klienten daran erinnern, seine Strafzettel für falsches Parken zu bezahlen, nicht zu schnell zu fahren und keine neuen Strafzettel für falsches Parken zu kassieren.
- Entschuldigungen und Blumensträuße an die Ehefrauen von Klienten schicken.
- Einen Diätplan für einen Klienten ausarbeiten, ihn regelmäßig daran erinnern und auf der Basis dieses Diätplans Lebensmittel für ihn einkaufen.
- Für jemanden, der vor einem Jahr durch Outsourcing sei-

nen Job verlor, einen neuen Job finden. Wir erledigten die Jobsuche, übernahmen die Anschreiben und die Ausgestaltung der Bewerbung. Der Klient hatte innerhalb von 30 Tagen einen neuen Job.

- Die Hausaufgaben von der Voicemail eines Lehrers abrufen und den Klienten (Eltern des Kindes) mailen.
- Kindgerechte Anleitung suchen, wie man einen Schuh bindet (für den Sohn des Klienten).
- Einen Parkplatz in einer anderen Stadt finden, schon bevor man die Fahrt dorthin begonnen hat.
- Eine Wettervorhersage und einen Wetterbericht (beide amtlich beglaubigt) für eine bestimmte Zeit und einen bestimmten Ort an einen bestimmten Tag vor fünf Jahren besorgen. Das sollte als zusätzliches Beweismittel für ein Gerichtsverfahren dienen.
- An Stelle eines Klienten mit dessen Eltern sprechen.

Grundlegende Erwägungen: Welche Kriterien sollte Ihr VA erfüllen?

Es gibt Zehntausende von virtuellen persönlichen Assistenten (VA) – wie in aller Welt soll man den richtigen oder die richtige finden? Im Internet oder örtlichen Branchenverzeichnis wird man schnell fündig, doch man kann man sich leicht überfordert fühlen, wenn man nicht ein paar Kriterien im Voraus festlegt. Die erste Frage lautet beispielsweise schon: »Wo soll mein persönlicher Dienstleister herkommen?«

Aus dem eigenen Land oder aus der Ferne?

Es hat zwei Vorteile, ein paar Zeitzonen zu überspringen und in der Währung eines Entwicklungs- oder Schwellenlandes zu bezahlen: Die Leute dort arbeiten zeitversetzt. Das heißt, wenn Sie am späten Abend noch einen Auftrag verschicken, kann dieser in Indien am Morgen erledigt werden und liegt Ihnen schon vor, wenn Sie um neun Uhr wieder am Schreibtisch sitzen (in Indien ist es dann bereits 13:30 Uhr). Außerdem ist der Stundensatz in diesen Ländern niedriger. Sie sparen also Zeit und Kosten.

VA aus Indien, China und den meisten Entwicklungsländern berechnen etwa vier bis 15 Dollar pro Stunde. Ausländische Assistenten sind nicht nur für Kleinkram einsetzbar. Ich weiß aus erster Hand, dass Manager von *Big Four*-Unternehmen (also den derzeit vier größten Wirtschaftsprüfungsfirmen weltweit) ihren Klienten regelmäßig sechsstellige Beträge für Analysen in Rechnung stellen, die sie selbst für niedrige vierstellige Beträge in Indien anfertigen lassen.

Das größte Problem ausländischer Hilfe ist allerdings die Sprachbarriere. Die genannten Dienstleister bieten sich für Sie als deutschsprachiger NR nur an, wenn Sie gute Englischkenntnisse haben oder die Aufgaben ohnehin in englischer Sprache erledigt werden müssen. Ansonsten vervierfacht der nicht selten anfallende Klärungsbedarf häufig die Kosten.

Und auf noch etwas sollten Sie achten. Als ich zum ersten Mal einen indischen VA anheuerte, machte ich den fundamentalen Fehler, für drei einfache Aufgaben keine Stundenbegrenzung zu vereinbaren. Als ich später in der Woche nachsah, stellte ich fest, dass mein Assistent 23 Stunden damit zugebracht hatte, sich im Kreis zu drehen. Er hatte einen einzigen vorläufigen Interviewtermin für die nächste Woche angesetzt, und das zur falschen Zeit! Unfassbar. 23 Stunden? Das Ganze kostete mich bei 10 Dollar pro Stunde, insgesamt also 230 Dollar. Genaue Vorgaben sind deshalb unerlässlich.

Im deutschsprachigen Raum gibt es ein breites Angebot an Bürodiensten und virtuellen Vorzimmern. Per Tastendruck können Sie im Internet Sekretärinnen buchen, die Ihre Anrufe entgegennehmen und Ihnen den Rücken freihalten. Schreibbüros übernehmen Ihre Verwaltungsarbeit, Recherche, Ausschreibung von Aufträgen, Datenbankpflege oder Projektplanung. An Tagen, an denen es Ihnen nötig erscheint, können Sie sich auch einen persönlichen Assistenten vor Ort bestellen. Wenn Sie einen lokalen Bürodienst suchen, werden Sie sicher in jeder etwas größeren Stadt fündig.

Woher weiß man nun aber genau, wen man aus dem reichhaltigen Angebot auswählen soll? Das ist das Schöne daran: Man weiß es nicht. Man muss einfach ein paar Assistenten ausprobieren, einerseits um die eigenen kommunikativen Fähigkeiten zu trainieren, und andererseits um zu entscheiden, wen man anheuern kann und wen man besser in die Wüste schickt. Ein ergebnisorientierter Chef zu sein ist manchmal gar nicht so leicht.

Ein paar Dinge möchte ich an dieser Stelle noch einmal festhalten: Erstens, der Stundensatz ist nicht der letztlich entscheidende Kostenfaktor. Schauen Sie auf die Kosten pro Auftrag. Wenn Sie Zeit aufwenden müssen, um einen Auftrag zu wiederholen und den VA nochmals intensiv zu briefen, dann ermitteln Sie die Kosten für *Ihren* Beitrag (mit dem Stundensatz, den wir im letzten Kapitel errechnet haben) und lassen Sie diese in die Gesamtkosten mit einfließen. Das Ergebnis kann manchmal überraschend sein. So cool es ist, wenn man sagen kann, dass in drei Ländern Leute für einen arbeiten, so uncool ist es, seine Zeit damit zu verbringen, als Babysitter für Leute zu fungieren, die einem eigentlich das Leben erleichtern sollen.

Zweitens: Entscheidend ist, was hinten herauskommt. Es lässt sich unmöglich vorhersagen, wie gut man mit einem bestimmten VA zusammenarbeiten wird, ohne dass man es ausprobiert hat. Zum Glück kann man einiges tun, um seine Trefferquote zu erhöhen.

Solo- oder Support-Team?

Nehmen wir einmal an, Sie finden den perfekten VA. Er oder sie verrichtet alle Aufgaben, die Sie delegieren können, und Sie beschließen, sich einen wohlverdienten Urlaub in Thailand zu gönnen. Es ist schön zu wissen, dass zur Abwechslung einmal jemand anderes als Sie am Steuer sitzt und die Kastanien aus dem Feuer holen wird. Endlich Erholung! Zwei Stunden vor Ihrem Flug von Bangkok nach Phuket bekommen Sie eine E-Mail: Ihr VA ist außer Gefecht gesetzt und wird eine Woche lang im Krankenhaus liegen. Nicht gut. Urlaub komplett im Eimer.

Ich mag es nicht, von einer einzigen Person abhängig zu sein, und ich kann es definitiv nicht empfehlen. In der Welt der Hochtechnologie nennt man eine solche Abhängigkeit einen *Single Point of Failure* – einen empfindlichen Punkt, von dem alles andere abhängt. Wenn diese eine Komponente ausfällt, dann bricht das ganze System zusammen. In der Informationstechnologie fungiert der Begriff Redundanz (»im Überfluss vorhanden sein«) als Verkaufsargument für Computersysteme, die auch dann noch funktionieren, wenn an irgendeinem Punkt eine Fehlfunktion oder ein mechanisches Problem auftritt. Hinsichtlich Ihres virtuellen Vorzimmers bedeutet das, dass es immer besetzt sein sollte, auch wenn eine einzelne Person einmal ausfällt.

Ich empfehle Ihnen deshalb, Ihre Anliegen einer Firma anstatt einer One-Man-Show anzuvertrauen. Natürlich gibt es jede Menge Leute, die jahrzehntelang mit ein und demselben Assistenten zusammengearbeitet haben, ohne dass je ein Problem aufgetreten wäre, aber ich glaube, dass das eher die Ausnahme als die Regel ist. Ich gehe lieber auf Nummer sicher. Abgesehen vom simplen Katastrophenschutz bietet ein ganzes Backoffice-Team zudem einen Talentpool, der es Ihnen erlaubt, viele und vielfältige Aufgaben zu delegieren, ohne sich jedes Mal nach jemandem mit anderen Qualifikationen umsehen zu müssen. Ich habe gute Erfahrungen mit Dienstleistern gemacht, die mir einen festen Ansprechpartner, einen persönlichen Account Manager, an die Seite gestellt haben. Dieser hat dann meine individuellen Aufgaben an die jeweils am besten geeigneten Mitarbeiter vergeben. Sie brauchen Grafikdesign? Haben wir. Datenbank-Management? Haben wir. Ich mag es nicht, viele Leute anzurufen und zu koordinieren. Ich will eine

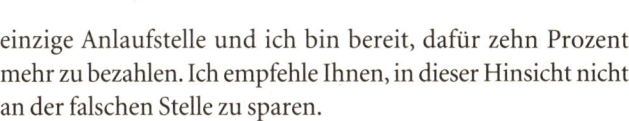

einzige Anlaufstelle und ich bin bereit, dafür zehn Prozent mehr zu bezahlen. Ich empfehle Ihnen, in dieser Hinsicht nicht an der falschen Stelle zu sparen.

Ein Team vorzuziehen heißt nicht, dass größer automatisch besser bedeutet, sondern lediglich, dass mehrere Leute besser sind als einer. Der beste VA, den ich bisher beschäftigt habe, ist ein Inder, der fünf Assistenten unter sich hat. Drei können mehr als genug sein, aber zwei ist schon an der unteren Grenze.

Die größte Angst: »Schatzi, hast du einen Porsche in China gekauft?«

Ich bin sicher, Sie haben Ihre Bedenken. A. J. hatte auf jeden Fall welche: »Meine Fernassistenten wissen jetzt beängstigend viel über mich. Sie kennen nicht nur meinen Tagesablauf, sondern auch meine Cholesterinwerte, meine Fruchtbarkeitsprobleme, meine Sozialversicherungsnummer, meine Passwörter (auch das eine, das ein besonders unanständiges Wort ist). Manchmal mache ich mir Sorgen, dass ich sie verärgern könnte und dann plötzlich am Ende des Monats feststellen muss, dass mein Master-Card-Konto von der Louis-Vuitton-Filiale in Anantapur mit 12 000 Dollar belastet worden ist.«

Die gute Nachricht ist, dass der Missbrauch von finanziellen und persönlichen Informationen selten ist. Die meisten Firmen garantieren Ihnen Datenschutz. In all den Interviews, die ich für dieses Kapitel führte, konnte ich nur einen einzigen Fall von Informationsmissbrauch ausfindig machen, und dafür musste ich lange und intensiv nachforschen. Es handelte sich dabei um einen überlasteten VA in den USA, der sehr kurzfristig einen freien Subunternehmer angeheuert hatte.

Die folgenden Grundregeln sollten Sie auswendig lernen: Lassen Sie nie jemanden, der bei der von Ihnen beauftragten Firma gerade neu eingestellt wurde, für Sie arbeiten. Untersagen Sie kleinen Firmen, ohne Ihre Zustimmung Aufträge an

nicht erprobte Freie auszulagern. Etablierte und etwas teurere Anbieter arbeiten mit Sicherheitsmaßnahmen, die teilweise schon beinahe exzessiv anmuten und die es leicht machen, im Fall von Missbrauch den Verantwortlichen zu ermitteln. Die folgenden Regelungen stammen von Brickwork, sie können als Richtschnur dienen:

- Das Vorleben der Angestellten wird durchleuchtet; sie müssen darüber hinaus Verschwiegenheitsverpflichtungen unterschreiben, dass sie die Daten der Kunden vertraulich behandeln, so wie es den Richtlinien des Unternehmens entspricht.
- Betreten und Verlassen des Gebäudes ist nur mit elektronischer Karte möglich.
- Kreditkarteninformationen werden nur von ausgewählten höherrangigen Angestellten eingegeben.
- Getrennte VLANs (virtuelle lokale Netze) mit Zugangsbeschränkungen sorgen dafür, dass Informationen nur für die zuständigen Teammitglieder zugänglich und für alle anderen Mitarbeiter des Unternehmens gesperrt sind.
- Diskettenlaufwerke und USB-Anschlüsse der Rechner sind gesperrt.
- Das Unternehmen ist nach internationalen Sicherheitsstandards zertifiziert.
- Jeder Datenaustausch erfolgt mit 128-bit-Verschlüsselung.
- Datenverkehr über eine sichere VPN-Verbindung.

Jede Wette, dass vertrauliche Daten bei Brickwork hundertmal sicherer sind als auf Ihrem eigenen Computer zu Hause. Dessen ungeachtet lässt sich Informationsdiebstahl in einer digitalen Welt wahrscheinlich nie mit Sicherheit ausschließen, deshalb sollte man Vorsichtsmaßnahmen ergreifen, um den Schaden möglichst gering zu halten. Ich halte mich an zwei Regeln, um den Schaden gegebenenfalls zu begrenzen und möglichst schnell beheben zu können:

Erstens: Nutzen Sie bei Online-Transaktionen oder wenn Sie

mit Fernassistenten zusammenarbeiten am besten Ihre Kreditkarte. Bei den meisten Kreditkartenunternehmen ist es problemlos und fast sofort möglich, unautorisierte Belastungen zu
stornieren. So können Sie eventuellem Missbrauch vorbeugen.

Zweitens: Wenn Ihr VA in Ihrem Namen auf Webseiten zugreifen soll, dann richten Sie zu diesem Zweck einen eigenen
Account mit Login und Passwort für diese Seiten ein. Diese
einfache Vorsichtsmaßnahme begrenzt den möglichen Schaden auf eine Anwendung, denn die meisten Menschen benutzen ihre Logins und Passwörter mehrfach für alle möglichen
Zwecke und Seiten, und ein solches Passwort sollten Sie auf keinen Fall preisgeben. Weisen Sie Ihre VA an, diese Logins auch
zu nutzen, wenn sie neue Accounts auf anderen Seiten eröffnen müssen. Denken Sie daran, dass diese Vorgehensweise besonders wichtig ist, wenn man mit Assistenten arbeitet, die Zugang zu aktiven kommerziellen Seiten – wie etwa zu Ihrem
Onlineshop – haben (also beispielsweise Entwickler, Programmierer).

Wenn Sie noch nicht Opfer von Identitäts- oder Informationsdiebstahl geworden sind, dann wird es früher oder später
passieren. Wenn Sie sich an diese Leitlinien halten, werden Sie,
wenn es denn einmal passiert, merken: Wie fast alle Katastrophen ist auch diese nur halb so schlimm und wiedergutzumachen.

Die komplizierte Kunst der Einfachheit:
Häufige Probleme

Mein Assistent ist ein Idiot! Er hat 23 Stunden gebraucht, um
ein einziges Interview zu vereinbaren! Das war das erste Problem, über das ich mich beschwerte, völlig klar. 23 Stunden! Ich
war in Stimmung, jemandem so richtig die Meinung zu geigen.
Dabei war meine Aufgabenstellung doch absolut eindeutig
gewesen:

Lieber Abdul,

hier sind die ersten Aufgaben, die bis nächsten Dienstagabend zu erledigen sind. Bitte rufen Sie mich an oder schicken Sie eine E-Mail, wenn es Fragen gibt.

1. Gehen Sie auf den Artikel http://www.msnbc.msn.com/id/ 12666060/site/newsweek/und finden Sie die Kontaktdaten (Telefon/E-Mail/Webseiten) von Carol Milligan sowie Marc und Julie Szekely heraus. Ermitteln Sie die gleichen Informationen für Rob Long über diese Webseite: http://www.ms nbc.msn.com/id/12652789/site/newsweek/.

2. Vereinbaren Sie Termine für 30-Minuten-Interviews mit Carol, Marc/Julie und Rob. Die Treffen sollten für irgendwann in der nächsten Woche zwischen neun Uhr morgens und neun Uhr abends *(Eastern Time)* vereinbart werden. Tragen Sie die Termine unter www.myevents.com (Benutzername: notreal, Passwort: donttryit) in meinen Terminkalender ein.

3. Finden Sie Namen, E-Mail-Adressen und Telefonnummern (Telefon ist am unwichtigsten) von Angestellten in den USA heraus, die gegen den Widerstand ihrer Chefs Telearbeitsvereinbarungen abgeschlossen haben. Ideal sind Angestellte, die außerhalb der USA gearbeitet haben. Andere Stichworte könnten »Heimarbeit« und »Home Office« sein. Der entscheidende Faktor ist, dass sie mit schwierigen Vorgesetzten verhandelt haben. Bitte schicken Sie mir Links, wenn diese Personen irgendwo ein Profil hinterlegt haben, oder fassen Sie kurz für mich zusammen, warum sie dem angegebenen Profil entsprechen.

Ich freue mich darauf zu sehen, was Sie ausrichten können. Bitte mailen Sie mir, wenn Sie die Anweisungen nicht verstehen oder Fragen haben.

Mit besten Grüßen

Tim

Die Wahrheit ist – es war mein Fehler. Das war kein besonders guter erster Auftrag, und ich hatte darüber hinaus schon ein

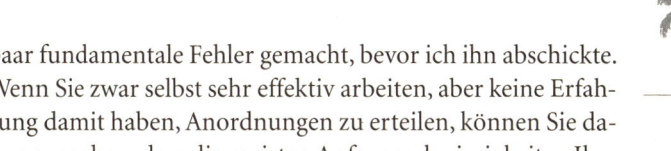

paar fundamentale Fehler gemacht, bevor ich ihn abschickte. Wenn Sie zwar selbst sehr effektiv arbeiten, aber keine Erfahrung damit haben, Anordnungen zu erteilen, können Sie davon ausgehen, dass die meisten Anfangsschwierigkeiten Ihre Fehler sind. Man ist schnell bereit, mit dem Finger auf jemand anderen zu zeigen und sich zu echauffieren, aber die meisten Anfängerchefs machen die gleichen Fehler, wie ich sie machte. Nur zu, lernen Sie aus meinen Fehlern:

Ich akzeptierte die erste Person, die mir das Unternehmen zuteilte, und stellte am Anfang keine besonderen Anforderungen.
Erkundigen Sie sich nach den Referenzen Ihrer VA und nach Ihren jeweiligen Aufgabengebieten beziehungsweise spezifischen Fähigkeiten. Zögern Sie nicht, sich umzuorientieren beziehungsweise einen Wechsel zu verlangen, wenn der VA Ihre Anforderung nicht erfüllen kann.

Ich gab ungenaue Anweisungen.
Ich bat ihn, Interviewtermine zu vereinbaren, sagte aber nicht dazu, dass es für einen Artikel sein sollte. Aufgrund seiner Arbeit für andere Klienten vor mir nahm er an, dass ich jemanden einstellen wollte, und er vergeudete Zeit damit, Tabellen zu erstellen und Internet-Jobbörsen nach zusätzlichen Informationen zu durchkämmen, die ich nicht brauchte.

Die von Ihnen gestellte Aufgabe sollte nur eine mögliche Interpretation zulassen und für Schüler in der zweiten Klasse zu verstehen sein. Das gilt auch, wenn Sie und Ihr VA die gleiche Muttersprache sprechen. Die Aufträge müssen klar und unmissverständlich sein. Lange und komplizierte Wörter verschleiern oft nur Ungenauigkeit. Stellen Sie sicher, dass keine Missverständnisse aufkommen können.

Beachten Sie, dass ich ihn um Rückmeldung bat, *falls* er etwas nicht verstünde oder Fragen hätte. Das ist der falsche Ansatz. Bitten Sie Ihre VA, wenn sie aus dem Ausland stammen oder es sich um einen komplizierten Sachverhalt handelt, immer, die Aufgaben in eigenen Worten zu wiederholen. So gehen Sie sicher, dass Ihr VA Sie verstanden hat, bevor er anfängt, in Ihrem Auftrag zu arbeiten.

Ich stellte einen Freibrief aus, Zeit zu verschwenden.
Das bringt uns wieder zum Thema Schadensbegrenzung zurück. Bitten Sie darum, dass Ihr VA nach ein paar Stunden Arbeit an einer Aufgabe erst einmal einen Statusbericht erstellt. So können Sie sichergehen, dass die Aufgabe erstens verstanden wurde und zweitens umsetzbar ist. Manche Aufgaben erweisen sich nämlich schon nach kurzer Zeit als undurchführbar.

Ich setzte die Abgabefrist eine Woche später fest.
Denken Sie an das Parkinson'sche Gesetz und vergeben Sie Aufträge, die in höchstens 72 Stunden fertigzustellen sind. Ich hatte mit 48 und 24 Stunden den besten Erfolg. Das ist ein weiterer überzeugender Grund dafür, Firmen (mit mindestens drei oder mehr VA) allein arbeitenden Assistenten vorzuziehen. So beugen Sie Kapazitätsproblemen vor, die leicht auftreten können, wenn mehrere Last-Minute-Aufträge von verschiedenen Klienten hereinkommen.

Kurze Fristen heißt nicht, dass größere Aufgaben (wie zum Beispiel ein Businessplan) nicht in Frage kommen. Solche Aufträge sollten in kleinere Abschnitte zerlegt werden, die jeweils in einem überschaubaren Zeitrahmen fertiggestellt werden können (Unternehmenskonzept, Konkurrenzanalyse, Kapitalbedarfsplan und so weiter).

Ich stellte zu viele Aufgaben auf einmal und legte keine Prioritäten fest.
Mein Tipp ist, wenn möglich jedes Mal nur eine Aufgabe zu stellen und niemals mehr als zwei. Wenn Sie wollen, dass Ihr Computer abstürzt, dann öffnen Sie 20 Fenster und Anwen-

dungen gleichzeitig. Wenn Sie Ihren Assistenten überfordern wollen, dann geben Sie ihm ein Dutzend Aufgaben, ohne zu priorisieren. Denken Sie an unser Mantra: Eliminieren Sie, bevor Sie delegieren.

Wie sieht also eine gute Auftragsmail an einen VA aus? Das folgende Beispiel habe ich kürzlich an eine indische Assistentin geschickt, deren Ergebnisse nur als spektakulär bezeichnet werden können:

> Liebe Sowmya,
> ich würde gerne mit der folgenden Aufgabe beginnen.
> AUFGABE: Ich muss die Namen und E-Mail-Adressen von Redakteuren amerikanischer Männermagazine (zum Beispiel: *Maxim, Stuff, GQ, Esquire, Blender* und so weiter) herausfinden, die auch Bücher geschrieben haben. Ein Beispiel für eine solche Person wäre A. J. Jacobs, der Editor-at-Large bei *Esquire* ist (www.ajjacobs.com). Seine Daten habe ich bereits, und ich brauche noch weitere Personen wie ihn.
> Können Sie das machen? Wenn nicht, bitte Rücksprache. **Bitte antworten und schreiben Sie mir, was Sie tun wollen, um diese Aufgabe zu erledigen.**
> TERMIN: Da ich es eilig habe, bitte ich Sie, sofort anzufangen, nachdem Sie mir Ihr geplantes Vorgehen beschrieben haben. Hören Sie nach drei Stunden wieder auf, um mir Ihre Ergebnisse zu berichten. Die Deadline für die drei Arbeitsstunden und den ersten Bericht Ihrer Ergebnisse ist Montagabend, *Eastern Time.*
> Ich freue mich über eine schnelle Antwort.
> Tim

Kurz, knackig und auf den Punkt. Klare Sätze und damit auch klare Anweisungen sind das Ergebnis von klarem Denken. Denken Sie einfach, nicht kompliziert.

In den nächsten Kapiteln werden Sie die Kommunikationsfähigkeiten, die Sie jetzt mit Ihrem VA-Experiment erproben und trainieren, auf ein viel größeres und geradezu obszön profitables Spielfeld übertragen: **Automation**. Das Ausmaß, in dem Sie bald outsourcen werden, lässt das bisher Beschriebene wie Fingerfarbenmalen aussehen.

Es gibt ganz unterschiedliche Geschäftsmodelle in der Welt der Automatisierung. Wie bastelt man sich also ein Unternehmen zusammen und koordiniert alle seine Teile, ohne einen Finger zu rühren? Wie automatisiert man Bareinzahlungen auf sein Bankkonto ohne die üblichen Probleme? Es fängt damit an, dass man die zur Verfügung stehenden Möglichkeiten kennt, dass man Informationen selektiert – und mit etwas, das wir *Musen* nennen werden.

Das nächste Kapitel ist eine Anleitung für Ihren ersten Schritt.

F & A: Fragen und Aktionen

1. Nehmen Sie sich einen Assistenten – auch wenn Sie keinen brauchen.
Entwickeln Sie ein entspanntes Verhältnis dazu, Anweisungen zu geben, anstatt selbst herumkommandiert zu werden. Beginnen Sie mit einem Testprojekt oder einer kleinen, sich wiederholenden Aufgabe, die Sie delegieren (vorzugsweise täglich).

Im deutschsprachigen Raum finden Sie zahllose externe Büroassistenten, die Sie über das Internet buchen können. Sie erledigen anfallende Sekretariatsaufgaben wie Ihre Korrespondenz, Recherchen, Adress- und Datenpflege, Auftragsabwicklung, Pflege der Webseite oder die Vor- und Nachbereitung von Messen und Veranstaltungen sowie die komplette Planung und Abwicklung von Projekten (die Preise variieren je nach Aufgabe und betragen etwa 30 Euro pro Stunde). Virtuelle Backoffices hingegen vertreten Sie am Telefon und nehmen Ihre Anrufe zu den gewünschten Zeiten entgegen (schon

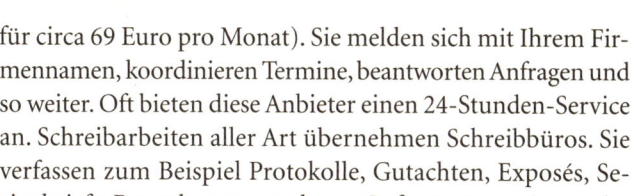

für circa 69 Euro pro Monat). Sie melden sich mit Ihrem Firmennamen, koordinieren Termine, beantworten Anfragen und so weiter. Oft bieten diese Anbieter einen 24-Stunden-Service an. Schreibarbeiten aller Art übernehmen Schreibbüros. Sie verfassen zum Beispiel Protokolle, Gutachten, Exposés, Serienbriefe, Bewerbungsunterlagen, Referate, Interviews oder Reden.

Die Leistungsangebote der Dienstleister variieren sehr stark. Überlegen Sie genau, wo Sie Ihren neuen Assistenten am besten einsetzen können, und suchen Sie nach einem passenden Anbieter im Internet oder örtlichen Branchenverzeichnis.

Für den privaten Bereich gibt es außerdem Hausservices, die lokal ansässig sind. Dort können Sie etwa Folgendes buchen: Haushaltshilfe, Putzhilfe, Büroreinigung, Gartenpflege, Treppenhausreinigung, Tierbetreuung, Homesitting, Hausmeister-Service, Einkaufsservice und Ähnliches. Sparen Sie Zeit – wo Sie nur können!

Natürlich können auch Sie von der Globalisierung profitieren. Schauen Sie sich einfach einmal die Seiten der indischen Dienstleister an, die ich in Anspruch genommen habe:

→ Brickwork India (www.b2kcorp.com)
Brickwork unterstützt Unternehmen in den Bereichen Marktforschung, Rechnungswesen, Vertrieb/Marketing, Internetauftritt, Büro-, Schreib- und Recherchetätigkeiten et cetera.

→ YourManInIndia (www.yourmaninindia.com)
YourManInIndia besorgt die gewünschten Flug-, Hotel-, Kino- und Was-auch-immer-für-Tickets, organisiert Partys, besondere Geschenke, bietet moralische Unterstützung, geht sogar auf Brautsuche für seine Klienten und vieles mehr.

2. Fangen Sie klein an, aber denken Sie groß.
Tina Forsyth arbeitet als Online Business Manager (eine Art VA für Fortgeschrittene) und hilft Klienten mit sechsstelligem

Einkommen dabei, auf sieben Stellen zu kommen, indem sie ihre Geschäftsmodelle redesignt. Für Ihr Outsourcing-Projekt gibt sie Ihnen folgende Ratschläge:

- Schauen Sie sich Ihre To-do-Liste an – was steht schon am längsten darauf?
- Jedes Mal, wenn Sie unterbrochen werden oder zwischen mehreren Aufgaben hin- und herspringen, sollten Sie sich fragen: »Könnte das auch ein VA machen?«
- Achten Sie auf Ihre neuralgischen Punkte. Was frustriert und langweilt Sie am meisten?

Hier sind ein paar Zeitfresser, die in kleinen Unternehmen mit Internetpräsenz häufig anzutreffen sind und die man leicht outsourcen kann:

- Pflege des redaktionellen Inhalts
- an Diskussionsforen teilnehmen oder diese moderieren
- Newsletter und Blogs unterhalten; Content dafür generieren
- für neue Marketing-Initiativen recherchieren oder die Ergebnisse gegenwärtiger Marketinganstrengungen analysieren

Erwarten Sie von einem einzelnen VA keine Wunder, aber erwarten Sie auch nicht zu wenig. Nehmen Sie einmal die Hände vom Lenkrad. Vergeben Sie keine blödsinnigen Aufgaben, die am Ende mehr Zeit verbrauchen, als sie einsparen. Es hat wenig Sinn, eine Viertelstunde damit zuzubringen, eine E-Mail nach Indien zu schicken, um sich einen Preis für ein Flugticket heraussuchen zu lassen, wenn Sie das in zehn Minuten selbst erledigen und das ganze Hin und Her somit vermeiden können.

Trauen Sie sich aus Ihrer Komfortzone heraus. Das ist der eigentliche Zweck der Übung. Es ist immer möglich, eine Aufgabe wieder an sich zu ziehen, wenn sich der VA als unfähig erweist. Testen Sie deshalb die Grenzen seiner Leistungsfähigkeit.

3. Überlegen Sie sich, was die fünf zeitaufwändigsten Aufgaben außerhalb Ihres Jobs sind, die Sie einfach aus Spaß an der Freude outsourcen könnten.

Raus aus der Komfortzone

Wenden Sie die Sandwich-Kritik an (zwei Tage/wöchentlich). Es ist ziemlich wahrscheinlich, dass jemand in Ihrem Umfeld – Mitarbeiter, Chef, Kunde oder Lebenspartner – etwas tut, das Ihnen auf die Nerven geht oder das nicht Ihren Ansprüchen genügt. Anstatt aus Angst vor einer Konfrontation das Thema zu meiden, sollten Sie es mit Zuckerguss versehen und ansprechen. Setzen Sie zwei Tage in Folge je einmal und danach drei Wochen lang jeden Donnerstag (Montag bis Mittwoch ist man zu beschäftigt und Freitag zu entspannt) das ein, was ich *Sandwich-Kritik* nenne. Notieren Sie sich diese Aufgabe in Ihren Terminkalender. Es geht dabei darum, dass man die betreffende Person zuerst für irgendetwas *lobt*, dann seine *Kritik* äußert und zum Schluss das empfindliche Thema wechselt und noch ein *Lob* anbringt. Hier ist ein Beispieldialog zwischen einem Vorgesetzten und seiner Angestellten. Die wichtigen Passagen sind kursiv gesetzt:

> **Sie:** Hallo, Mara. Haben Sie eine Sekunde Zeit für mich?
>
> **Mara:** Klar, was gibt es denn?
>
> **Sie:** *Zuerst einmal wollte ich Ihnen dafür danken*, dass Sie mir geholfen haben, diesen neuen Account einzurichten. *Ich bin wirklich dankbar dafür*, dass Sie mir gezeigt haben, wie man das macht. *Sie sind wirklich gut darin*, diese technischen Dinge hinzubekommen.
>
> **Mara:** Kein Problem.
>
> **Sie:** *Die Sache ist Folgende:*[7] Im Moment haben wir alle den

---

7 Sprechen Sie nicht von einem »Problem«, wenn es sich vermeiden lässt.

Schreibtisch ziemlich voll und *ich fühle*[8] mich ein bisschen wie zugeschüttet. *Normalerweise habe ich keine Schwierigkeiten, Prioritäten zu setzen,*[9] aber in letzter Zeit fällt es mir schwer zu sagen, welche Aufgaben oben auf der Liste stehen. *Könnten Sie mir helfen*, indem Sie die wichtigsten Dinge markieren, wenn mehrere Sachen gleichzeitig anstehen? *Ich bin sicher, dass es an mir liegt,*[10] aber es würde mir wirklich helfen und ich wüsste es sehr zu schätzen.

Mara: Äh, ich werde sehen, was ich tun kann.

Sie: Das bedeutet mir sehr viel. Danke. *Bevor ich's vergesse,*[11] die Präsentation letzte Woche war große Klasse.

Mara: Wirklich? Bla, bla, bla …

---

8 Niemand kann Ihre Gefühle bestreiten, also benutzen Sie diese Formulierung, um eine Diskussion über äußere Umstände zu vermeiden.

9 Beachten Sie, wie in diesem Satz die direkte Anrede vermieden wird, um nicht anklagend zu wirken, auch wenn das implizit drinsteckt. »Normalerweise setzen *Sie* klare Prioritäten« klingt wie eine indirekte Beleidigung. Wenn es sich um den Lebenspartner handelt, können Sie direkter sein, aber benutzen Sie niemals die Formulierung »Du machst immer X« – auf diese Weise brechen Sie mit Sicherheit einen Streit vom Zaun.

10 Nehmen Sie so ein wenig Druck heraus. Sie haben Ihren Punkt bereits angebracht.

11 »Bevor ich es vergesse« ist ein großartiger Übergang zum abschließenden Kompliment. So wechseln Sie das Thema, ohne dass Sie oder der andere das Gesicht verlieren.

Der Einkommens-Autopilot I:
Finden Sie Ihre Muse

> Methoden mag es eine Million
> geben oder noch mehr, aber Prin-
> zipien gibt es nur wenige. Wer
> Prinzipien begreift, kann mit Erfolg
> seine eigenen Methoden auswählen.
> Wer Methoden ausprobiert und
> Prinzipien ignoriert, wird ohne
> Zweifel Probleme bekommen.
> *Ralph Waldo Emerson, amerikani-*
> *scher Philosoph und Schriftsteller*

Der Minimalist

Es ist ein wunderschöner Sommertag. Douglas Price wacht in seinem Mietshaus in Brooklyn auf. Der Jetlag macht sich nur minimal bemerkbar, dabei ist er gerade erst von einem zwei-wöchigen Trip auf die kroatischen Inseln zurückgekehrt. Kroatien ist nur eines der sechs Länder, die er in den letzten zwölf Monaten besucht hat. Japan steht als Nächstes auf seiner Liste. Mit einem breiten Lächeln und der Kaffeetasse in der Hand schlendert er zu seinem Mac hinüber, um sich zuerst einmal seine E-Mails anzusehen. Es sind 32, und alle bringen gute Nachrichten.

Einer seiner Freunde und Geschäftspartner hat eine Neuig-keit: Ihre gemeinsame Start-up-Firma Last Bamboo, die sich zum Ziel gesetzt hat, die Peer-to-Peer-Technologie neu zu er-finden, steht kurz davor, die Entwicklung einer neuen Anwendung abzuschließen. Das könnte ihr *Billion Dollar Baby* werden, aber Doug lässt den Entwicklern erst einmal freie Hand, sich auszutoben. Samson Projects, eine der heißesten Kunstgalerien in Boston, beglückwünscht Doug zu seinen neuesten Werken und fragt an, ob er bei neuen Ausstellungen als Klangkurator für sie tätig werden könnte. Die letzte Mail in seiner Inbox ist eine an Demon Doc adressierte Fan-Mail, die »onliness v1.0.1«, sein neuestes Album mit instrumentalem Hip-Hop, überschwänglich lobt. Doug hat sein Album als »Open Source Music« veröffentlicht, wie er es nennt. Jedermann kann es umsonst herunterladen und die Sounds nach Belieben in seinen eigenen Kompositionen verwenden.

Er lächelt wieder, trinkt den Rest seines Kaffees und öffnet ein Fenster, um sich nun seinen geschäftlichen E-Mails zuzuwenden. Das wird weitaus weniger Zeit in Anspruch nehmen. Genauer gesagt, heute weniger als 30 Minuten und in der ganzen Woche nicht mehr als zwei Stunden. Wie sich die Dinge doch ändern.

Zwei Jahre zuvor, im Juni 2004, hatte ich Doug in seinem Apartment besucht. Ich saß an seinem Computer, checkte meine Mails und hoffte, dass es für lange Zeit das letzte Mal sein würde. In ein paar Stunden wollte ich zum John F. Kennedy-Flughafen in New York aufbrechen und mich auf eine Weltreise mit offenem Ende begeben. Doug schaute mir amüsiert zu. Er hatte für sich selbst ähnliche Pläne. Er war gerade dabei, sich aus seiner risikokapitalfinanzierten Internet-Startup-Firma zu verabschieden, die einmal seine Leidenschaft gewesen war und es auf eine Reihe von Titelseiten geschafft hatte. Jetzt aber war sie nur noch ein Job. Die Euphorie der Dotcom-Ära war schon lange erloschen, und mit ihr die realistische Chance auf einen Verkauf oder einen Börsengang.

Wir verabschiedeten uns voneinander, und als mein Taxi um die Ecke bog, traf Doug eine Entscheidung: Er hatte genug von diesem komplizierten Unternehmerkram. Es war an der Zeit, zu den einfachen Dingen zurückzukehren.

Nun, im Jahr 2006, hat er das realisiert. Er hat geschafft, was er sich vorgenommen hat. ProSoundEffects.com ist im Januar 2005 online gegangen und bringt ihm mittlerweile jede Menge Geld ein – bei minimalem Zeiteinsatz. Das bringt uns zurück zu seiner geschäftlichen Korrespondenz. Es liegen an diesem Morgen zehn Bestellungen für Klangbibliotheken vor – CDs, die von Filmproduzenten, Musikern, Videospieldesignern und anderen Audioprofis eingesetzt werden, um ihre eigenen Arbeiten mit schwer zu findenden Sounds – sei es das Schnurren eines Lemuren oder der Klang irgendeines exotischen Instruments – zu bereichern. Die CDs sind Dougs Produkte, aber sie gehören ihm nicht, denn das würde ein physisches Inventar und Vorauszahlungen erfordern. Sein Geschäftsmodell ist viel eleganter. Hier nur eine seiner Wertschöpfungsketten:

- Ein angehender Kunde sieht seine Cost-per-Click-Werbung bei Google oder einer anderen Suchmaschine und gelangt mit einem Klick auf Dougs Webseite www.prosoundeffects.com.

- Der Kunde bestellt beispielsweise ein Produkt für 325 Dollar (das geben Kunden durchschnittlich bei einem Einkauf bei ProSoundEffects.com aus, insgesamt reicht die Preisspanne von 29 bis 7500 Dollar). Die Bestellung läuft über einen Yahoo-Warenkorb. Ein PDF mit allen Zahlungs- und Versandinformationen wird automatisch an Doug geschickt.

- Dreimal wöchentlich klickt Doug auf der Managementseite seines Yahoo-Shops auf einen einzigen Button, um die Kreditkarten seiner Kunden zu belasten und das Geld auf sein Bankkonto zu überweisen. Dann speichert er die PDFs als Excel-Bestellformulare und mailt diese Bestellungen an die Hersteller der CD-Klangbibliotheken. Diese Unternehmen verschicken die Produkte an Dougs Kunden – das nennt man *Drop Shipping* oder Direktversand –, und Doug zahlt den Herstellern gerade einmal 45 Prozent des Verkaufspreises der Produkte, und zwar bis zu 90 Tage später, da eine dreimonatige Zahlungsfrist vereinbart ist.

Lassen Sie uns einen genaueren Blick auf dieses System werfen, damit wir diese unternehmerische Meisterleistung erfassen können. Für jede 325-Dollar-Bestellung behält Doug 55 Prozent des Verkaufspreises, also 178,75 Dollar, ein. Wenn wir ein Prozent des vollen Verkaufspreises (ein Prozent von 325 Dollar = 3,25 Dollar) für die Verkaufsgebühr des Yahoo-Shops und 2,5 Prozent für die Kreditkarten-Bearbeitungsgebühr abziehen (2,5 Prozent von 325 Dollar = 8,13 Dollar), dann bleibt für Doug von diesem Verkauf ein Vorsteuergewinn von 167,38 Dollar.

Multiplizieren Sie das mit den zehn Bestellungen, und wir haben 1673,80 Dollar Gewinn für 30 Minuten Arbeit. Doug verdient also 3347,60 Dollar pro Stunde – und er muss keine Waren im Voraus kaufen. Seine ursprünglichen Start-up-Kosten beliefen sich auf 1200 Dollar für das Design der Webseite, die er in der ersten Woche wieder hereingeholt hatte. Seine CPC-(Cost-Per-Click-)Werbung kostet ungefähr 700 Dollar im Monat, und er zahlt Yahoo 99 Dollar monatlich für Hosting und Warenkorb. Er arbeitet nicht mehr als zwei Stunden pro Woche, verdient oft mehr als 10 000 Dollar im Monat und es gibt keinerlei finanzielles Risiko.

Mittlerweile verbringt Doug seine Zeit damit, Musik zu machen, zu reisen und aus Spaß neue Geschäftsmöglichkeiten zu testen. ProSoundEffects.com ist nicht sein Ein und Alles, aber es hat ihn von allen finanziellen Sorgen befreit und erlaubt ihm, sich mit anderen Dingen zu beschäftigen.

Was würden Sie tun, wenn Sie sich keine Gedanken um das liebe Geld machen müssten? Wenn Sie dem Rat in diesem Kapitel folgen, werden Sie bald eine Antwort auf diese Frage finden müssen. Es ist an der Zeit, dass Sie Ihre *Muse* finden.[12]

---

12 Wenn Sie die im Folgenden erläuterten Geschäftsmodelle oder ähnliche umsetzen möchten, denken Sie daran, sich zu erkundigen, welche Anforderungen Sie vorher erfüllen müssen, etwa die Meldung beim Finanz- und eventuell Gewerbeamt, die Beantragung einer Steuernummer usw. Informationen über die ersten Schritte in die Selbstständigkeit erhalten Sie beispielsweise auf

Es gibt mehr als eine Million Methoden, eine Million Dollar zu verdienen. Vom Eröffnen eines Franchise-Betriebs bis zum freiberuflichen Berater – die Liste ist unendlich. Zum Glück scheiden einige dieser Möglichkeiten für uns aus. Dieses Kapitel ist nicht für Leute gedacht, die Unternehmen *führen* wollen, sondern für Menschen, die Unternehmen *besitzen* und keine Zeit dafür aufwenden möchten.

Die Reaktion, die ich bekomme, wenn ich dieses Konzept einführe, ist mehr oder weniger immer die gleiche: »Hä?« Die Leute können einfach nicht glauben, dass die meisten der erfolgreichen Unternehmen weltweit weder ihre eigenen Produkte selbst herstellen noch ihre Telefone selbst beantworten noch ihre Produkte selbst verschicken oder einen eigenen Kundendienst unterhalten. Es gibt Hunderte von Unternehmen, die nur dazu existieren, im Hintergrund für andere zu agieren und diese Funktionen zu übernehmen. Sie bieten eine Infrastruktur, die jeder mieten kann. Jeder, der weiß, wo sie zu finden ist.

Glauben Sie, Microsoft stellt die Xbox 360 selbst her oder Kodak entwickelt und baut seine eigenen Digitalkameras? Falsch gedacht. Flextronics, eine Entwicklungs- und Produktionsfirma mit Sitz in Singapur, Niederlassungen in 30 Ländern und 15,3 Milliarden Dollar Jahresumsatz, macht beides. Oder nehmen wir Mountainbikes: Fast alle der in den USA bekannten Marken werden in den gleichen drei oder vier Fabriken in China hergestellt. Dutzende von Callcentern haben verschiedene Knöpfchen, auf die sie drücken – je nachdem, ob sie Anrufe für einen großen Versandhändler entgegennehmen, einen Dell-Kunden mit Computerproblemen beraten oder Anrufe für Neue Reiche wie mich entgegennehmen.

der Webseite des Bundesministeriums für Wirtschaft und Technologie unter www.existenzgruender.de. Für einen Onlineshop benötigen Sie in Deutschland zum Beispiel einen Gewerbeschein, und es ist empfehlenswert, das Internetrecht ein wenig zu kennen. Am besten lassen Sie sich hierzu von einem Anwalt beraten, damit es später keine bösen Überraschungen gibt.

All das ist wunderbar transparent und billig. Bevor Sie aber Ihre eigene virtuelle Architektur konzipieren, brauchen Sie ein *Produkt*, das Sie verkaufen können. Wenn Sie ein Dienstleistungsunternehmen besitzen, wird dieser Abschnitt Ihnen dabei helfen, Ihr Expertenwissen in eine Ware zu verwandeln, die man verschicken kann. So entkoppeln Sie Arbeitszeit und Einkommen voneinander. Wenn Sie bei null anfangen, meiden Sie zunächst den Dienstleistungssektor, denn ständiger Kundenkontakt macht es grundsätzlich schwierig, häufig abwesend zu sein.[13]

Um das Feld noch weiter einzugrenzen, stelle ich noch ein paar Bedingungen: Es darf nicht mehr als 400 Euro kosten, Ihr Zielprodukt zu testen, der Geschäftsablauf muss sich *innerhalb von vier Wochen* automatisieren lassen, und das Ganze darf – wenn es läuft – nicht mehr als *einen Tag pro Woche* Management erfordern. Wenn Sie jetzt über ein Produkt nachdenken, tauchen sicher viele Fragen auf: Kann ein Unternehmen die Welt verändern, wie es The Body Shop oder Patagonia getan hat? Ja natürlich, aber das ist im Moment nicht unser Ziel. Kann ein Unternehmen dazu genutzt werden, durch einen Verkauf oder Börsengang Geld abzuwerfen? Ja, aber auch das ist gerade nicht unser Ziel.

Unser Ziel ist ganz einfach: Ein automatisiertes Vehikel zu schaffen, das Einkommen generiert, ohne dass Sie Ihre Zeit verschwenden müssen. Das ist alles.[14] Ich werde dieses Vehikel, wo immer es möglich ist, *Muse* nennen, um es von dem vieldeutigen Begriff »Unternehmen« abzugrenzen, der alles Mög-

---

13 Es gibt ein paar wenige Ausnahmen, wie etwa Mitgliedsseiten im Internet, sofern die redaktionellen Inhalte nicht auf einem aktuellen Stand gehalten werden müssen. In der Regel aber erfordern Produkte viel weniger Aufmerksamkeit, weshalb Sie mit ihnen schneller zu Ihrem gewünschten MZE kommen.

14 Musen sorgen dafür, dass Sie genug Zeit und die finanzielle Freiheit haben, um Ihre Traumpläne in Rekordzeit zu verwirklichen. Danach kann man (was auch oft getan wird) weitere Unternehmen gründen, um die Welt zu verändern oder um die Firma wieder mit Gewinn zu verkaufen.

liche bedeuten kann – vom Limonadenstand, wie ihn Kinder in den amerikanischen Vorstädten in den Sommerferien betreiben, bis zum globalen Ölkonzern. Unsere Zielsetzung ist präziser und braucht daher ein ausdruckstärkeres Etikett.

Also alles der Reihe nach. Zuerst Cashflow und Zeit. Mit diesen beiden Währungen werden alle anderen Dinge möglich. Ohne sie geht gar nichts.

Warum man das Ziel an den Anfang stellen sollte: eine Geschichte zur Mahnung

Sarah ist aufgeregt. Es ist schon zwei Wochen her, dass ihre Kollektion von humorvoll bedruckten T-Shirts für Golfspieler online ging, und sie verkauft im Durchschnitt fünf T-Shirts pro Tag für je 15 Dollar. Ihre Kosten belaufen sich pro Stück auf fünf Dollar, also macht sie in 24 Stunden 50 Dollar Gewinn (abzüglich drei Prozent für die Kreditkartengebühren). Versand und Handling stellt sie den Kunden in Rechnung. Bald sollten die Kosten für ihre erste Charge T-Shirts wieder eingespielt sein (einschließlich der Kosten für die Druckplatten, das Einrichten der Druckmaschinen und so weiter) – aber sie will mehr verdienen.

Es ist eine angenehme Wendung des Schicksals, wenn man bedenkt, dass ihr erstes Produkt ein Flop war. Sie hatte 12 000 Dollar ausgegeben, um einen Hightech-Kinderwagen für junge Mütter entwerfen, patentieren und herstellen zu lassen (sie selbst war nie eine junge Mutter gewesen), nur um dann herauszufinden, dass niemand Interesse an dem Ding hatte.

Die T-Shirts hingegen verkauften sich tatsächlich, allerdings lassen die Verkäufe langsam nach. Bald sieht es so aus, als hätte ihr Absatz seine natürliche Obergrenze erreicht, weil es inzwischen mehrere finanzkräftige Konkurrenten gibt, die viel Geld für Werbung ausgeben. Dann hat sie plötzlich die Idee: Einzelhandel! Sarah wendet sich an Bill, den Manager des Golfladens

um die Ecke, der sofort Interesse bekundet, die T-Shirts in sein Sortiment aufzunehmen. Sie ist begeistert. Bill verlangt den in den USA üblichen Großmarktrabatt von 40 Prozent.[15] Das heißt, ihr Verkaufspreis ist jetzt neun statt 15 Dollar, und der Gewinn ist von zehn auf vier Dollar gesunken. Sarah beschließt, es dennoch auszuprobieren, und sie macht den gleichen Deal auch noch mit drei weiteren Läden in nahegelegenen Städten. Die T-Shirts verkaufen sich gut, aber Sarah merkt bald, dass ihr kleiner Gewinn von den zusätzlichen Stunden aufgefressen wird, in denen sie mit Rechnungen und dem erhöhten Verwaltungsaufwand beschäftigt ist.

Sie beschließt, sich an einen Großhändler zu wenden, der ihr diese Arbeit abnehmen könnte, ein Unternehmen, das als Versandwarenhaus auftritt und Produkte von verschiedenen Herstellern an Golfläden im ganzen Land verkauft. Der Großhändler ist interessiert und verlangt seine üblichen Konditionen – 70 Prozent Rabatt vom Verkaufspreis, also einen Einzelpreis von 4,50 Dollar. Unter diesen Bedingungen würde Sarah mit jedem verkauften T-Shirt 50 Cent Verlust machen. Sie lehnt ab.

Um die Sache noch schlimmer zu machen, haben die vier Golfläden in der Umgebung bereits damit begonnen, Sarahs T-Shirts billiger anzubieten, um sich gegenseitig auszustechen. Zwei Wochen später bleiben die Nachbestellungen der Golfläden aus. Sarah gibt den Einzelhandel auf und wendet sich frustriert wieder ihrer Webseite zu. Durch die neue Konkurrenz sind die Internetbestellungen fast auf null gefallen. Sie hat ihre ursprüngliche Investition noch nicht wieder hereingeholt und noch 50 T-Shirts in ihrer Garage liegen.

Nicht gut. Aber solch ein Fiasko hätte mit einer vernünftigen Testphase und ordentlicher Planung verhindert werden können.

---

15 In Deutschland werden Rabattkonditionen ganz unterschiedlich gehandhabt. Sie hängen sowohl von der Branche und der konkreten Ware als auch von den jeweiligen Bezugsmengen ab.

Ed Byrd ist nicht wie Sarah an die Sache herangegangen. Sein Motto ist nicht »invest and hope for the best«. MRI, so heißt Eds in San Francisco ansässiges Unternehmen, bot in den Jahren 2002 bis 2005 das meistverkaufte Nahrungsergänzungsmittel für Sportler an: NO2. Obwohl es mittlerweile Dutzende von Imitatoren gibt, gehört es heute immer noch zu den Topsellern. Eds Erfolgsgeheimnis ist ganz einfach: kluges Testen, kluges Positionieren und ein brillanter Vertrieb.

Bevor sein Unternehmen mit der Produktion begann, schaltete MRI viertelseitige Anzeigen in Fitnesszeitschriften für Männer, in denen zu einem niedrigen Preis ein Buch über das Produkt angeboten wurde. Sobald zahlreiche Buchbestellungen bewiesen hatten, dass es einen Bedarf für das Produkt gab, wurde NO2 zum unverschämten Preis von 79,95 Dollar als das Premiumprodukt des Markts positioniert und exklusiv in Läden der General-Nutrition-Centers-Kette landesweit verkauft. Niemand sonst hatte die Erlaubnis, es zu verkaufen. Was kann denn das für einen Sinn haben, Verkäufe und Umsatz abzulehnen? Nun, es gibt ein paar gute Gründe.

Erstens, je mehr konkurrierende Wiederverkäufer es gibt, umso schneller ist Ihr Produkt weg vom Fenster. Das funktioniert so: Wiederverkäufer A verkauft das Produkt für den von Ihnen empfohlenen Verkaufspreis von 50 Euro, dann kommt Wiederverkäufer B und verkauft für 45 Euro, um A Kunden abzujagen, schließlich kommt C mit einem Preis von 40 Euro, um A und B vom Markt zu drängen. Schneller, als Sie sich versehen, macht überhaupt niemand mehr Gewinn mit dem Verkauf Ihres Produkts, und die Nachbestellungen bleiben aus. Das war einer von Sarahs Fehlern gewesen. Auch die Kunden gewöhnen sich schließlich an die niedrigeren Preise, und der Prozess lässt sich nicht mehr umkehren. Das Produkt ist tot, und Sie müssen ein neues entwickeln. Das ist genau der Grund, warum so viele Unternehmen ein neues Produkt nach dem anderen auf den Markt werfen müssen, Monat für Monat. Es ist wie ein Fluch.

Ich vertreibe seit sechs Jahren ein einziges Nahrungsergänzungsmittel – BrainQUICKEN® (auch unter dem Namen BodyQUICK®) –, und ich habe die Gewinnspanne stabil halten können, indem ich den Großhandelsvertrieb, besonders im Onlinebereich, auf die jeweils ein oder zwei größten Wiederverkäufer beschränkt habe. So habe ich auch sichergestellt, dass ich große Warenmengen umsetzen kann, und muss gleichzeitig nicht befürchten, von aggressiven Discountern oder unabhängigen Familienunternehmen in den Ruin getrieben zu werden.

Zweitens, wenn Sie jemandem Exklusivität zusichern (was die meisten Hersteller ja eher zu vermeiden suchen), kann sich das auch zu Ihren Gunsten auswirken. Wenn Sie einem Unternehmen 100 Prozent Ihres Vertriebs offerieren, lassen sich möglicherweise bessere Gewinnspannen (also weniger Rabatt für den Händler), bessere Marketingunterstützung in den Läden, schnellere Zahlungsziele und andere Vorzugskonditionen aushandeln.

Es ist wichtig, dass Sie entscheiden, wie Sie verkaufen und vertreiben wollen, bevor Sie sich überhaupt auf ein Produkt festlegen. Je mehr Mittelsmänner involviert sind, desto höher müssen Ihre Margen sein, damit Ihr Produkt für alle Glieder dieser Kette noch profitabel sein kann. Ed Byrd hat das erkannt, und er bietet ein Lehrbeispiel dafür, wie man das Risiko verkleinern und den Gewinn vergrößern kann, wenn man das Gegenteil von dem tut, was alle anderen machen. Sich für einen Vertriebsweg zu entscheiden, bevor man überhaupt ein Produkt hat, ist nur ein Beispiel dafür.

Wenn Ed nicht auf Reisen oder mit seiner kleinen Belegschaft und den beiden australischen Schäferhunden im Büro ist, fährt er im Lamborghini die kalifornische Küste entlang. Sein Erfolg und sein luxuriöser Lebensstandard sind kein Zufall. Seine Methoden der Produktentwicklung ähneln denen der meisten Neuen Reichen, und sie lassen sich nachahmen. Im Folgenden werden Sie erfahren, wie Sie Schritt für Schritt vorgehen können.

Erster Schritt: Suchen Sie sich eine Nische und ein Produkt, das keine großen Investitionen erfordert

Einen Bedarf zu schaffen ist schwer. Einen Bedarf zu erfüllen ist viel leichter. Machen Sie nicht den Fehler, ein Produkt zu entwickeln und erst dann nach jemandem zu suchen, dem Sie es verkaufen können. Finden Sie einen Markt, definieren Sie Ihre Kunden und finden oder entwickeln Sie erst dann ein Produkt.

Ich war Student und Sportler, also entwickelte ich Produkte für diese Märkte, wobei ich mich wann immer möglich auf die männliche Gruppe fokussierte. Das Hörbuch, das ich für Studienberater entwickelte, war eine einzige Pleite, weil ich nie Studienberater oder auch nur Tutor gewesen war. Das Speedreading-Seminar entwickelte ich, nachdem mir klar geworden war, dass die Studenten aus meinem Umfeld eine gute Zielgruppe abgäben. Dieses Geschäft war ein Erfolg, weil ich selbst Student war und die Bedürfnisse und das Konsumverhalten der Studenten kannte. Seien Sie ein Teil Ihres Zielmarkts und spekulieren Sie nicht darüber, was andere brauchen oder zu kaufen gewillt sind.

Fangen Sie klein an, aber denken Sie groß

Danny Black vermietet zwergenwüchsige Menschen zur Unterhaltung, ab 149 Dollar pro Stunde. Was ist das für ein Nischenmarkt? Man muss dazu sagen, dass er selbst nur 127 cm groß ist und den Bedarf erkannt hat: »Manche Leute stehen einfach auf Zwergen-Galashows.«

Es gibt eine alte Weisheit: Wenn jeder dein Kunde ist, dann ist niemand dein Kunde. Wenn Sie vorhaben, Ihr Produkt an Hunde- oder Autoliebhaber zu verkaufen, dann vergessen Sie es. Es ist teuer, für einen so breiten Markt zu werben, und man konkurriert mit zu vielen Produkten beziehungsweise Angeboten. Wenn Sie sich hingegen darauf verlegen, deutsche Schäferhunde abzurichten oder Oldtimer-Liebhabern Ersatzteile für alte Ford-Modelle anzubieten, dann werden Markt und Wettbewerb kleiner. Das macht es billiger, Ihre Kunden zu erreichen, und leichter, Premiumpreise zu verlangen.

Stellen Sie sich folgende Fragen, um profitable Nischen zu finden:

Zu welcher gesellschaftlichen, industriellen oder beruflichen Gruppe gehören Sie, haben Sie gehört oder welche kennen und verstehen Sie gut?
Egal, ob es sich nun um Zahnärzte, Ingenieure, Freeclimber, Freizeitradfahrer, Autorestaurateure, Tänzer oder andere handelt. Werfen Sie einen kreativen Blick auf Ihren Lebenslauf, Ihre Berufserfahrung, Ihre Gewohnheiten, Ihre Hobbys und stellen Sie eine Liste zusammmen, mit welchen Bereichen es jetzt oder in der Vergangenheit Anknüpfungspunkte gibt oder gab. Schauen Sie sich Produkte und Bücher an, die Sie besitzen, Abonnements von Zeitschriften, Zeitungen oder elektronischen Medien und fragen Sie sich: Welche Zeitschriften, Webseiten oder Newsletter lese ich regelmäßig? Welche Gruppen von Menschen lesen Ähnliches? Welches Konsumverhalten habe ich, welches Konsumverhalten hat diese Gruppe?

Für welche der Gruppen, die Sie ausgemacht haben, gibt es eigene Zeitschriften?
Sehen Sie die Zeitschriftenregale in Buchhandlungen und Supermärkten auf der Suche nach kleineren Spezialmagazinen durch, um auf zusätzliche Nischen aufmerksam zu werden. Es gibt buchstäblich Tausende von Spezialzeitschriften für einzelne Berufsgruppen, Interessen oder Hobbys, aus denen Sie auswählen können. Große Bahnhofsbuchhandlungen eignen sich für diese Recherche oft besonders gut, da sie Zeitungen und Zeitschriften im Sortiment haben, die Sie sonst nicht in jedem Buchhandel oder Kiosk finden. Allerdings sind auch

große Buchhandelsketten meist gut ausgestattet – und oft lässt es sich dort gemütlicher stöbern und lesen. Am Ende dieses Kapitels finden Sie noch einige Tipps, wo Sie im Internet recherchieren können.

Auf welche Zielgruppen sind Sie bei der ersten Frage hier oben gekommen? Wählen Sie die Gruppen aus, die mit einer oder zwei kleinen Zeitschriften zu erreichen sind. Es ist nicht wichtig, ob diese Gruppen viel Geld haben (wie zum Beispiel Golfspieler), es sollte nur gewährleistet sein, dass sie Geld für irgendwelche Produkte ausgeben (Amateursportler, Barsch-Angler oder Ähnliche). Rufen Sie die entsprechenden Zeitschriften an, sprechen Sie mit dem Werbeleiter und sagen Sie ihm, dass Sie erwägen, Anzeigen zu schalten. Bitten Sie darum, dass man Ihnen die aktuellen Anzeigenpreise mit den Auflagen- und Leserzahlen mailt sowie einige alte Heftnummern zuschickt. Suchen Sie in den alten Heften nach wiederkehrenden Anzeigen, die Produkte im Direktverkauf über gebührenfreie Telefonnummern oder Webseiten anbieten. Je häufiger sich diese Anzeigen wiederholen, umso profitabler ist eine Zeitschrift für die jeweiligen Anbieter – und wird es also auch für Sie sein.

Zweiter Schritt: Brainstormen (nicht: Investieren) für ein Produkt

Nehmen Sie die beiden Märkte, mit denen Sie am besten vertraut sind und die ihre eigenen Zeitschriften haben, in denen ganzseitige Anzeigen weniger als 3000 Euro kosten. Diese Zeitschriften sollten nicht weniger als 15 000 Leser haben.

Jetzt kommt der lustige Teil. Sie können nun mit diesen beiden Märkten im Hinterkopf brainstormen beziehungsweise Produkte suchen. Das Ziel dabei ist, Produktideen zu entwickeln, vorerst ohne Geld auszugeben. Im nächsten Kapitel werden wir dann Werbestrategien für diese Produkte konzipieren und die Reaktion echter Kunden testen, bevor wir in die Produktion investieren. Ein paar Kriterien sollten Sie aber generell beachten. Sie stellen sicher, dass das Endprodukt in automatisierte Produktions- und Vertriebsabläufe eingepasst werden kann.

Der Hauptnutzen des Produkts sollte in einem Satz zusammengefasst werden können.

Es ist kein Problem, wenn die Leute Sie nicht mögen. Man verkauft oft mehr, wenn man einigen Leuten auf die Füße tritt. Aber man darf Sie niemals missverstehen. Der Nutzwert Ihres Produkts sollte in einem Satz oder Halbsatz erklärbar sein. Wie unterscheidet es sich von anderen und warum sollte ich es kaufen? EINEN Satz oder Halbsatz bitte, Leute.

Apple gab mit dem iPod ein hervorragendes Beispiel, wie man das macht. Anstatt die üblichen Werbephrasen mit Gigabyte, Bandbreite und so weiter zu bemühen, sagten sie einfach: »Tausend Songs in deiner Tasche.« Gekauft. Halten Sie es einfach und machen Sie nicht weiter mit der Realisierung, bevor Sie Ihr Produkt nicht erklären können, ohne die Leute zu verwirren.

Das Produkt sollte den Kunden zwischen 50 und 200 Dollar kosten.

Die meisten Unternehmen legen Preise im mittleren Bereich fest, und das ist dann auch das Segment mit dem schärfsten Wettbewerb. Niedrige Preise festzusetzen ist kurzsichtig, denn es gibt immer jemanden, der bereit ist, mit noch weniger Profit zu arbeiten und Sie mit in den Ruin zu treiben. Neben der höheren Wertigkeit (dem wahrgenommenen Wert) des Produkts ist es vor allem aus drei Gründen sinnvoll, sich ein Premium-Image zuzulegen und mehr zu verlangen als die Konkurrenz:

• Höhere Preise bedeuten, dass Sie weniger Einheiten verkau-

fen – und damit auch weniger Kunden managen – müssen,
um Ihre Traumpläne zu verwirklichen. So verdienen Sie Ihr
Geld einfach schneller.

• Höhere Preise ziehen Kunden an, die weniger »wartungsintensiv« sind (höhere Kreditwürdigkeit, weniger Fragen und
Beschwerden, weniger Rücksendungen und so weiter). Es
bedeutet weniger Kopfschmerzen. Das ist ein RIESIGER
Vorteil.
• Höhere Preise sorgen auch für höhere Margen. Das ist ein
wichtiger Sicherheitsfaktor.

Ich persönlich versuche, einen 8- bis 10-fachen Gewinn zu erzielen. Das heißt, dass ein 100-Dollar-Produkt mich nicht
mehr als 10 bis 12,50 Dollar kosten darf.[16] Hätte ich mich bei
BrainQUICKEN mit dem allgemein empfohlenen 5-fachen
Aufschlag begnügt, wäre mein Unternehmen innerhalb von
sechs Monaten Bankrott gewesen – dank eines unehrlichen
Lieferanten und des verspäteten Erscheinens einer Zeitschrift,
in der ich Anzeigen geschaltet hatte. Die hohe Gewinnmarge
rettete mein Produkt, und innerhalb von zwölf Monaten generierte es bis zu 80 000 Dollar im Monat.

Doch hohe Preise haben auch ihre Grenzen. Übersteigt der
Preis pro Einheit einen bestimmten Punkt, dann wollen die
Kaufinteressenten mit jemandem am Telefon sprechen, bevor
sie sich sicher genug fühlen, um den Kauf abzuschließen. Und
das läuft, wie Sie sicher bereits ahnen, unserer Informationsdiät zuwider.

Nach meiner Erfahrung bietet die Preisspanne von 50 bis
200 Dollar (analog dazu Euro) den größten Profit für den geringsten Kundendienstaufwand. Setzen Sie einen hohen Preis
fest und rechtfertigen Sie ihn.

16 Wenn Sie sich so wie Doug dafür entscheiden, die hochpreisigen Produkte eines anderen Herstellers weiterzuverkaufen, dann ist das Risiko geringer und
eine kleinere Gewinnspanne kann ausreichen, besonders wenn es sich um Direktversand handelt.

Die Produktion sollte nicht länger als drei bis vier Wochen dauern.

Das ist von entscheidender Bedeutung, damit Sie die Kosten niedrig halten und auf Bedarfsschwankungen reagieren können, ohne einen Vorrat an Produkten lagern zu müssen. Ich würde mich mit keinem Produkt beschäftigen, dessen Produktion länger als drei oder vier Wochen dauert. Mein Tipp: Von der Bestellung bis zum versandfertigen Produkt sollten optimalerweise nur ein bis zwei Wochen vergehen.

Woher Sie wissen, wie lange es dauert, ein Produkt herzustellen? Kontaktieren Sie Vertragshersteller, die auf ähnliche Produkte wie die von Ihnen erwogenen spezialisiert sind, zum Beispiel unter www.productpilot.com oder www.wer-liefert-was.de. Wenn Sie keinen Hersteller finden können (zum Beispiel für Toilettenreinigungslösungen), rufen Sie einfach einen Hersteller aus einer verwandten Branche an (zum Beispiel Toilettenschüsseln). Wenn auch der Ihnen nicht weiterhelfen kann, googeln Sie verschiedene Synonyme für Ihr Produkt zusammen mit Begriffen wie »Organisation« oder »Verband«, um die Internetseiten der entsprechenden Branchenverbände zu finden. Fragen Sie dort nach Kontakten zu Vertragsherstellern und nach den Namen der wichtigsten Fachzeitschriften, in denen oft Inserate von Vertragsherstellern und verwandten Dienstleistungsanbietern zu finden sind, die Sie später noch für Ihre virtuelle Architektur benötigen.

Erfragen Sie bei den Herstellern die Preise, um sicherzugehen, dass ein angemessener Aufschlag möglich ist. Berechnen Sie die Produktionskosten pro Einheit für 100, 500, 1000 und 5000 Einheiten.

Das Produkt sollte sich mit einem guten Online-FAQ vollständig erklären lassen.

In dieser Hinsicht habe ich mit meiner Produktwahl Brain-QUICKEN so richtig ins Klo gegriffen. Auch wenn Nahrungsergänzungsmittel mir meinen NR-Lifestyle ermöglicht haben, wünsche ich sie keinem an den Hals. Warum nicht? Sie bekommen von jedem Kunden Tausend Fragen: Kann man Ihr Produkt zusammen mit Bananen essen? Bekommt man von der Einnahme Blähungen? Und so weiter und so weiter, bis zum Abwinken. Suchen Sie sich ein Produkt, das mit einem guten Online-FAQ restlos erklärt werden kann. Wenn das bei Ihrem Produkt nicht der Fall ist, werden Dinge wie ausgedehnte Reisen oder ganz allgemein das Vergessen der Arbeit ziemlich schwierig – oder man muss ein Vermögen für Callcenterdienste ausgeben.

Doch auch wenn man diese Kriterien verinnerlicht hat, bleibt immer noch die Frage: Wie bekomme ich ein gutes Musen-Produkt, das alle Kriterien erfüllt? Es gibt drei Möglichkeiten, die wir uns der Reihe nach anschauen wollen; die am wenigsten empfehlenswerte zuerst.

Option eins: Verkaufen Sie ein Produkt weiter

Ein existierendes Produkt im Großhandel einzukaufen und es weiterzuverkaufen ist die einfachste Lösung, aber auch die am wenigsten profitable. Dieser Weg lässt sich am schnellsten beschreiten, aber er ist auch am schnellsten wieder verbaut – aufgrund des Preiswettkampfs mit anderen Wiederverkäufern. Die profitable Lebensspanne eines Produkts ist nicht besonders lang, außer wenn eine Exklusivitätsvereinbarung andere daran hindert, es ebenfalls zu verkaufen. Andererseits lässt sich Wiederverkaufen hervorragend einsetzen, um zusätzliche

---

17 Backendprodukte sind Produkte, die Kunden verkauft werden, sobald der Verkauf eines primären Produkts abgeschlossen wurde. Aufbewahrungshüllen für den iPod oder Navigationssysteme sind zwei Beispiele dafür. Diese Produkte können niedrigere Margen haben, weil keine Werbekosten anfallen, um Kunden zu gewinnen.

Backendprodukte[17] an existierende Kunden zu verkaufen oder die Verkäufe an Neukunden über Internet oder Telefon per Cross-Selling[18] zu erhöhen.

Kontaktieren Sie als Erstes den Hersteller oder Großhandel und bitten Sie um eine Preisliste und Informationen zu sonstigen Konditionen. Kaufen Sie aber noch KEINE Produkte, bevor Sie nicht Schritt drei im nächsten Kapitel absolviert haben. Im Moment reicht es vollkommen aus, sich der Gewinnspanne sicher zu sein und Produktfotos und -informationen zu besitzen.

Das ist der Wiederverkauf. Viel mehr ist nicht dran.

Option zwei: Lizenzieren Sie ein Produkt

Einige der bekanntesten Marken und Produkte der Welt sind von irgendwo oder irgendwem geliehen. Die Basis des Energy-Drinks Red Bull stammt beispielsweise von einem thailändischen Getränk, die Schlümpfe wurden aus Belgien importiert und Pokémon kommt aus dem Land von Honda und Kawasaki. Die Rockband Kiss verdiente mit Schallplatten und Konzerten Millionen, aber den größten Gewinn machte sie mit Lizenzgeschäften – sie gewährten anderen das Recht, Hunderte von Produkten mit ihrem Bandlogo und ihrem Bild zu versehen, wofür sie einen bestimmten Prozentsatz der Verkaufserlöse bekamen.

Lizenzvereinbarungen werden immer zwischen zwei Parteien getroffen. Zum einen gibt es den Erfinder des Produkts, den Lizenzgeber, der anderen das Recht einräumt, sein Produkt herzustellen, zu nutzen oder zu verkaufen. Man erfindet also

---

18 Cross-Selling oder Querverkaufen heißt, dem Kunden, nachdem oder während er ein erstes Produkt erwirbt bzw. erworben hat, noch ein weiteres verwandtes Produkt zu verkaufen. Das kann zum Beispiel erreicht werden, indem man ihm dieses anbietet, solange er noch im Online-Warenkorb oder am Telefon ist, um seinen ursprünglichen Kauf umzusetzen.

etwas, lässt jemand anderen den Rest tun und streicht nur noch das Geld ein. Kein schlechtes Modell.

Auf der anderen Seite gibt es jemanden, der daran interessiert ist, das Produkt des Erfinders herzustellen und zu verkaufen und den Großteil des Gewinns für sich zu behalten: der Lizenznehmer. Grundsätzlich können Neue Reiche beide Rollen ausfüllen. Der Part des Lizenznehmers ist für mich und die meisten NR aber weitaus interessanter.

Allerdings ist das Lizenzieren von Produkten sehr verhandlungsintensiv und eine Wissenschaft für sich. Kreative Vertragsgestaltung ist entscheidend für den Erfolg, und die meisten angehenden NR werden Probleme bekommen, wenn es sich um ihr erstes Produkt handelt. Die Internetseite www.innovationmarket.de bietet ein Forum, in dem sowohl Erfinder Ihre Innovationen anbieten als auch Unternehmer und Geldgeber nach geeigneten Erfindungen suchen können.

Nun schauen wir uns noch den am wenigsten komplizierten und profitabelsten Weg an, der den meisten Menschen offen steht: Produktentwicklung.

Option drei: Entwickeln Sie ein Produkt

Es ist nicht schwer, ein Produkt zu erfinden und umzusetzen. Etwas zu entwickeln oder schöpferisch tätig zu sein hört sich komplizierter an, als es tatsächlich ist. Sobald es eine Idee für ein konkretes Produkt gibt – eine Erfindung –, können Sie erste Informationen im Internet einholen. Webtipps zur Sicherung Ihrer Idee und deren Umsetzung durch Produktdesigner finden Sie am Ende des Kapitels. Wenn Sie ein Standardprodukt finden, das bereits von einem Vertragshersteller gefertigt wird und für einen speziellen Markt umgewidmet oder neu positioniert werden kann, umso besser. Lassen Sie es produzieren, kleben Sie Ihr eigenes Etikett drauf und hoppla – da ist das neue Produkt. Diese Methode wird als *Private Labeling* be-

zeichnet. Haben Sie schon einmal in der Praxis eines Chiropraktikers gesessen, der seine eigene Serie von Vitaminprodukten anbietet, oder die Eigenmarken von Discountern oder Kaufhausketten gesehen? Das ist Private Labeling.

Wie gesagt, wir werden den Markt testen, bevor wir mit der Produktion beginnen – doch wenn der Test erfolgreich ist, dann ist die Produktion der nächste Schritt. Das heißt, wir müssen die Einrichtungskosten der Maschinen, die Stückkosten und Mindestbestellmengen im Hinterkopf behalten. Innovative Geräte und Spielereien sind großartig, aber oft braucht man für deren Herstellung spezielle Werkzeuge oder Maschinen, die vielleicht sogar erst eigens gebaut werden müssen. Das macht die Herstellungskosten für die meisten Start-up-Unternehmen – und ganz sicher für unsere Zwecke – zu teuer.

Wenn wir also die mechanische Fertigung einmal beiseite lassen, teure Maschinen und aufwändige Herstellungsprozesse vergessen, dann bleibt uns noch eine Produktklasse, die alle unsere Kriterien erfüllt und deren Herstellung in kleinen Mengen weniger als eine Woche Vorlaufzeit braucht und nicht nur einen acht- bis zehnfachen, sondern oft auch einen 20- bis 50-fachen Preisaufschlag erlaubt. Nein, ich rede nicht von Heroin und auch nicht von Sklavenarbeit. Beides erfordert in der Praxis zu viele Bestechungsgelder und zu viel Interaktion mit anderen Menschen.

Ich spreche von Information. Informationsprodukte kosten wenig, sind schnell herzustellen und für Wettbewerber nur unter großem Zeitaufwand zu kopieren. Wussten Sie, dass die per Teleshopping meistverkauften Produkte, bei denen es sich *nicht* um Informationsprodukte handelt, eine Lebensdauer von zwei bis vier Monaten haben, bevor Imitate den Markt überfluten? Ich habe sechs Monate lang in Peking Wirtschaftswissenschaften studiert und mit eigenen Augen gesehen, wie der neueste Nike-Turnschuh oder Callaway-Golfschläger innerhalb von einer Woche, nachdem er auf dem Markt und in den Ladenregalen war, kopiert und bei eBay angeboten wurde.

Das ist nicht übertrieben, und ich rede auch nicht von einem Produkt, das so ähnlich aussieht – ich rede von einer exakten Kopie für ein Zwanzigstel der Kosten.

Information hingegen ist für die meisten Produktpiraten zu zeitaufwändig und mühsam herzustellen, solange es andere Produkte gibt, die sich leichter kopieren lassen. Es ist leichter, ein Patent zu umgehen, als ganze Inhalte neu zu formulieren, um eine Klage wegen Urheberrechtsverletzung zu vermeiden. Drei der erfolgreichsten Teleshoppingprodukte aller Zeiten spiegeln die Wettbewerbs- und Profitvorteile von Informationsprodukten wider. Es handelt sich dabei um multimediale Lern- beziehungsweise Selbstcoaching- und Motivationsprogramme, die mittels DVDs, Hörbüchern und/oder Begleitheften vermittelt werden (»Immobilienhandel für Einsteiger« von Carleton Sheets, »Angst und Depressionen überwinden« von Lucinda Bassett und »Personal Power« von Anthony Robbins).

Aus Gesprächen mit den Haupteigentümern des Unternehmens, das eines dieser Produkte vertreibt, weiß ich, dass sie im Jahr 2002 Informationsprodukte für mehr als 65 Millionen Dollar umsetzten. Ihre Infrastruktur bestand hingegen aus weniger als 25 fest angestellten Mitarbeitern, der Rest, angefangen vom Medienkauf bis hin zum Versand, war outgesourct. Das jährliche Betriebseinkommen pro Mitarbeiter beläuft sich also auf mehr als 2,7 Millionen Dollar. Unglaublich.

Auf der anderen Seite kenne ich einen Mann, der für weniger als 200 Dollar und ohne großen Aufwand eine DVD-Anleitung für das Installieren einer Alarmanlage produzierte und an Besitzer von Lagerhäusern verkaufte, die dafür einen Bedarf hatten. Er bot die DVDs, die in der Herstellung zwei Dollar kosten, über Anzeigen in Fachzeitschriften an und verkaufte sie für jeweils 95 Dollar – so verdiente er im Jahr 2001 ohne Angestellte mehrere Hunderttausend Dollar.

Aber ich bin doch gar kein Experte!

Keine Sorge: Zuallererst einmal bedeutet »Experte« im Kontext des Produktverkaufs, dass Sie mehr von dem Thema wissen als der Käufer. Sonst nichts. Sie müssen nicht der Beste sein – nur besser als Ihre potenziellen Kunden. Nehmen wir einmal an, die Umsetzung Ihres Traumplans – an einem Hundeschlittenrennen in Alaska teilzunehmen – kostet 5000 Euro. Wenn es nun 15 000 potenziell Interessierte an Thema X gibt und auch nur 50 davon (0,3 Prozent) von Ihrem überlegenen Fachwissen überzeugt werden können und im Anschluss 100 Euro dafür ausgeben, dass Sie es ihnen beibringen, dann sind das 5000 Euro. Also, her mit den Huskys. Diese 50 Kunden sind das, was ich die *minimale Kundenbasis* nenne – die Mindestanzahl von Kunden, die Sie von Ihrem Expertentum überzeugen müssen, um einen bestimmten Traumplan verwirklichen zu können.

Zweitens, ein Expertenstatus lässt sich in weniger als vier Wochen erreichen. Sie müssen nur wissen, wie Sie glaubwürdig rüberkommen und womit Sie Ihre Zielgruppe am besten überzeugen können. Lesen Sie den Text im Kasten weiter unten, wenn Sie wissen wollen, wie das geht. Ob es überhaupt notwendig ist, dass man Sie als Experten anerkennt, hängt davon ab, ob Sie Ihr eigenes Wissen oder das anderer Experten verkaufen wollen. Es gibt drei grundsätzliche Möglichkeiten.

- Sie konzipieren den Content Ihres Produkts selbst – etwa, indem Sie Inhalte verschiedener Bücher über das Thema neu formulieren oder kombinieren.
- Sie nutzen Content, der rechtefrei ist und keinen Copyrightbeschränkungen unterliegt, für einen neuen Zweck.
- Sie erwerben die Lizenz für einen bestimmten Content oder bezahlen einen Experten dafür, dass er bei der Erstellung des Contents hilft. Das Honorar hierfür kann entweder einmalig und im Voraus zu zahlen sein oder in Form einer Umsatzbeteiligung (beispielsweise fünf bis zehn Prozent der Nettoeinnahmen) entrichtet werden.

Wenn Sie sich für Option 1 oder 2 entscheiden, dann brauchen Sie in einem begrenzten Markt Expertenstatus. Nehmen wir an, dass Sie Immobilienmakler sind und herausgefunden haben, dass die meisten Makler, so wie Sie selbst, eine einfache, aber gute Webseite suchen, auf der sie sich selbst und ihr Angebot präsentieren können. Wenn Sie die drei Bestseller über Webdesign gelesen und verstanden haben, dann wissen Sie mehr über dieses Thema als 80 Prozent der Leserschaft einer Fachzeitschrift für Immobilienmakler. Wenn Sie den Inhalt zusammenfassen und Empfehlungen geben können, die speziell auf die Bedürfnisse des Immobilienmarkts zugeschnitten sind, dann ist es keine überzogene Erwartung, mit einem Rücklauf von 0,5 bis ein Prozent auf eine Anzeige zu rechnen, die Sie in dieser Zeitschrift geschaltet haben.

Wenn Sie brainstormen, welche Ratgeber- oder Informationsprodukte sich möglicherweise zum Verkauf eignen, orientieren Sie sich an den folgenden Fragen: Suchen Sie nach einer Kombination von Formaten, die sich für die Preisklasse von 50 bis 100 Euro eignen, zum Beispiel eine Kombination von zwei CDs (jede zwischen 30 und 90 Minuten lang), einem 40-seitigen Begleitheft und einem zehnseitigen Überblick (so etwas wie eine Kurzanleitung) zum Thema.

• Also, wo ist die Nische, in der Sie Ihr maßgeschneidertes Produkt platzieren können? Was können Sie Ihrer Zielgruppe beibringen? Welchen Themen, Produkten oder Dienstleistungen, die Ihrer Zielgruppe bereits in den Fachzeitschriften erfolgreich verkauft werden, können Sie noch etwas hinzufügen? Denken Sie in die Tiefe und nicht in die Breite.

• Gibt es Fähigkeiten, für die Sie sich interessieren und für deren Erlernen Sie – und andere aus Ihrer Zielgruppe – bereit wären, Geld auszugeben? Werden Sie Experte in diesem Bereich und entwickeln Sie dann ein Produkt, mit dessen Hilfe Sie anderen diese Fähigkeit beibringen. Wenn Sie Hilfe benötigen oder den Prozess beschleunigen wollen, dann denken Sie über die nächste Frage nach.

- Mit welchem Experten könnten Sie ein Interview aufzeichnen, um eine Audio-CD zusammenzustellen, die sich verkaufen lässt? Ihre Experten müssen nicht die Besten sein, lediglich besser als die meisten. Bieten Sie ihnen eine digitale Masteraufnahme des Interviews zur eigenen Verwendung an (das reicht oft schon als Bezahlung) und/oder eine kleine Tantiemenbezahlung (vorab pauschal oder dauerhaft anteilig). Führen Sie Telefoninterviews über das Internet (www.skype.de) und zeichnen Sie die Gespräche direkt auf. Sie können sich hierfür kostenlose Software aus dem Internet herunterladen (lesen Sie dazu auch den Abschnitt *Tools & Tricks*). Die so erstellte mp3-Datei können Sie an ein Schreibbüro schicken und transskribieren lassen.
- Haben Sie nicht vielleicht eine Geschichte nach dem Muster »Vom Versager zum Erfolgsmenschen«, die sich zu einem Ratgeber-Produkt für andere verarbeiten ließe? Denken Sie an Probleme, die Sie in der Vergangenheit überwunden haben, privat ebenso wie beruflich.

Wie man in vier Wochen zum Top-Experten wird

Es ist Zeit, ein für alle Mal mit dem Expertenkult Schluss zu machen. Auch wenn die PR-Branche mich dafür hassen wird. Zuallererst: Es ist ein Unterschied, ob man ein Experte *ist* oder ob man als solcher *angesehen wird*. Wenn Sie über Expertenwissen verfügen, sorgt das für ein gutes Produkt und verhindert Rücksendungen und Reklamationen. Aber erst, wenn andere Sie als Experten akzeptieren, wird sich Ihr Produkt auch verkaufen. Leider kann es sein, dass Sie alles über ein Thema wissen, aber ohne Doktortitel weder Gehör noch Anerkennung finden. Der Doktortitel ist das, was ich einen *Glaubwürdigkeitsindikator* nenne. Und der sogenannte Experte mit den meisten Glaubwürdigkeitsindikatoren ist letztlich derjenige, der am meisten verkauft – unabhängig davon, ob er tatsächlich alles über das Thema weiß.

Wie also gehen wir vor, wenn wir uns so schnell wie möglich Glaubwürdigkeitsindikatoren zulegen wollen? Eine Freundin von mir brauchte gerade einmal drei Wochen, um zu einer Top-Beziehungsexpertin zu werden, die mittlerweile in *Glamour* und anderen landesweiten Medien zu Wort kommt und die Top-Manager darin berät, wie sie in 24 Stunden oder weniger ihre Beziehungen verbessern können. Wie hat sie das geschafft?

Sie befolgte ein paar einfache Schritte, die einen Schneeballeffekt der Glaubwürdigkeit auslösten. Das Gleiche können Sie auch tun:

Treten Sie zwei oder drei Verbänden bei, in denen Ihre Zielgruppe organisiert ist und die offiziell klingende Namen haben. Hören Sie sich bei Kollegen um, recherchieren Sie im Internet und lassen Sie sich ein Mitgliedsmagazin schicken, bevor Sie eintreten.

Lesen Sie die drei Bestseller über Ihr Thema. Schauen Sie sich dazu online die alten *Spiegel*-Bestsellerlisten an. Das Archiv ist online auf der Webseite www.buchreport.de einsehbar. Oder fragen Sie gleich den Buchhändler Ihres Vertrauens, welche Fachtitel in den letzten Monaten gut gelaufen sind. Er wird Ihnen bestimmt ein paar wertvolle Tipps geben können. Fassen Sie die von Ihnen gelesenen Bücher jeweils auf einer Seite zusammen.

Geben Sie ein kostenloses ein- bis dreistündiges Seminar an der nächstgelegenen renommierten Universität und werben Sie mit Plakaten dafür. Dann bieten Sie sich als Referent bei Niederlassungen weltbekannter Konzerne in Ihrer Nähe an. Sagen Sie den Unternehmen, dass Sie Seminare an der Universität X gegeben haben und Mitglied des Verbandes/Vereins Y sind. Betonen Sie, dass Sie ihnen diese Seminare kostenlos anbieten, um zusätzliche Sprecherfahrung außerhalb des akademischen Kontexts zu bekommen, und dass Sie keine Produkte oder Dienstleistungen verkaufen werden. Zeichnen Sie die Seminare aus zwei Blickwinkeln auf Video auf, um sie später möglicherweise als CD/DVD-Produkte nutzen zu können.

Optional: Suchen Sie nach Fachzeitschriften, die mit Ihrem Thema zu tun haben, und bieten Sie den Redaktionen an, ein oder zwei Artikel für sie zu schreiben. Erwähnen Sie Ihre Seminartätigkeiten und die Mitgliedschaft in den entsprechenden Verbänden. Lehnt man sie dennoch ab, dann bieten Sie an, einen bekannten Experten zu interviewen und das Interview zu veröffentlichen – auch das trägt dann ja Ihren Namen als Mitautor.

Werden Sie Mitglied in Expertenportalen, in denen Journalisten nach Fachleuten suchen. Für die Mitgliedschaft in den meisten Expertenportalen muss man allerdings ein paar Kriterien erfüllen. Eine gute Adresse ist beispielsweise der Informationsdienst Wissenschaft (http://idw-online.de) – die Registrierung ist aber kostenpflichtig und Sie müssen in der wissenschaftlichen Forschung, der akademischen Lehre, der Forschungsförderung, der Wissenschaftspolitik oder im Forschungs- und Technologietransfer tätig sein. Leichter ist der Zugang bei brainGuide (www.brainGuide.de), dem Expertenportal der Wirtschaft. Voraussetzung ist nur, dass Sie Ihre Expertise durch eine Veröffentlichung oder einen Veranstaltungsbeitrag nachweisen können. Das zu belegen sollte Ihnen nach Schritt 3 und 4 nicht schwerfallen. Ansonsten recherchieren Sie im Internet, besuchen Sie themenspezifische Foren und halten Sie nach Journalisten Ausschau, die zu Ihrem Thema Fragen haben, und beantworten Sie diese. PR zu bekommen ist einfach, wenn Sie aufhören zu schreien und anfangen zuzuhören. Demonstrieren Sie Ihre Glaubwürdigkeit. Wenn man es richtig macht, kommt man durch diese Methode an Medienauftritte in kleinen Lokal-, aber mitunter auch großen überregionalen Zeitungen.

Es ist gar nicht so schwer, ein anerkannter Experte zu werden, also lassen Sie uns diese Hürde jetzt aus dem Weg räumen. Nein, ich sage ja gar nicht, dass Sie vortäuschen sollen, etwas zu sein, was Sie nicht sind. Ich könnte das nicht! Aber »Experte« ist ein nebulöser Medienausdruck und so überstrapaziert, dass er nicht mehr klar definiert ist. Im Kontext moderner PR wird der Expertenstatus in den meisten Bereichen durch die Zugehörig-

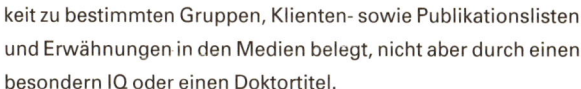

keit zu bestimmten Gruppen, Klienten- sowie Publikationslisten und Erwähnungen in den Medien belegt, nicht aber durch einen besondern IQ oder einen Doktortitel.

Sie müssen Ihren Expertenstatus nur ins rechte Licht rücken, erfinden sollen Sie ihn nicht. Das sind die Regeln in diesem Spiel.

F & A: Fragen und Aktionen

Diesmal ist der *F & A*-Abschnitt ganz einfach. Eigentlich handelt es sich nur um eine Frage: Haben Sie das Kapitel gelesen und die Anweisungen befolgt? Wenn nicht, dann tun Sie es jetzt sofort! Anstatt der normalen *F & A* gibt es am Ende dieses und der folgenden Kapitel ausführliche Linklisten, die Sie bei der Umsetzung des Gelesenen unterstützen.

Raus aus der Komfortzone

Finden Sie Yoda (drei Tage)

Rufen Sie drei Tage lang jeden Tag mindestens einen Superstar an, der Ihr Mentor werden könnte. Schicken Sie nur dann eine E-Mail, wenn Sie einen Versuch per Telefon gemacht haben. Ich empfehle, vor 8:30 oder nach 18 Uhr anzurufen, um Begegnungen mit Sekretärinnen und anderen Türstehern auf ein Minimum zu beschränken. Halten Sie eine einzige Frage bereit, eine, die Sie recherchiert haben, aber allein nicht beantworten konnten. Nehmen Sie sich Topleute vor: Vorstandschefs oder leitende Geschäftsführer, ultraerfolgreiche Unternehmer, berühmte Autoren und so weiter. Machen Sie nicht den Fehler, zu tief zu zielen, um die Aufgabe weniger furchterregend aussehen zu lassen. Bauen Sie Ihr Telefonskript nach dem folgenden Muster auf:

Unbekannte Telefonstimme: Hier ist die Spitzen-GmbH [oder »das Büro von Mentor X«].

Sie: Hallo, hier spricht Tim Ferriss, ich hätte gern John Grisham gesprochen.[19]

Telefonstimme: Darf ich fragen, worum es geht?

Sie: Natürlich. Ich weiß, dass das ein bisschen komisch klingt,[20] aber ich bin dabei, mein erstes Buch zu schreiben, und ich habe gerade sein Interview in *Time Out New York* gelesen.[21] Ich bin schon seit langer Zeit sein Fan,[22] und jetzt habe ich endlich meinen Mut zusammengenommen,[23] ihn anzurufen und wegen einer Sache um Rat zu fragen. Besteht die Möglichkeit, dass Sie mir helfen können, ihn ans Telefon zu bekommen?[24] Ich wäre Ihnen wirklich dankbar, wenn Sie es versuchen.

Telefonstimme: Hmmm … Eine Sekunde bitte. Ich will einmal sehen, ob er Zeit hat. [Zwei Minuten später] Also gut, ich stelle Sie durch. Viel Glück. [verbindet]

John Grisham: John Grisham am Apparat.

---

19 Locker und mit Zuversicht in der Stimme wird schon dieser Satz Sie überraschend oft zum Ziel bringen. »Ich würde gern mit Herrn/Frau X sprechen« ist hingegen ein deutliches Signal dafür, dass Sie die Person nicht kennen. Wenn Sie die Chancen durchzukommen noch erhöhen wollen – um den Preis, dass Sie dumm aussehen, wenn man Ihren Bluff durchschaut –, dann verlangen Sie Ihren selbstgewählten Mentor in spe nur mit dem Vornamen.

20 Beginnen Sie immer mit dieser Einleitung, wenn Sie verrückte Dinge verlangen. Das schwächt sie ab und macht Ihren Gesprächspartner neugierig genug, Ihnen zuzuhören, bevor er ein automatisches »Nein« ausspuckt.

21 Das beantwortet die Frage, die Ihr Gesprächspartner im Kopf hat: »Wer sind Sie und warum rufen Sie jetzt an?« Ich bin gerne ein »Erstlingsirgendetwas«, um einen Sympathiebonus zu bekommen, und ich suche mir im Internet eine aktuelle Medienerwähnung, die ich als Anlass für meinen Anruf nennen kann.

22 Ich rufe Leute an, die mir bekannt sind. Wenn Sie sich nicht als langjährigen Fan bezeichnen können, sagen Sie, dass Sie die Karriere oder die wirtschaftlichen Erfolge des Mentors seit Jahren mit Interesse verfolgen.

23 Spielen Sie nicht den starken Mann. Machen Sie deutlich, dass Sie nervös sind, dann wird die andere Seite weniger defensiv sein. Ich tue das oft, selbst dann, wenn ich nicht wirklich aufgeregt bin.

24 Hier ist die Wortwahl entscheidend. Bitten Sie, dass Ihr Gesprächspartner Ihnen bei etwas »hilft«.

Sie: Hallo Herr Grisham. Ich heiße Tim Ferriss. Es hört sich wahrscheinlich ein bisschen komisch an, aber ich schreibe gerade mein erstes Buch, und ich bin schon seit Jahren ein Fan von Ihnen. Ich habe gerade Ihr Interview in *Time Out New York* gelesen und heute endlich meinen Mut zusammengenommen, Sie einmal anzurufen. Ich wollte Sie schon lange in einer bestimmten Frage um Rat bitten, das sollte nicht mehr als zwei Minuten Ihrer Zeit in Anspruch nehmen. Darf ich?[25]

John Grisham: Äh ... meinetwegen. Schießen Sie los. Ich bekomme allerdings in ein paar Minuten einen wichtigen Anruf.

Sie [am Ende des Gesprächs]: Haben Sie vielen Dank dafür, dass Sie mir Ihre Zeit geschenkt haben. Wenn ich gelegentlich vor einer schwierigen Frage stehe – sehr gelegentlich –, wäre es vielleicht möglich, dass ich mich per E-Mail bei Ihnen melden dürfte?[26]

Tools & Tricks

Für eine erste Marktanalyse

→ PresseKatalog (www.pressekatalog.de)
→ Leserservice der Deutschen Post (www.leserservice.de)
Es handelt sich zwar um kommerzielle Webseiten, die in erster Linie Abonnements verkaufen wollen, doch Sie können hier wunderbar in Zeitschriften, Fach- und Nischenmagazinen zu bestimmten Themen und Interessensgebieten recherchieren. Allein im PresseKatalog gibt es über 40 000 Einträge, oft auch mit aktuellem Titelbild und Schlagzeilen.

---

25 Gehen Sie hier einfach den Vorzimmerdamen-Abschnitt durch und bummeln Sie nicht herum – kommen Sie schnell zum Punkt und bitten Sie um die Erlaubnis, den Abzug zu ziehen.
26 Beenden Sie die Unterhaltung, indem Sie die Tür für künftige Kontakte offen halten. Beginnen Sie mit E-Mail und lassen Sie die Mentorenbeziehung sich dann von selbst entwickeln.

→ Media-Daten Verlag (www.media-daten.com)
Dienstleister für Marketing und Media. Die Mediadaten geben Auskunft über die Auflage einer bestimmten Zeitschrift und somit auch über die Größe Ihrer Zielgruppe.

→ Profine (www.profine.de)
Newsletter- und Mailinglisten-Verzeichnis. Hier finden Sie Newsletter zu bestimmten Themen sowie Angaben zu deren Auflagen, die wiederum ein Indiz für die Relevanz eines Themenfeldes sein können.

Hersteller finden

→ Productpilot (www.productpilot.com)
Rund 26 000 Hersteller, Lieferanten und Dienstleister aus verschiedenen Branchen (weltweit) präsentieren sich hier.

→ Wer liefert was (www.wer-liefert-was.de/at/ch)
Europäische Lieferantensuchmaschine, mit der Sie nach passenden Herstellern, Händlern und Dienstleistern suchen können.

→ Herstellerkatalog (www.herstellerkatalog.de)
Hersteller und Lieferanten aus Deutschland.

Telefoninterviews mit Experten aufnehmen – für die Produktion von CDs

→ HotRecorder (http://hotrecorder.softonic.de)

→ MX Skype Recorder (http://mx-skype-recorder.softonic.de)
Diese Softwareprogramme können Sie kostenlos von den oben genannten Webseiten herunterladen. Mit beiden können Sie Telefonate, die Sie über das Internet führen (zum Beispiel mit www.skype.de), aufnehmen und als mp3-Datei auf Ihrem Computer speichern.

Erfindungen und Patente

→ Deutsches Patent- und Markenamt (www.dpma.de)
Schutz und Eintragung von Patenten und Marken für Deutschland.

→ Europäisches Patentamt (www.epo.org/index_de.html)
Prüfung von Patentanmeldungen und Erteilung europäischer Patente.

→ Deutscher Erfinder Verband e. V. (www.deutscher-erfinder-verband.de)
Größte unabhängige Vereinigung von Erfindern technischer, wissenschaftlicher und wirtschaftlicher Schöpfungen in Deutschland. Vermittelt zwischen kreativen Köpfen und Industrie.

→ SIGNO (www.signo-deutschland.de/)
INSTI wurde vom Bundesministerium für Bildung und Forschung (BMBF) ins Leben gerufen, um die Erfinderkultur und -tätigkeit in Deutschland zu stärken, die Umsetzung von Erfindungen zu fördern und die Kenntnisse über Patentierung und Patentdatenbanken zu erweitern. Im Verein INSTI Innovation sind Unternehmen und Einrichtungen mit langjähriger Erfahrung in den Bereichen Innovationsmanagement, Patentwesen und Erfinderförderung zusammengeschlossen. Das Netzwerk bietet Know-how an und berät kompetent zum Thema Innovation.

→ InovationMarket (www.innovationmarket.de)
Netzwerk bundesweit operierender Innovationspartner und Marktplatz rund um das Thema Innovation, Kapitalbeteiligung (Venture Capital), Existenzgründung und Technologietransfer.

Experte werden

→ Informationsdienst Wissenschaft (http://idw-online.de/)
Gemeinnütziger Verein mit mehreren Hundert angeschlossenen Einrichtungen – Hochschulen, Forschungsinstitute, Stiftungen, Akademien, Forschungsunternehmen, Fachgesellschaften und viele weitere wissenschaftliche Einrichtungen überwiegend aus Deutschland, Österreich und der Schweiz. Der idw stellt im Internet eine der wichtigsten Plattformen für wissenschaftliche Nachrichten im deutsch-

sprachigen Raum bereit. Es gibt allerdings einige Voraussetzungen für die kostenpflichtige Mitgliedschaft. Sie müssen beispielsweise entweder in der wissenschaftlichen Forschung, der akademischen Lehre, der Forschungsförderung, der Wissenschaftspolitik oder im Forschungs- und Technologietransfer tätig sein.

→ brainGuide (www.brainguide.de)

Expertenportal der Wirtschaft, in dem über 6000 Experten und über 10 000 Unternehmen gelistet sind. Um die Aufnahme zu beantragen, müssen Sie Ihre Expertise durch eine Veröffentlichung beziehungsweise einen Veranstaltungsbeitrag nachweisen.

> Viele dieser Theorien fielen erst in sich zusammen, als ein entscheidendes Experiment ihre Fehler aufdeckte ... So sind in jeder Wissenschaft die Experimente das Entscheidende, diese sorgen dafür, dass die Theoretiker ehrlich bleiben.
>
> *Michio Kaku, theoretischer Physiker und Mitbegründer der Stringtheorie*

Weniger als fünf Prozent der 195 000 Bücher, die jedes Jahr auf den Markt kommen, werden mehr als 5000-mal verkauft. Heerscharen von Verlegern und Lektoren mit zusammen jahrzehntelanger Erfahrung in der Buchbranche landen nur selten einen Treffer, viel häufiger sind Fehlentscheidungen.

Wie wir an diesem und vielen weiteren Beispielen in allen möglichen Branchen sehen können, liefern Intuition und Erfahrung gleichermaßen schlechte Prognosen darüber, ob ein Produkt profitabel sein wird oder nicht. Auch die Zielgruppe selbst zu befragen kann irreführend sein. Fragen Sie zehn Leute, ob sie Ihr Produkt kaufen würden. Dann sagen Sie denen, die mit »Ja« geantwortet haben, dass Sie zehn Stück im Auto liegen haben, und bieten Sie ihnen eines davon zum Kauf an. Sie werden sehen: Sobald es um echtes Geld geht, wird die ursprünglich positive Antwort (die Befragten wollen eben freundlich sein und Ihnen einen Gefallen tun) zu einer höflichen Ablehnung.

Wenn Sie einen präzisen Indikator für das kommerzielle Potenzial eines Produkts haben wollen, dann fragen Sie die Leute nicht, ob sie etwas kaufen *würden* – bieten Sie es ihnen zum Kauf an. Die Reaktion auf ein konkretes Angebot ist das Einzige, was zählt. Die Herangehensweise der NR bei der Umsetzung neuer Produktideen orientiert sich an dieser Erkenntnis.

So können Sie Ihre Produkte mikrotesten

Mikrotesten bedeutet, mit Hilfe billiger Werbemaßnahmen die Kundenreaktion auf ein Produkt zu testen, bevor man in die Produktion einsteigt.[27] Als es noch kein Internet gab, brachten Kleinanzeigen in Zeitungen oder Zeitschriften die Kunden dazu, eine Nummer anzurufen, unter der eine zuvor aufgenommene Verkaufsbotschaft zu hören war. Die Kunden konnten ihre Kontaktdaten hinterlassen, und aufgrund der Anzahl der Anrufe – manchmal bezog man auch noch die Reaktionen auf einen weiteren Werbebrief mit ein – wurde das Produkt dann verworfen oder eben produziert.

Im Internetzeitalter gibt es bessere Werkzeuge, die sowohl billiger als auch schneller sind. Mit Hilfe von Google AdWords (https://www.adwords.google.de) – einem der größten und differenziertesten Werbenetzwerke mit Preis-pro-Klick-Option (Cost-per-Click/CPC oder Pay-per-Click/PPC) – können Sie Ihre neu entwickelte Produktidee testen. Das geschieht innerhalb von fünf Tagen und kostet nicht die Welt, etwa zwischen 200 und 500 Dollar.

---

27 Es kann illegal sein, Kunden vor dem Versand der Ware bezahlen zu lassen, also werden wir das nicht tun, obwohl es teilweise gängige Praxis ist. Warum heißt es sonst in so vielen Anzeigen »die Zustellung kann drei bis vier Wochen in Anspruch nehmen«, wenn eine Warensendung von New York nach Kalifornien nicht länger als drei bis fünf Tage dauert? Die Unternehmen haben so Zeit, Produkte zu fertigen, und können mit dem Geld des Kunden die Produktion finanzieren. Das ist schlau, aber oft auch gegen das Gesetz.

Mit CPC-Anzeigen sind die hervorgehobenen Suchergebnisse gemeint, die oberhalb und rechts neben den normalen Google-Suchergebnissen dargestellt werden. Es handelt sich dabei um Werbeanzeigen. Sie bezahlen also dafür, dass Ihre Anzeigen erscheinen, wenn jemand nach bestimmten Begriffen sucht, die etwas mit ihrem Produkt zu tun haben. Kosten werden nur dann fällig, wenn ein Nutzer auf Ihre Anzeige klickt. Außerdem können Sie ein maximales Tagesbudget vereinbaren. Per Klick gelangen die User dann auf Ihre Internetseite oder zu Ihrem Angebot.

Testen Sie jetzt Ihr Produkt. Das können Sie in drei Schritten tun, die wir alle in diesem Kapitel behandeln wollen:

Bessermachen: Schauen Sie sich die Konkurrenz an und gestalten Sie ein überzeugenderes Angebot. Dafür benötigen Sie eine einfache Internetpräsenz mit einer bis drei Seiten. Dauer: eine bis drei Stunden.

Testen: Testen Sie Ihr Angebot im Rahmen einer kurzen Werbekampagne beispielsweise bei Google AdWords. Dauer: drei Stunden für das Einrichten und fünf Tage für passives Beobachten.

Aussteigen oder Investieren: Erweist sich Ihr Produkt als Flop, dann steigen Sie aus. Ist es ein Renner, dann gehen Sie in Produktion und starten Sie den Verkauf.

Die Produktideen von Sherwood und Johanna (französische Seglerhemden und eine Seminar-DVD mit dem Titel »Yoga für Kletterer«) sollen uns nun als Fallstudien dienen. Sie lernen so die ersten praktischen Schritte kennen und erfahren, wie Sie diese ebenfalls umsetzen können.

Der Maschinenbau-Ingenieur Sherwood hat letzten Sommer in seinem Frankreichurlaub ein gestreiftes Seglerhemd gekauft. Wieder zu Hause in New York fällt ihm auf, dass er ständig auf der Straße von 20- bis 30-jährigen Männern angesprochen wird, die von ihm wissen wollen, wo sie auch so eines kaufen können.

Er wittert eine Chance, besorgt sich alte Ausgaben von New Yorker Wochenmagazinen, die sich an seine Altersgruppe richten, und ruft einen Hersteller in Frankreich an, um nach dem Preis zu fragen. Er erfährt, dass er zum Großhandelspreis von 20 Dollar Hemden kaufen kann, die im Einzelhandel für 100 Dollar verkauft werden. Wenn er für den Versand in die USA pro Hemd fünf Dollar ansetzt, kommt er pro Hemd auf einen Einkaufspreis von 25 Dollar. Der 4-fache Preisaufschlag ist im Vergleich zum 8- oder 10-fachen nicht ganz ideal, aber Sherwood will es trotzdem versuchen.

Johanna ist Yogalehrerin, und ihr ist aufgefallen, dass immer mehr Kletterer ihre Kurse besuchen. Sie klettert ebenfalls und trägt sich nun mit dem Gedanken, einen DVD-Yogakurs zu produzieren, der genau auf die Zielgruppe zugeschnitten ist. Die DVD inklusive eines 20-seitigen spiralgebundenen Handbuchs möchte sie für 80 Dollar anbieten. Sie überlegt, dass das Produzieren einer ersten Low-Budget-Version nicht mehr kosten würde als eine geliehene Kamera, ein 90-minütiges digitales Band und den iMac eines Freundes für einen einfachen Schnitt. Sie könnte kleine Mengen dieser ersten Auflage auf dem Laptop brennen – ohne Menü, einfach nur mit Vor- und Abspann. Das Label könnte Sie mit einem Freeware-Grafikprogramm gestalten. Sie hat bei einem Kopierunternehmen angefragt und dort erfahren, dass das Brennen einer professionelleren DVD in kleineren Mengen (Auflage mindestens 250 Exemplare) zwischen 3 und 5 Dollar pro Stück kosten würde, einschließlich Hüllen.

Und jetzt? Wie geht es weiter, da beide eine Idee und eine Vorstellung von den Start-up-Kosten haben?

Besser sein als die Konkurrenz

Zuallererst muss jedes Produkt die Nagelprobe des Wettbewerbs bestehen. Wie können Sherwood und Johanna die Konkurrenz ausstechen und ein überlegenes Produkt oder eine bessere Garantie bieten?

Sherwood und Johanna googeln nun die Begriffe, die sie benutzen würden, um ihr eigenes Produkt zu finden. Verwandte und abgeleitete Begriffe kann man auch mit Hilfe sogenannter Keywordfinder recherchieren:

→ Google: https://adwords.google.com/select/KeywordTool External

Im Anschluss besuchen sie die drei Webseiten, die bei all ihren Suchergebnissen beziehungsweise als CPC-Anzeigen immer wieder ganz oben stehen. Die genaue Analyse der Konkurrenzseiten kann Ihnen helfen, Ihr eigenes Angebot konkret zu machen. Die entscheidenden Fragen lauten:

- Wie können Sie Ihr eigenes Angebot differenzieren?
- mehr Glaubwürdigkeitsindikatoren benutzen? (Medien, Hochschulen, Verbände, Testimonials)
- eine längere Garantie zusichern?
- eine bessere Auswahl bieten?[28]
- schnelleren oder kostenlosen Versand anbieten?

Sherwood fällt beispielsweise auf, dass die Hemden auf den Seiten der Wettbewerber oft schwer zu finden sind, weil dort in der Regel Dutzende von verschiedenen Produkten verkauft werden. Außerdem werden die Hemden entweder in den USA hergestellt (sind also nicht *echt* französisch) oder von Frankreich aus direkt an den Kunden verschickt (in diesem Fall müssen die Kunden zwischen zwei und vier Wochen warten). Johanna kann keine einzige »Yoga für Kletterer«-DVD finden, deshalb starrt sie auf einen leeren Bildschirm.

Im nächsten Schritt müssen Sherwood und Johanna jeweils eine einseitige Anzeige (300 bis 600 Wörter) zusammenstellen,

---

28 Das betrifft natürlich nur Sherwood und nicht Johanna.

die mehrere Testimonials[29] enthält und die Alleinstellungsmerkmale sowie den Produktnutzen unterstreicht. Als Bild-
material kommen private Fotos oder Fotos von der Webseite
einer Bildagentur in Frage. Beide haben zwei Wochen lang Print-
und Onlineanzeigen gesammelt, die sie selbst zum Kaufen an-
geregt haben – an diesen Vorbildern werden sie sich orientieren. Johanna bittet ihre Yoga-Schüler um Testimonials, und
Sherwood lässt seine Freunde die Hemden anprobieren, um
ebenfalls welche zu bekommen. Sherwood bittet den Hersteller darüber hinaus um Fotos und Musterexemplare.

Kostenlose Seminare, wie ich Sie im vorangegangenen Kapitel empfohlen habe, um Expertenstatus zu erlangen, sind
übrigens der ideale Ort, um zu erfahren, welche Verkaufsargu-
mente besonders wirkungsvoll sind, und um Testimonials zu
sammeln.

Testen Sie Ihre Anzeige

Sherwood und Johanna müssen jetzt die tatsächliche Kundenreaktion auf ihre Anzeige testen. Sherwood testet sein Konzept
zuerst mit einer eBay-Auktion. Für diesen Zweck hat er in
einige wenige Hemden investiert und sich diese aus Frankreich
schicken lassen. Er bewirbt sie mit einem Werbetext und setzt
das Mindestgebot (wird dieses nicht überboten, kommt der
Handel nicht zustande) für ein Hemd auf 50 Dollar fest. Zum
Auktionsende hat er Gebote bis zu 75 Dollar bekommen und
beschließt, die nächste Testphase anlaufen zu lassen. Johanna
hat Bedenken. Weil sie noch keine Ware hat und Auktionen bei
eBay nicht ohne weiteres abgebrochen werden können, lässt sie
diese Testphase aus.

---

29 »Testimonial« bezeichnet die positive Bewertung eines Produkts oder einer
Dienstleistung (in Form eines Zitats), die von Personen stammt, die das Produkt oder die Dienstleistung getestet haben. Testimonials werden häufig in
der Werbung eingesetzt.

Beide suchen sich nun einen billigen Provider, der ihre geplante Webseite hosten wird. Die Gebühren für einen Domainnamen und ein einfaches Webhosting-Paket sind sehr überschaubar. Auf der Seite kann man auch testen, ob der Wunschname für eine Webseite noch frei ist. Sherwood entscheidet sich für www.shirtsfromfrance.com, und Johanna wählt www.yogaclimber.com. Wer keine extra Webseite gestalten möchte, kann übrigens auch in der Anmeldung zu AdWords eine einfache Webpage erstellen, ohne zusätzliche Kosten.

Sherwood und Johanna haben sich allerdings entschieden, das Ganze schon etwas professioneller anzugehen. Sherwood erstellt auf Grundlage seiner Anzeige eine einfache Internetpräsenz mit einer Startseite und zwei weiteren Seiten. (Kostenlos editierbare Vorlagen für Webseiten kann man sich auf www.openwebdesign.org herunterladen.) Wenn jemand nun auf den »Kaufen«-Button unten auf der ersten Seite seiner Webseite klickt, dann gelangt er auf eine zweite Seite mit Preisen, Versandkosten und einem Formular, das der Käufer ausfüllen muss (darunter E-Mail und Telefon). Wenn der Besucher auf dieser Seite den Button »Bestellung abschicken« anklickt, dann gelangt er zu einer Seite, auf der steht »Leider sind wir derzeit im Lieferrückstand, aber wir werden uns mit Ihnen in Verbindung setzen, sobald wir wieder Ware auf Lager haben. Vielen Dank für Ihr Verständnis«. Auf diese Weise kann Sherwood seine Anzeige, den Anzeigentext und das Bestellformular testen. Wenn jemand bis zur dritten Seite gelangt, kann das als Bestellung gewertet werden.

Johanna fühlt sich nicht wohl mit solch einem »Trockenlauf«, obwohl dieser durchaus legal ist, solange die Kontendaten nicht gespeichert werden. Stattdessen verpflichtet sie einen Designer, der ihr mit dem Inhalt ihrer Anzeige eine einseitige Internetpräsenz aufbaut. Auf Johannas Webseite sollen Besucher die Möglichkeit haben, ihre E-Mail-Adressen anzugeben, um kostenlos die »Zehn besten Tipps« zu bekommen, wie man Yoga beim Klettern einsetzen kann. Sie will jeweils 60 Prozent

der Anmeldungen für ihre Tipps als hypothetische Bestellungen werten.

Beide starten einfache Google-AdWords-Kampagnen mit 50 bis 100 Suchwörtern.[30] Sie testen unterschiedliche Anzeigen mit verschiedenen Überschriften, während sie Traffic auf ihre Seiten lotsen. Ihre Budgets beschränken sie auf jeweils 50 Dollar pro Tag. Sherwood und Johanna suchen sich die besten Suchbegriffe mit Hilfe der bereits erwähnten Keywordfinder. Dabei versuchen sie möglichst spezifisch zu sein (»Französische Seglerhemden« anstatt »französische Hemden«; »Yoga für Sportler« statt »Yoga«) – das sorgt für eine höhere Konversionsrate (der Prozentsatz von Besuchern, der auch kauft) und insgesamt niedrigere CPC-Kosten. Sie wollen eine Positionierung zwischen zweiter und vierter Stelle erreichen, aber nicht mehr als 20 Cents pro Klick bezahlen.

Um zu ermitteln, wie Ihre Webseite auf die Besucher wirkt, wie sich die potenziellen Kunden auf den Seiten bewegen und wie Sie Ihre Nutzererfahrung optimieren können, bietet sich das von Google angebotene kostenlose Analyse-Tool Google Analytics an. (Gehen Sie zum Einstieg einfach auf die Google-Analytics-Webseite www.google.com/analytics/de-DE/oder klicken Sie in Ihrem AdWords-Konto auf die Registerkarte Analytics.) Ebenfalls kostenlos ist der Besucherzähler inklusive -analyse bei Flashcounter (http://fc.webmasterpro.de/).

Johanna und Sherwood entwerfen jetzt AdWords-Anzeigen, die ihre Alleinstellungsmerkmale betonen. Jede Anzeige bei AdWords besteht aus einer Überschrift und zwei Zeilen Beschreibung, von denen keine länger als 35 Zeichen sein darf.

---

30 Die Kosten pro Klick richten sich nach der Qualität des jeweiligen Keywords. Denken Sie in diesem Zusammenhang daran, dass 100 spezifische Begriffe für 10 Cent pro Klick bessere Ergebnisse bringen als zehn pauschale Begriffe für einen Dollar pro Klick. Generell gilt: Je mehr Sie ausgeben und je mehr Traffic Sie generieren, desto mehr statistische Aussagekraft haben die Ergebnisse. Wenn es Ihr Budget zulässt, vergrößern Sie die Anzahl der verwandten Begriffe.

Sherwoods erstellt fünf Gruppen mit jeweils zehn Suchbegriffen. Hier sind zwei seiner Anzeigen:

SEGLERHEMDEN
AUS FRANKREICH
Echt französisch, Versand aus USA
Lebenslange Garantie!
www.shirtsfromfrance.com

ECHT FRANZÖSISCHE
SEGLERHEMDEN
Aus Frankreich, Versand via USA
Lebenslange Garantie!
www.shirtsfromfrance.com

Johanna stellt ebenfalls fünf Gruppen mit jeweils zehn Suchbegriffen zusammen und testet eine Anzahl von Anzeigen, darunter diese hier:

YOGA FÜR KLETTERER
DVD für Kletterer
So werden Sie schnell flexibel!
www.yogaclimber.com

YOGA FÜR KLETTERER
DVD für Kletterer
So werden Sie schnell flexibel!
www.yogasports.com

Mit diesen Anzeigen lassen sich nicht nur verschiedene Überschriften, sondern auch Garantien, Produkt- und Domainnamen testen. Man muss mehrere Anzeigen erstellen, die sich in nur einer Variante unterscheiden. Diese werden dann von Google automatisch abwechselnd eingesetzt. Was glauben Sie, wie ich den idealen Titel für dieses Buch ermittelt habe?

Beide, Sherwood und Johanna, deaktivieren die Google-Funktion, die nur die Anzeige mit den besten Klickraten einsetzt. Das ist erforderlich, damit man später die einzelnen Klickraten vergleichen und die besten Elemente aller Anzeigen (Überschrift, Domainname, Text) zu einer endgültigen optimierten Anzeige kombinieren kann.

Und zum guten Schluss: Es ist wichtig, dass die Anzeigen niemanden unter Vorspiegelung falscher Tatsachen auf die Webseite locken. Das Produktangebot sollte klar und eindeutig sein. Unser Ziel ist qualifizierter Traffic, deshalb gibt es keine Angebote zum Nulltarif oder sonstige Scheinangebote, die lediglich Neugierige und Schaulustige anlocken, die aber wahrscheinlich nichts kaufen werden.

Investieren oder aussteigen?

Fünf Tage später ist es an der Zeit, die Ergebnisse auszuwerten. Was ist eine gute Klick- und was eine gute Konversionsrate? An dieser Stelle können Zahlen in die Irre führen. Wenn wir Yeti-Kostüme für 10 000 Euro pro Stück mit 80 Prozent Gewinnspanne verkaufen, dann brauchen wir natürlich eine weitaus geringere Konversionsrate als jemand, der 50-Euro-DVDs mit einer 70-prozentigen Gewinnspanne verkauft.

Johanna und Sherwood beschließen, es in diesem Stadium einfach zu halten. Wie viel haben sie beide für CPC-Anzeigen ausgegeben und wie viel hätten sie verkauft? Johanna hat sich gut geschlagen. Der Traffic war nicht groß genug, um den Test statistisch relevant zu machen, aber sie hat etwa 200 Dollar für CPC ausgegeben und 14 Anmeldungen für ihre zehn kostenlosen Tipps bekommen. Wenn sie annimmt, dass 60 Prozent davon ihre DVD kaufen würden, dann bedeutet das 8,4 Käufer mal 75 Dollar Gewinn pro DVD, also 630 Dollar hypothetischer Reingewinn. Dabei ist noch nicht eingerechnet, welche Folgegeschäfte diese Kunden in Zukunft noch tätigen werden.

Die Ergebnisse ihres kleinen Tests sind keine Garantie für den zukünftigen Erfolg, aber die Indikatoren sind so positiv, dass Johanna sich entscheidet, bei Yahoo einen Internet-Shop einzurichten, was sie monatlich 99 Dollar und eine geringe Transaktionsgebühr kostet. Ihre Kreditwürdigkeit ist nicht besonders, deshalb nutzt sie PayPal (www.paypal.de), um ebenfalls Online-Kreditkartenzahlungen annehmen zu können, anstatt zu versuchen, bei ihrer Bank ein Händlerkonto beziehungsweise einen Kreditkartenakzeptanzvertrag zu bekom-

---

31 Ein Händlerkonto bzw. einen Kreditkartenakzeptanzvertrag benötigen Sie, wenn Sie Ihren Kunden die Bezahlung per Kreditkarte anbieten möchten. Sprechen Sie mit Ihrer Bank, um herauszufinden, ob Sie ein solches Händlerkonto eröffnen können. Sollte das nicht möglich sein, fragen Sie, bei welcher

men.[31] Sie mailt ihre zehn Yoga-Tipps an die Leute, die sich auf der Webseite angemeldet haben, und bittet sie um Feedback und Empfehlungen für den Inhalt ihrer DVD. Zehn Tage später hat sie eine erste Version ihrer DVD versandfertig, und ihr Internet-Shop ist online. Die Verkäufe an die Interessenten, die sich bereits für ihre Yoga-Tipps interessiert haben, decken die Produktionskosten, und bald verkauft Johanna über Google AdWords und Yahoo! Sponsored Search (http://searchmarketing.yahoo.com/de_DE/index.php) respektable zehn DVDs pro Woche (Gewinn 750 Dollar). Als nächsten Schritt plant sie, Anzeigen in Nischenmagazinen zu testen. Anschließend möchte sie ihre Geschäftsabläufe so automatisieren, dass sie selbst nicht mehr gebraucht wird, um Umsatz und Gewinn zu generieren.

Sherwood hat nicht ganz so gut abgeschnitten, aber er sieht dennoch ein Potenzial. Er hat 150 Dollar für CPC-Anzeigen ausgegeben und hätte theoretisch drei Hemden für hypothetische 225 Dollar Gewinn verkauft. Traffic hatte er mehr als genug, aber die meisten Besucher verlassen seinen Shop, sobald sie auf die Seite mit den Preisen geklickt haben. Anstatt die Preise zu senken, beschließt er, auf der Preisseite eine »Doppeltes Geld zurück«-Garantie auszuprobieren. Diese besagt, dass die Kunden 200 Dollar zurückbekommen, wenn ein 100-Dollar-Hemd nicht »das bequemste ist, das sie jemals besessen haben«. Er testet diese Variante und würde unter den neuen Umständen sieben Hemden für einen Gewinn von 525 Dollar verkaufen. Von seiner Bank lässt er sich ein Händlerkonto einrichten, um in Zukunft Kreditkartenzahlungen annehmen zu können. Er bestellt ein Dutzend Hemden aus Frankreich und verkauft sie innerhalb von zehn Tagen. Damit hat er genug Gewinn gemacht, um in einer Kunstzeitschrift, die wöchentlich in seiner Region erscheint, eine kleine Anzeige, die durch einen

Institution das geht. Manche Banken verlangen, dass Sie ein spezielles internetfähiges Händlerkonto haben. Eine gute Alternative für die Annahme von Kreditkarten, wenn Sie selbst kein Händlerkonto eröffnen können, ist *PayPal*. Auf diese Weise können Sie Ihren Kunden ebenfalls jede Zahlungsweise bieten.

Rahmen hervorgehoben ist, zu schalten. Diese bekommt er mit 50 Prozent Preisnachlass, weil er nach einem Rabatt für Erst-Inserenten fragt und dann ein Konkurrenzmagazin anführt und noch weitere 20 Prozent Nachlass herausschlägt. In der Anzeige bezeichnet er die Hemden als »Jackson Pollock Hemden«. In Frankreich bestellt er zwei weitere Dutzend Hemden (mit einem Zahlungsziel von 30 Tagen). In seiner Anzeige hat er eine gebührenfreie Telefonnummer[32] angegeben, die auf sein Handy weitergeleitet wird. Dass er diesen Weg geht, statt seine Webseite zu nutzen, hat zwei Gründe: Erstens will er wissen, was die häufigsten Fragen sind, um ein FAQ für seine Webseite zu erstellen, und zweitens will er ein Angebot testen, entweder 100 Dollar für ein Hemd zu bezahlen (75 Dollar Gewinn) oder »drei Hemden zum Preis von zwei« (200 Dollar – 75 Dollar = 125 Dollar Gewinn).

Fünf Tage nach dem Erscheinen der Zeitschrift hat er alle Hemden verkauft, die meisten durch sein Sonderangebot. Erfolg! Er überarbeitet die gedruckte Anzeige, beantwortet die häufigsten Fragen schon mit dem Text auf seiner Webseite, um die Zahl der telefonischen Rückfragen zu minimieren, und entschließt sich, mit der Zeitschrift über ein längerfristiges Werbeengagement zu verhandeln. Er schickt dem Anzeigenvertreter für vier Ausgaben einen Scheck über 30 Prozent des Listenpreises für die Anzeigen. Er ruft an, um sich den Erhalt des Schecks per Kurier bestätigen zu lassen, und mit dem Scheck in der Hand und angesichts des bevorstehenden Anzeigenschlusses akzeptiert man sein Angebot.

Sherwood will zwei Wochen Urlaub in Berlin machen, und er überlegt außerdem, seinen gegenwärtigen Job hinzuschmeißen. Wie kann er seinen Erfolg fortsetzen und sich dabei aus seinem eigenen Unternehmen verabschieden? Das nächste Kapitel erzählt mehr darüber.

---

32 Anbieter findet man leicht über das Internet.

Wie Doug es geschafft hat

Erinnern Sie sich an Doug, der die Sounds seiner Musikstücke weiterverkaufte? Wollen Sie wissen, wie er seine Idee testete und dabei von null auf ein 10 000-Dollar-Monatseinkommen kam? Er folgte diesen Schritten:

Marktauswahl: Er wählte Musik- und Fernsehproduzenten als seinen Markt, weil er selbst Musiker ist und Klangbibliotheken selbst genutzt hat.

Produkt-Brainstorming: Er suchte die beliebtesten Produkte aus dem Angebot der größten Hersteller von Klangbibliotheken heraus und verhandelte ein Großhandels- und Direktversand-Arrangement mit ihnen. Viele dieser Bibliotheken kosten allerdings deutlich über 300 Dollar (bis zu 7500 Dollar), was auch der Grund dafür ist, dass er mehr Kundenanfragen beantworten muss als jemand mit einem Produkt in der Preiskategorie von 50 bis 200 Dollar.

MikroTesten: Bevor er die erste Ware bestellte, versteigerte er die Produkte bei eBay, um den Bedarf zu testen – und den höchstmöglichen Preis. Erst wenn er eine Bestellung vorliegen hatte, orderte er Ware, und das Produkt wurde dann unmittelbar vom Lager des Herstellers an den Käufer verschickt. Weil der Verkauf über eBay die Nachfrage bestätigte, eröffnete Doug einen Yahoo-Shop für diese Produkte und fing an, Google AdWords und andere CPC-Suchmaschinen zu testen.

Markteinführung und Automatisierung: Nach seinen Tests und nachdem er genügend Cashflow erzeugt hatte, begann Doug mit Printwerbung in Branchenzeitschriften zu experimentieren. Gleichzeitig optimierte und outsourcte er seine Geschäftstätigkeit, um die zeitlichen Anforderungen von zwei Stunden pro Tag auf zwei Stunden pro Woche herunterzuschrauben.

Das erste Angebot ausschlagen und Verhandlungen abbrechen (drei Tage)

Für diese Übung nehmen Sie sich am besten an einem Samstag, Sonntag und Montag jeweils zwei Stunden Zeit. Gehen Sie am Wochenende auf einen Bauern- oder einen anderen Markt, der im Freien stattfindet. Wenn das nicht möglich ist, gehen Sie zu kleinen unabhängigen Einzelhändlern (keine Ladenketten oder Einkaufszentren).

Setzen Sie sich ein Budget von 100 Euro für Ihr Verhandlungstraining und suchen Sie sich Dinge aus, die insgesamt mindestens 150 Euro kosten. Ihre Aufgabe ist es, die Verkäufer auf einen Gesamtpreis von höchstens 100 Euro herunterzuhandeln. Zum Üben ist es besser, wenn Sie zuerst um viele kleine Artikel feilschen als um wenige große. Auf das erste Angebot sollten Sie auf jeden Fall antworten: »Welche Art von Rabatt können Sie anbieten?«, so muss der Händler quasi gegen sich selbst verhandeln. Handeln Sie kurz vor Geschäftsschluss, setzen Sie sich eine Preisobergrenze, und machen Sie ein festes Angebot mit dem entsprechenden Betrag in der Hand. Üben Sie, die Verhandlung abzubrechen, wenn Ihr maximaler Preis nicht akzeptiert wird.

Am Montag rufen Sie zwei Zeitschriften an und verhandeln mit der Anzeigenabteilung über den Preis für ein Inserat. Gehen Sie davon aus, dass das erste Telefonat unangenehm wird, und erstellen Sie sicherheitshalber vorher ein Telefonskript, das Sie zur Hilfe nehmen können. Handeln Sie die Gegenseite so weit wie möglich herunter und rufen Sie sie dann später noch einmal an, um zu sagen, dass Ihr Vorschlag vom Management nicht genehmigt oder anderweitig abgelehnt wurde. Gewöhnen Sie sich an, Angebote abzulehnen und Gegenangebote zu machen, und zwar im direkten Gespräch und – wichtiger noch – am Telefon.

Beispiel für eine Webseite, mit der Sie Ihre Muse testen können

→ The PX Method (www.pxmethod.com)

Diese Webseite habe ich konzipiert und gestaltet, um ein CD-Seminar zum Thema Speedreading zu testen – mit durchaus positivem Ergebnis. Achten Sie vor allem darauf, wie Testimonials, Glaubwürdigkeitsindikatoren und Garantieversprechen, die das Risiko der Kunden mindern, verwendet werden. Preise werden auf einer separaten Seite angegeben, sodass die Kundenreaktion in dieser Hinsicht separat getestet werden kann. Sie können sich an dieser Seite orientieren – und dieses einfache und simple Modell für Ihren Produkttest nachbauen.

Suchmaschinen-Marketing

→ Google AdWords (https://adwords.google.de)

Anzeigen bei Google und im Google-Werbenetzwerk (dazu zählen unter anderem auch AOL, Netscape Netcenter und Ask.com). Sie zahlen nur dann, wenn Ihre Anzeigen angeklickt werden. Die AdWords-Hilfe auf Deutsch (http://adwords.google.de/support/?hl = de) ist nicht ganz so ausführlich wie die englische (www.google.com/services).

→ Yahoo! Sponsored Search (http://searchmarketing.yahoo.com/de_DE/)

Mit Yahoo! Sponsored Search platzieren Sie Ihre Webseite ganz oben in den Suchergebnissen verschiedener Suchmaschinen und Portale. Das Partnernetzwerk erstreckt sich auch auf die Suchmaschinen etwa von Yahoo!, Lycos und msn.

→ Suchmaschineneintrag.com (http://www.express-submit.de/kostenlos.htm)

Hier können Sie Ihre Webseite zusätzlich bei 60 bis 100 Suchmaschinen kostenlos eintragen lassen. Als Gegenleis-

tung werden Sie gebeten, den nach der Anmeldung ange-
zeigten Link auf Ihre Homepage zu setzen.

Keywordfinder

→ Google (https://adwords.google.com/select/KeywordTool
  External)
→ Keyword-Datenbank (www.keyword-datenbank.de; kostenpflichtig)
  Die Keywordfinder helfen Ihnen, Synonyme und Variatio-
  nen bestimmter Begriffe zu recherchieren. Außerdem geben
  sie Auskunft über die Qualität der Keywords und darüber,
  wie oft diese in Suchmaschinen eingeben werden.

Hosting Services für Webseiten

→ 1&1 (www.1und1.de)
→ STRATO (www.strato.de)
→ T-HOME (http://hosting.t-online.de)
→ united domains (www.united-domains.de)

Kostenlose und gebührenpflichtige Bilddatenbanken

→ pixelio.de (www.pixelio.de)
  Kostenlose Bilddatenbank für lizenzfreie Bilder.
→ Fotolia (www.fotolia.de)
  Lizenzfreie Werke ab 1 Euro.
→ DIGITALSTOCK (www.digitalstock.de)
  Lizenzfreie Fotos ab 4,99 Euro.
→ Getty Images (www.gettyimages.com)
  Professionelle Bilddatenbank mit entsprechend höheren
  Preisen.

Vollautomatische Autoresponder

→ Flatrate-Newsletter (www.flatrate-newsletter.de/autores-
  ponder)
→ Mailresponder (http://mailresponder.de/)

E-Commerce-Shops

→ osCommerce (www.oscommerce.com)
Kostenloser Onlineshop-Anbieter. Mit über 150 000 Shops
einer der größten.

→ ShopFactory (www.shopfactory.com)
Mit mehr als 200 000 gegründeten Onlineshops ebenfalls
eine der am weitesten verbreiteten E-Commerce-Lösungen
weltweit. Obwohl die meisten Shops von und für kleine Unternehmen gegründet wurden, setzten auch Gesellschaften
wie Panasonic, KLM und Air France die Warenkorb-Soft-
ware von ShopFactory gewinnbringend ein.

→ Rent-a-Shop (www.rent-a-shop.ch)
Rent-a-Shop ist speziell für kleinere und mittlere Unternehmen sehr gut geeignet. Ab 19 Euro pro Monat.

→ eBay (www.ebay.de)
Basis-Shop ab 9,95 Euro monatlich.

Weitere Onlineshop-Angebote: www.1und1.de, www.lycos.de,
www.strato.de

Einfacher Online-Zahlungsdienstleister

→ PayPal (www.paypal.de)
PayPal ist einer der größten Online-Zahlungsdienstleister.
Sie benötigen kein extra Händlerkonto bei der Bank und
können dennoch jede Zahlungsmethode (Lastschrift, Kreditkarte, Überweisung) anbieten. Kosten bei Transaktionen
aus Deutschland: 1,9 Prozent des Umsatzes plus 0,35 Euro
pro Transaktion.

Zahlungssysteme für Onlineshops

→ GlobeCharge (www.globecharge.com)
GlobeCharge unterstützt Händler beim Verkauf ihrer Waren und der Annahme von Zahlungen per Internet. Im Gegensatz zu anderen Anbietern sind die Zahlungsarten nicht
beschränkt, unter anderem ist auch PayPal möglich.

→ PAYONE (www.payone.de)

Bietet modulare Lösungen zur automatisierten Abwicklung des Zahlungsverkehrs im Internet. Ganz gleich, ob Sie lediglich eine einfache Lösung zur Abwicklung von Kreditkartentransaktionen benötigen oder alle Prozesse rund um den Zahlungsverkehr outsourcen möchten.

→ WorldPay (www.worldpay.de)

Bietet großen und kleinen Unternehmen einfache und schnelle Zahlungssysteme, mit denen sie im Internet Zahlungen entgegennehmen können. Zahlungsweisen: Kreditkarte und Lastschriftverfahren.

Web- und Traffic-Analyse
→ FlashCounter (http://fc.webmasterpro.de/)
→ Google Analytics (www.google.com/analytics/de-DE/)

Konkurrenz-Check
→ Alexa (www.alexa.com)

Zeigt Ihnen, wie viel Traffic die Webseiten Ihrer Konkurrenz haben.

Designer und Programmierer
→ Webdesigner Suche (www.webdesigner-finden.de)

Verzeichnis von Webdesignern aus Deutschland, Österreich und der Schweiz.

→ dasauge.de (www.dasauge.de/profile/)

Versammelt Kreative im Netz: Design, Fotografie und Multimedia. Unter anderem Webdesigner und Programmierer.

→ xing (www.xing.de)

Globales Netzwerk für Geschäftsleute. Sie müssen angemeldet sein, dann können Sie nach Berufsgruppen suchen und bekommen die entsprechenden Profile aufgelistet.

Webseite erstellen

→ Open Web Design.org (www.openwebdesign.org)

Hier können Sie kostenlos editierbare Vorlagen (zum Beispiel als CSS-Datei) herunterladen und diese dann Ihrem eigenen Produkt- oder Unternehmensdesign anpassen. Das Angebot ist riesig, und zum Teil sind die Vorlagen von professionellen Designagenturen entwickelt worden, so dass die eigene Webseite mit wenigen Klicks aussieht wie die eines alteingesessenen Unternehmens …

Der Einkommens-Autopilot III:
MBA – *Management by Absence*

> Die Fabrik der Zukunft wird nur
> zwei Angestellte haben: einen Mann
> und einen Hund. Der Mann hat die
> Aufgabe, den Hund zu füttern. Und
> der Hund hat die Aufgabe, den
> Mann daran zu hindern, die
> Maschinen anzufassen.
> *Warren G. Bennis, Professor of*
> *Business Administration an der*
> *University of Southern California*

Die meisten Unternehmer haben gar nicht das Ziel, ihre Firma
zu automatisieren. In einer Welt, in der ein Business-Guru dem
anderen widerspricht, kann das zu großer Verwirrung führen.
Nehmen Sie die folgenden Beispiele:

»Ein Unternehmen ist umso stärker, je mehr es durch Liebe
anstatt durch Angst zusammengehalten wird … Wenn die Angestellten an erster Stelle kommen, dann sind sie glücklich.«
Dieses Zitat ist von Herb Kelleher, Mitbegründer von Southwest Airlines. Und nun schauen Sie sich im Kontrast das Motto
von Charles Revson an, der das Kosmetikunternehmen Revlon
mitgründete: »Hör zu Kleiner. Ich habe dieses Unternehmen
aufgebaut, indem ich ein Mistkerl war. Ich führe es, indem ich
ein Mistkerl bin. Ich werde immer ein Mistkerl sein, und versuche bloß nicht, mich zu ändern.«

Hmm … An wem soll man sich da orientieren? Wenn Sie
über eine rasche Auffassungsgabe verfügen, dann haben Sie be-

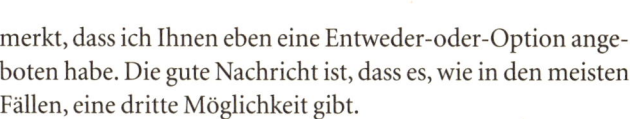

merkt, dass ich Ihnen eben eine Entweder-oder-Option angeboten habe. Die gute Nachricht ist, dass es, wie in den meisten
Fällen, eine dritte Möglichkeit gibt.

Vor allem die Frage, wie man mit den Menschen in seinem
Unternehmen – mit der Belegschaft – umgehen soll, wird sehr
widersprüchlich in Wirtschaftsbüchern und anderswo beantwortet. Kelleher ist mehr fürs Kuscheln, Revson empfiehlt, den
Leuten in den Hintern zu treten – und ich sage Ihnen: Lösen
Sie das Problem, indem Sie es einfach eliminieren. Trennen Sie
sich von der Idee, Angestellte zu haben oder diese ständig anleiten zu müssen. Wenn Sie jetzt ein Produkt haben, das sich
verkauft, dann ist es an der Zeit, eine Geschäftsarchitektur zu
errichten, die sich selbst managt.

Der Unternehmer mit der Fernbedienung

Pennsylvania, irgendwo im Hinterland: In dem 200 Jahre alten
steinernen Bauernhaus geht ein stilles Experiment über Un-
ternehmensführung im 21. Jahrhundert genau nach Plan vor
sich. Stephen McDonnell sitzt im Obergeschoss mit Flipflops
an den Füßen vor seinem Computer und schaut sich eine Ta-
belle an. Sein Unternehmen hat seine Einnahmen seit der
Gründung Jahr für Jahr um 30 Prozent gesteigert, und er kann
mehr Zeit mit seinen drei Töchtern verbringen, als er jemals
für möglich gehalten hätte.

Welches Experiment? Als CEO von Applegate Farms besteht
er darauf, jede Woche nur einen Tag im Hauptquartier des Unternehmens in Bridgewater, New Jersey, zu verbringen. Er ist
natürlich nicht der einzige CEO, der Zeit bei seiner Familie verbringt. Es gibt Hunderte, die Herzinfarkte oder Nervenzu-
sammenbrüche erleiden und sich dann zu Hause erholen müssen, aber das ist ein großer Unterschied. McDonnell macht das
seit mehr als 17 Jahren so, aber aus freien Stücken. Noch be-
merkenswerter ist, dass er bereits damit begann, als seine Firma

gerade einmal sechs Monate alt war. Sein Wunsch, seine Zeit nicht sinnlos am Schreibtisch und auf Meetings zu vergeuden, war so groß, dass es ihm gelang, ein prozessgesteuertes Unternehmen (anstatt ein vom Gründer gesteuertes Unternehmen) aufzubauen. Dazu musste er operative Regeln entwickeln, die andere in die Lage versetzten, selbst mit Problemen fertig zu werden, anstatt ihn jedes Mal zur Hilfe zu rufen.

So etwas ist durchaus nicht nur in kleinen Firmen möglich. Applegate Farms verkauft mehr als 120 organische und natürliche Fleischprodukte an Einzelhändler der oberen Preiskategorie und erwirtschaftet Einnahmen von mehr als 35 Millionen Dollar im Jahr. Das alles ist möglich, weil McDonnell von Anfang an sein Ziel vor Augen hatte.

Hinter den Kulissen: Die Architektur der Muse

Von Anfang an als Ziel vor Augen zu haben, wie das Unternehmen aussehen soll – etwa in Gestalt eines Organigramms –, ist keine neue Idee. Wayne Huizenga, der berüchtigte Gründer mehrerer Firmenimperien, kopierte die Organisationsstruktur von McDonald's, um Blockbuster Video zu einem milliardenschweren Mammutkonzern zu machen, und Dutzende von Wirtschaftsriesen haben Ähnliches gemacht. In unserem Fall ist allerdings das »Ziel vor Augen« ein anderes. Wir wollen nicht ein Unternehmen schaffen, das so groß wie möglich ist, sondern ein Unternehmen, das uns so wenig wie möglich belästigt. Wir wollen nicht an der Spitze des Unternehmens stehen, sondern außerhalb.

Ich selbst habe das am Anfang falsch gemacht. Im Jahr 2003 wurde ich in meinem Büro für eine Dokumentation interviewt. Das Gespräch wurde alle 20 bis 30 Sekunden von bei mir eingehenden piepsenden E-Mail-Meldungen, Instant-Messenger-Signaltönen und klingelnden Telefonen unterbrochen. Ich musste auf all diese Nachrichten sofort reagieren, schließlich hingen Dutzende von Entscheidungen von mir ab. Wenn ich nicht dafür sorgte, dass alle Züge pünktlich abfuhren und alle Brandherde gelöscht wurden, dann würde es niemand tun.

Nach diesem Erlebnis setzte ich mir ein neues Ziel, und als ich sechs Monate später noch einmal für die gleiche Sendung interviewt wurde, hatte sich etwas grundlegend verändert: Es herrschte Stille. Ich hatte mein Unternehmen von Grund auf neu strukturiert, so dass ich keine Telefonanrufe mehr annehmen musste und keine E-Mails mehr zu beantworten hatte.

Ich werde oft gefragt, wie groß mein Unternehmen ist – wie viele Vollzeitmitarbeiter ich beschäftige. Die Antwort ist: einen. Nach dieser Auskunft verlieren die meisten Leute das Interesse. Würde mich allerdings jemand fragen, wie viele Leute es sind, die BrainQUICKEN am Laufen halten, dann wäre auch die Antwort eine andere: zwischen 200 und 300.

Das Diagramm auf Seite 228 zeigt eine vereinfachte Version meiner Unternehmensarchitektur, von den Werbemaßnahmen bis zu dem Eintreffen von Geld auf meinem Konto, einschließlich Kostenbeispielen. Wenn Sie nach Anleitung der letzten beiden Kapitel ein eigenes Produkt entwickelt haben, dann wird es perfekt in diese Struktur hineinpassen.

Wo ich in dem Diagramm zu finden bin? Nirgends. Ich bin nicht die Zollstation, an der alles vorbeifahren muss. Ich bin eher wie ein Verkehrspolizist am Straßenrand, der einschreiten kann, wenn es nötig wird. Mit Hilfe der Reports meiner externen Dienstleister kann ich sicherstellen, dass alle Rädchen sich drehen, wie sie sollen. Ich lese jeden Montag die Reports und am Ersten jedes Monats die Monatsberichte. Letztere enthalten die Bestellungen aus dem Callcenter, die ich mit den Rechnungen abgleichen kann, um den Gewinn zu errechnen. Ansonsten überprüfe ich nur am Ersten und 15. jedes Monats mein Online-Bankkonto. Stolpere ich über merkwürdige Abbuchungen, regelt eine E-Mail die Sache wieder, und wenn ich nichts finde, kann ich mich wieder anderen Dingen zuwenden: Kendo, Malerei, Wandern oder was auch immer.

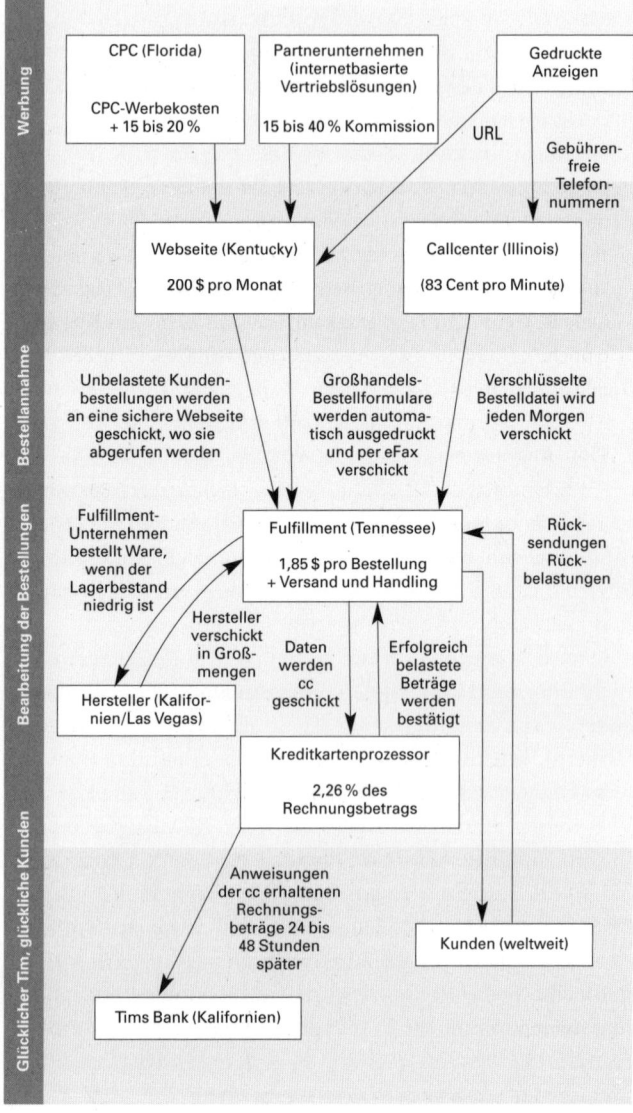

Die Aufteilung des Kuchens:
Outsourcing-Ökonomie

Jeder, der an diesem Prozess beteiligt ist, bekommt ein Stückchen vom Einnahmen-Kuchen ab. Hier ist ein Beispiel, wie die Einnahmen/Ausgaben-Rechnung aussehen könnte für ein hypothetisches 80-Dollar-Produkt, das per Telefon verkauft wird und mit Hilfe eines Experten entwickelt wurde, der dafür eine Lizenzgebühr erhält. Ich empfehle, die Gewinnspannen so zu kalkulieren, dass notfalls auch höhere als die erwarteten Ausgaben gedeckt werden können. Das kann unvorhergesehene Kosten (sprich: Probleme aller Art) und verschiedene Gebühren, die hin und wieder anfallen, auffangen.

EINNAHMEN

Produktpreis	80,00 $
Versand und Handling	12,95 $
Gesamteinnahmen	**92,95 $**

AUSGABEN

Produktherstellung	10,00 $
Callcenter (0,83 $ pro Minute x durchschnittliche Anrufdauer von 4 Minuten)	3,32 $
Versand	5,80 $
Fulfillment (1,85 $ pro Paket + 0,50 $ Verpackungsmaterial und Packen)	2,35 $
Kreditkartengebühren (2,75 % von 92,95 $)	2,56 $
Rücklieferungen und abgelehnte Karten (6 % von 92,95 $)	5,58 $
Lizenzgebühr (5 % des Großhandelspreises von 48 $ [80 $ x 0,6])	2,40 $
Gesamtausgaben	**32,01 $**

GEWINN (Einnahmen minus Ausgaben)	60,94 $

Wie rechnet man Werbekosten ein? Wenn eine Anzeige oder CPC-Marketing im Wert von 1000 $ 50 Käufe auslöst, dann betragen meine Werbekosten pro Bestellung 20 $. Somit beträgt der tatsächliche Gewinn pro Einheit 40,94 $.

Wann und wie Sie sich selbst aus der Gleichung entfernen können

Das Diagramm auf Seite 228 kann Ihnen als grober Entwurf für Ihre eigene virtuelle Architektur dienen, so hält sich Ihr Unternehmen ganz von selbst am Laufen. Dabei kann es im Detail Unterschiede geben, mehr oder weniger Elemente zum Beispiel, aber die fundamentalen Prinzipien sind die gleichen:

- Verpflichten Sie wann immer möglich Outsourcing-Unternehmen, die sich auf eine Funktion spezialisiert haben, und nicht Freiberufler. So können Sie, wenn jemand gefeuert wird, kündigt oder seine Leistung nicht erbringt, diese Person ersetzen lassen, ohne Ihre Geschäfte zu unterbrechen. Geben Sie einem Team von ausgebildeten Leuten den Vorzug, sie sollten detaillierte Reports erstellen und sich wenn nötig gegenseitig vertreten können.
- Stellen Sie sicher, dass alle externen Dienstleister dazu bereit und in der Lage sind, untereinander zu kommunizieren, um Probleme zu lösen, und *geben Sie ihnen die schriftliche Erlaubnis, bis zu einer festgesetzten Grenze selbstständig zu entscheiden und zu handeln, ohne Sie zu konsultieren* (ich selbst fing mit 100 Dollar an und erhöhte nach zwei Monaten auf 400 Dollar).

Wie kommt man dorthin? Dazu schauen wir uns am besten einmal an, wo Unternehmer typischerweise ihren Schwung einbüßen und dauerhaft zum Stillstand kommen. Die meisten Unternehmer sparen anfangs, wo sie können, nutzen die bil-

ligsten Mittel und machen alles Mögliche selbst, um das Geschäft mit dem wenigen Geld, das ihnen zur Verfügung steht, zum Laufen zu bekommen. Das ist gar nicht das Problem. Dieses Vorgehen ist sogar nötig, damit der Unternehmer später seine externen Dienstleister vernünftig anleiten kann. Das Problem ist, dass diese Unternehmer nicht wissen, wann und wie sie sich selbst zurückziehen können, während ihre selbstgestrickte Infrastruktur weiterhin funktioniert und außerdem skalierbar ist.

Mit »skalierbar« meine ich eine Unternehmensarchitektur, die 10 000 Bestellungen pro Woche ebenso problemlos verarbeiten kann wie zehn. Um das zu erreichen, müssen Sie Ihre eigene Entscheidungsverantwortung minimieren. So können Sie Ihr Ziel, frei zu sein, verwirklichen – und Sie bereiten den Boden für eine Verdopplung und Verdreifachung des Einkommens, ohne dass Ihre Arbeitszeiten sich verändern.

Recherchieren Sie im Internet und Branchenverzeichnis nach Fulfillment-Unternehmen und gegebenenfalls Callcentern, die Sie bei der Verwirklichung Ihrer Geschäftsidee unterstützen können. Die genannten Suchmaschinen am Ende dieses Kapitels können Ihnen dabei helfen. Setzen Sie sich mit den Firmen in Verbindung, um sich über die Kosten zu informieren. Planen und budgetieren Sie entsprechend, damit Sie die Infrastruktur aufstocken können, sobald die folgenden Meilensteine erreicht sind.

Phase I: Versand der ersten 50 Produkteinheiten
Machen Sie alles selbst. Geben Sie auf der Webseite Ihre Telefonnummer an, sowohl für allgemeine Fragen als auch für die Bestellannahme. Es ist wichtig, dass Sie am Anfang die Anrufe der Kunden selbst entgegennehmen – so erfahren Sie, was die häufigsten Fragen sind, und können sie später in einem Online-FAQ beantworten. Dieses FAQ wird auch zur Schulung der Callcenter-Mitarbeiter und zum Erarbeiten von Verkaufsskripts dienen.

Sind Ihre Webseite, Ihre CPC- oder Printanzeigen zu wenig

aussagekräftig oder gar irreführend und ziehen sie deshalb Irr-läufer an, die gar nicht an Ihrem Produkt interessiert sind und letztlich nur Ihre Zeit verschwenden? Wenn ja, dann optimieren Sie: Bauen Sie die Antworten auf häufige Fragen in den Text ein und arbeiten Sie den Produktnutzen klarer heraus. Grenzen Sie Ihr Produkt von anderen ab.

Beantworten Sie alle E-Mails selbst und speichern Sie Ihre Antworten in einem Ordner mit dem Titel »Kundenservice-fragen«. Setzen Sie sich bei den Antworten selbst cc und schreiben Sie in die Betreffzeile, worum es bei der Anfrage geht, damit Sie diesen Ordner wie ein Register nutzen können. Verpacken und verschicken Sie alle Produkte selbst, um die billigsten Möglichkeiten für beides zu ermitteln. Prüfen Sie, ob Sie bei Ihrer Bankfiliale einen Kreditkartenakzeptanzvertrag abschließen können, damit Zahlungen an Sie per Kreditkarte abgewickelt werden können.

Phase II: Versand von mehr als zehn Einheiten pro Woche
Stellen Sie das ausführliche FAQ auf Ihre Webseite und ergänzen Sie nach und nach weitere häufig auftretende Fragen. Suchen Sie sich zuerst kleinere und/oder lokale Fulfillment-Unternehmen, die die logistische und kaufmännische Abwicklung Ihrer Aufträge übernehmen. »Logistik« und »Direktmarketing« sind ebenfalls gute Stichworte. Wenn Sie weder dort noch unter www.hotfrog.de etwas Geeignetes finden können, rufen Sie Druckereien in Ihrer Nähe an und fragen Sie nach Empfehlungen.

Nehmen Sie diejenigen Anbieter in die engere Auswahl, die bereit sind, ohne Einrichtungsgebühren oder monatliche Mindestumsätze für Sie zu arbeiten (oft sind das die kleinsten Firmen). Wenn das nicht möglich ist, dann verlangen Sie mindestens 50 Prozent Nachlass auf beide Gebühren und dass die Einrichtungsgebühr als Vorschuss auf die anderen anfallenden Gebühren angerechnet wird. Weisen Sie darauf hin, dass Sie ein Start-up-Unternehmen mit kleinem Budget sind, dass Sie das

Geld für Werbemaßnahmen brauchen, die wiederum zu mehr Versandvorgängen führen werden. Wenn nötig, erwähnen Sie Konkurrenzunternehmen, die ebenfalls auf Ihrer Liste stehen, und spielen Sie die Konkurrenten gegeneinander aus, indem Sie niedrigere Preise oder Zugeständnisse des einen nutzen, um Boni oder Rabatte mit einem anderen auszuhandeln.

Grenzen Sie die Auswahl weiter auf diejenigen Anbieter ein, die auf Kundenanfragen nach dem Lieferstatus und auf Geldzurück-Forderungen antworten können – idealerweise per E-Mail, zumindest aber per Telefon. Zu diesem Zweck wird das von Ihnen beauftragte Unternehmen Ihren Ordner mit »Kundenservicefragen« als Musterantworten bekommen.

Bevor Sie Ihre endgültige Wahl treffen, fragen Sie nach mindestens drei Referenzkunden und stellen Sie diesen die folgende Frage, um mögliche negative Dinge herauszukitzeln: »Firma X ist gut, wie ich höre – aber jeder hat ja auch seine schwachen Seiten. Wenn Sie benennen müssten, auf welchen Gebieten es Differenzen gab und worin Firma X vielleicht nicht die beste ist, was würden Sie sagen? Können Sie vielleicht ein Beispiel nennen, wo es Unstimmigkeiten gab? Ich denke, das ist bei allen Unternehmen so, das ist ja keine große Sache, und natürlich behandele ich diese Information vertraulich.«

Bitten Sie um eine Zahlungsfrist von 30 Tagen, nachdem Sie die Dienstleistungen einen Monat lang umgehend bezahlt haben. Es ist leichter, all diese Dinge mit kleinen Unternehmen zu verhandeln, die die Aufträge brauchen. Sobald Sie Ihre Wahl getroffen haben, lassen Sie Ihren Vertragshersteller direkt an das Fulfillment-Unternehmen liefern und stellen Sie dessen E-Mail-Adresse oder Telefonnummer auf die Bestellbestätigungsseite Ihrer Internetpräsenz (oder richten Sie eine Weiterleitung ein), damit Kundenanfragen nach dem Bestellstatus künftig dort auflaufen.

Phase III: Versand von mehr als 20 Einheiten pro Woche
Jetzt haben Sie ausreichend Cashflow und können sich die Ein-

richtungskosten und die monatlichen Mindestmengen leisten, die die größeren Logistikunternehmen fordern. Suchen Sie sich spätestens jetzt ein Fulfillment-Unternehmen, das sich um alles kümmert – von Fragen zum Bestellstatus bis hin zu Rücksendungen und Erstattungen. Lassen Sie sich die einzelnen Leistungen erklären und fragen Sie nach den exakten Kosten.

Erkundigen Sie sich, was genau der Kundendienst beinhaltet – Bestellannahme, Verkaufsberatung, Reklamations- und Retourenbearbeitung und so weiter. Schauen Sie sich in der Testphase die Verteilung von Online- und Telefonbestellungen an und überlegen Sie genau, ob die zusätzlichen Ausgaben für eine Telefonbestellmöglichkeit gerechtfertigt sind. Oft ist das nicht der Fall, denn wer anruft, um etwas zu bestellen, wird in der Regel auch online bestellen, wenn das die einzige Möglichkeit ist. Sollten Sie sich dennoch für einen telefonischen Service entscheiden: Die meisten Fulfillment-Unternehmen haben eigene Callcenter und nehmen Bestellungen ebenfalls telefonisch entgegen. Gegebenenfalls kann es notwendig sein, ein externes Callcenter zu beauftragen – fragen Sie nach Empfehlungen vonseiten des Fulfillment-Unternehmens. Und achten Sie darauf, dass Ihren Kunden gebührenfreie Telefonnummern zu Verfügung stehen.

Bevor Sie einen Vertrag abschließen, sollten Sie sich auf jeden Fall mehrere Kunden des Fulfillment-Unternehmens oder des Callcenters nennen lassen und unter deren Telefonnummern Testanrufe machen. Geben Sie sich als potenzieller Kunde aus, stellen Sie schwierige Fragen zu den jeweiligen Produkten und überprüfen Sie die Verkaufstüchtigkeit. Rufen Sie jede Nummer mindestens dreimal an (vormittags, nachmittags und abends) und achten Sie auf den entscheidenden Faktor: Wartezeit. Der Anruf sollte nach drei oder viermaligem Klingeln entgegengenommen werden. Wenn Sie in eine Warteschleife umgeleitet werden, sollte das Warten nicht allzu lange dauern – nach 15 Sekunden steigen viele Menschen aus, und Sie vergeuden Werbegelder.

Fragen Sie das Fulfillment-Unternehmen, welche Zahlungsarten möglich sind und wie das Zahlungsmanagement beziehungsweise die Kundenbuchhaltung abgewickelt werden. Eröffnen Sie ein Konto bei einem Kreditkartenprozessor, dazu
werden Sie ein Händlerkonto brauchen. Das ist wichtig, weil
Ihr Fulfillment-Unternehmen Vorgänge wie Rückzahlungen
oder zurückgewiesene Kreditkartendaten nur dann bearbeiten
kann, wenn sie über einen Kreditkartenprozessor laufen. Erkundigen Sie sich auch hier, mit welchen Kreditkartenprozes-
soren das Unternehmen zusammenarbeitet. Bauen Sie Ihre Architektur nicht aus lauter Fremden zusammen – dadurch
kommt es zu zusätzlichen Programmierkosten und zu Fehlern,
die ebenso unnötig wie teuer sind.

Weniger Optionen = mehr Einnahmen

Joseph Sugarman ist ein Marketinggenie. Dutzende Erfolgsge-
schichten sowohl im Teleshopping als auch im Einzelhandel
gehen auf sein Konto. Vor seiner beeindruckenden Karriere als
TV-Verkäufer (bei seinem ersten Auftritt bei QVC Homeshop-
ping verkaufte er innerhalb von 15 Minuten 20 000 BluBlocker-
Sonnenbrillen) arbeitete er im Printmedienbereich, wo er Millionen verdiente und die JS&A-Group aufbaute. Einmal sollte
er eine Anzeige für eine Armbanduhrenkollektion entwerfen.
Der Hersteller wollte neun verschiedene Uhren in der Anzeige
unterbringen, während Joe dafür war, nur eine zu zeigen. Der
Kunde bestand auf seiner Meinung und Joe bot an, beide Anzeigen zu gestalten und sie dann in der gleichen Ausgabe des
Wall Street Journal zu testen. Das Ergebnis? Das Angebot mit
einer Uhr verkaufte sechsmal so viele Uhren wie das Inserat
mit neun Uhren.

Henry Ford hat einmal über sein berühmtes Modell T, eines
der meistverkauften Autos, bis ihm der VW Käfer den Rang
ablief, gesagt: »Der Kunde kann jede Farbe haben, die er will,

solange es schwarz ist.« Er hatte verstanden, was viele Leute in der heutigen Wirtschaftswelt offenbar vergessen haben: »Dienst am Kunden« bedeutet nicht, dass man jede seiner Launen befriedigen muss. Kundendienst heißt, ein exzellentes Produkt zu einem akzeptablen Preis zu liefern und echte Probleme zu beheben (verlorene Pakete, Ersatzlieferungen, Geld zurück und so weiter) – und das alles so schnell wie möglich. Sonst nichts.

Zu viele Optionen verunsichern den Kunden, fördern die Unentschlossenheit und führen zu weniger Bestellungen – und damit hat man allen Beteiligten einen schlechten Dienst erwiesen. Denn je mehr Optionen man dem Kunden bietet, desto mehr Produktions- und Kundendienstlast bürdet man sich natürlich auch selbst auf.

Die Kunst besteht darin, die Anzahl der Entscheidungen, die Ihr Kunde treffen kann oder treffen muss, möglichst klein zu halten. Hier sind ein paar Methoden, mit deren Hilfe ich und andere NR die Servicekosten um 20 bis 80 Prozent gesenkt haben:

- Offerieren Sie ein oder zwei Kaufmöglichkeiten (Basic und Premium) – nicht mehr.
- Bieten Sie keine Vielzahl von Versandmöglichkeiten, sondern eine schnelle Variante, und berechnen Sie einen entsprechenden Preis.
- Ermöglichen Sie keinen Overnight- oder Expressversand, denn diese Variante zieht Hunderte von ängstlichen Anrufen nach sich. (Für solche Dinge kann man den Kunden an einen Wiederverkäufer verweisen, der so etwas anbietet, was übrigens für alle hier angesprochenen Punkte gilt.)
- Streichen Sie die telefonische Auftragsannahme komplett und verweisen Sie alle Kaufinteressenten auf Ihre Webseite. Das mag auf den ersten Blick wie Kamikaze aussehen, bis man sich klarmacht, dass Erfolgsunternehmen wie etwa Amazon gerade dank solcher fundamentalen Kosteneinsparungen wachsen und gedeihen.
- Bieten Sie keinen Versand ins außereuropäische Ausland an.

Sie werden pro Bestellung zehn Minuten mit dem Ausfüllen von Zollformularen zubringen und sich anschließend mit den Beschwerden der Kunden herumschlagen, weil das Produkt mit Zoll und Abgaben schließlich 20 bis 100 Prozent mehr kostet. Das macht ungefähr so viel Spaß, wie sich den Kopf am Bordstein aufzuschlagen.

Einige dieser Vorschläge lassen schon erahnen, was wahrscheinlich der größte Zeitersparnisfaktor überhaupt ist: Filtern Sie Ihre Kunden.

Nicht alle Kunden sind gleich

Sobald Sie Phase III erreicht und einen gewissen Cashflow sichergestellt haben, ist es an der Zeit, Ihre Kunden neu zu bewerten und die Herde auszudünnen. Es gibt bei allen Dingen im Leben eine gute und eine schlechte Variante: gutes Essen und schlechtes Essen, gute Filme und schlechte Filme, guter Sex und schlechter Sex – und, ja wirklich: gute Kunden und schlechte Kunden.

Treffen Sie die bewusste Entscheidung, mit Ersteren Geschäfte zu machen und Letztere zu meiden. Mein Tipp ist, den Kunden als gleichwertigen Geschäftspartner zu betrachten und nicht als Inbegriff der Unfehlbarkeit, dem man um jeden Preis zu Gefallen sein muss. Wenn Sie ein exzellentes Produkt zu einem akzeptablen Preis bieten, dann ist das ein gleichwertiger Handel und nicht der Gnadenakt eines Überlegenen (Kunde) gegenüber einem Unterlegenen (Ihnen). Seien Sie professionell, aber werfen Sie sich niemals vor anderen Leuten in den Staub.

Anstatt sich mit Problemkunden herumzuärgern, sollten Sie sie besser von vornherein daran hindern, bei Ihnen zu bestellen. Diejenigen Kunden, die am wenigsten ausgeben und vor dem Kauf am meisten Fragen stellen, werden ihr Verhalten

auch nach dem Kauf nicht ändern. Diese Kunden auszu-schließen ist sowohl eine gute Lifestyle- als auch eine notwen-dige finanzielle Entscheidung. Kunden, die wenig Profit brin-gen, aber viel Aufwand verursachen, rufen gerne im Callcenter an und bringen bis zu 30 Minuten am Telefon zu, wobei sie Fragen stellen, die entweder irrelevant sind oder bereits online beantwortet werden, was mich jedes Mal 24,90 Dollar kostet (30 Minuten x 0,83 Dollar) und den winzigen Profit, den man mit ihnen machen könnte, schon im Voraus eliminiert.

Die Kunden, die am meisten Geld ausgeben, beschweren sich am wenigsten. Neben der bereits erwähnten 50- bis-200-Dollar-Preispolitik habe ich noch ein paar weitere Tipps, die die wartungsarmen, aber ertragreichen Kunden anziehen, die wir wollen:

- Akzeptieren Sie keine Bargeldanweisungen (wenn Sie Kun-den aus dem Ausland haben) oder Schecks als Bezahlung.
- Wenn Ihre Kunden vor allem Wiederverkäufer sind: Er-höhen Sie die Großhandels-Mindestbestellungen auf zehn bis 100 Einheiten.
- Verweisen Sie alle potenziellen Wiederverkäufer an ein On-line-Bestellformular, das ausgedruckt, ausgefüllt und gefaxt werden muss. Verhandeln Sie niemals über Preise oder las-sen sich auf niedrigere Preise für höhere Bestellmengen ein. Verweisen Sie auf *Unternehmensrichtlinien*, weil es in der Vergangenheit Probleme gegeben habe.
- Bieten Sie statt kostenloser Lockangebote lieber billige Pro-dukte an (etwa ein günstiges Handbuch, Begleitheft oder Ähnliches), um Kundenkontakte für Nachfolgegeschäfte zu sammeln. Ware verschenken ist der sicherste Weg, Zeitfres-ser anzulocken und Geld für Leute auszugeben, die nicht ge-willt sind, sich zu revanchieren.
- Bieten Sie eine Lose-Win-Garantie (siehe Kasten) statt kos-tenloser Testangebote.
- Akzeptieren Sie keine Bestellungen aus Ländern, die für Mail- und Postbetrug bekannt sind, wie etwa Nigeria.

Machen Sie Ihren Kundenstamm zu einem exklusiven Club und behandeln Sie die Clubmitglieder gut, sobald Sie sie aufgenommen haben.

Die Lose-Win-Garantie –
Wie Sie jedem alles verkaufen können

Die »30-Tage-Geld-zurück«-Garantie ist tot. Sie hat einfach nicht mehr die Überzeugungskraft, die sie einmal hatte. Wenn ein Produkt nicht funktioniert, dann fühle ich mich betrogen und muss einen Nachmittag auf der Post einplanen, um das Ding zurückzuschicken. Das kostet mich Zeit und Portokosten, die mir niemand ersetzt – auch wenn ich den Kaufpreis zurückbekomme. Diese Risiko-Rückversicherung ist einfach nicht genug.

Es gibt aber noch andere Konzepte, die leider oft sträflich ignoriert werden. Beispielsweise die Lose-Win-Garantie. NR nutzen dieses Garantieversprechen als wichtiges Verkaufsargument, denn es macht den Kauf zu einem Gewinn für den Kunden, selbst dann, wenn das Produkt versagt. Lose-Win-Garantien nehmen dem Kunden nicht etwa nur das Risiko ab, sie setzen gleichzeitig auch das Unternehmen einem finanziellen Risiko aus.

Hier sind ein paar Beispiele dafür, wie man dem Kunden deutlich macht, dass man seinen Worten auch Taten folgen lässt:

Wenn wir nicht innerhalb von 30 Minuten liefern, zahlen Sie nichts! (Der Pizzaservice *Domino's Pizza* gründete sein Geschäft auf dieser Garantie.)

Wenn Ihr Auto gestohlen wird, übernehmen wir 500 Dollar der Selbstbeteiligung bei Ihrer Diebstahlversicherung. (Diese Garantie trug dazu bei, dass *THE CLUB* zur meistverkauften mechanischen Auto-Diebstahlsicherung der Welt wurde.)

110 Prozent garantiert: Wirksam innerhalb von 60 Minuten nach der ersten Einnahme. (Das war *BodyQUICK*. Eine solche Garantie hatte es auf dem Markt für Sport-Nahrungsergänzungsmittel noch nicht gegeben: Ich garantierte den Kunden nicht nur, dass sie den Kaufpreis ersetzt bekämen, wenn das Produkt nicht innerhalb von 60 Minuten nach der ersten Einnahme wirkte, sondern dass ich ihnen außerdem einen Scheck über weitere zehn Prozent des Kaufpreises schicken würde.)

Auf den ersten Blick sieht die Lose-Win-Garantie wie ein großes Risiko aus – besonders dann, wenn man von einem Missbrauch profitieren kann, so wie im BodyQUICK-Beispiel. Aber das ist sie nicht ... *wenn* Ihr Produkt hält, was es verspricht. Die meisten Menschen sind ehrlich.

Schauen wir uns ein paar Zahlen an: Die Rücksendequote für BodyQUICK liegt selbst mit einer 60-tägigen Rückgabefrist (teilweise sicher auch *wegen* ihr[33]) bei weniger als drei Prozent – und das in einer Branche, in der der Durchschnitt (mit normaler »30-Tage-100-Prozent-Geld-zurück«-Garantie) bei zwölf bis 15 Prozent liegt. In den ersten vier Wochen nach der Einführung der 110-Prozent-Garantie stiegen die Verkäufe um mehr als 300 Prozent an, und die Rücksendungen gingen insgesamt zurück.

Johanna fand ihre eigene Version der Lose-Win-Garantie: »Steigern Sie Ihre körperliche Flexibilität in zwei Wochen um 40 Prozent oder Sie bekommen bei Rücksendung den vollen Preis (einschließlich Versandkosten) zurückerstattet und können die Bonus-DVD von 20 Minuten Dauer als unser Geschenk behalten.«

Auch Sherwood entdeckte die Garantie als Verkaufsargument:

---

33 Zum Vorteil der Kunden und um die menschliche Trägheit auszunutzen (die auch mir nicht fremd ist), geben Sie so viel Zeit wie möglich, um das Produkt zu prüfen oder zu vergessen. Der Messerhersteller *Ginsu Knives* gibt eine 50-jährige Garantie auf seine Messer. Können Sie eine 60-, 90- oder sogar 365-Tage-Garantie anbieten? Testen Sie zuerst die Rücksendequoten mit Fristen von 60 und 90 Tagen (für Budget-Kalkulationen und Cashflow-Prognosen) und dehnen Sie die Garantie dann aus.

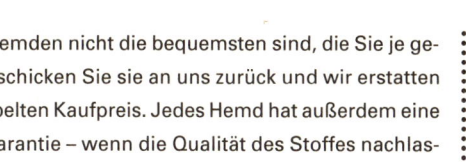

»Wenn diese Hemden nicht die bequemsten sind, die Sie je getragen haben, schicken Sie sie an uns zurück und wir erstatten Ihnen den doppelten Kaufpreis. Jedes Hemd hat außerdem eine lebenslange Garantie – wenn die Qualität des Stoffes nachlassen sollte, schicken Sie es ein und wir schicken Ihnen kostenlos ein neues zu.«

Beide konnten ihren Absatz in den ersten beiden Monaten um mehr als 200 Prozent steigern. Die Rücksendequote blieb bei Johanna die gleiche, während sie bei Sherwood um 50 Prozent anstieg – von zwei auf drei Prozent. Katastrophe? Im Gegenteil: Statt mit einer 100-Prozent-Garantie 50 Stück zu verkaufen und eines zurückzubekommen ([50 x 100 $] – 100 $ = 4900 $ Einnahme), verkaufte er mit der 200-Prozent-Garantie 200 Hemden und bekam sechs zurück ([200 x 100 $] – [6 x 200 $] = 18 800 $ Einnahme). Ich würde mich für letztere der beiden Geschäftsstrategien entscheiden.

Lose-Win ist das neue Win-Win. Seien Sie anders als die Konkurrenz und ernten Sie den Lohn dafür.

Ihr kleines Blue-Chip-Unternehmen: Vermitteln Sie den Eindruck, einer der ganz Großen zu sein

Wenn man mit großen Wiederverkäufern oder potenziellen Partnern verhandelt, erweist es sich oft als Hindernis, ein noch junges und/oder kleines Unternehmen zu sein. Diese Diskriminierung ist oft ebenso unüberwindlich, wie sie unbegründet ist. Glücklicherweise gibt es ein paar ganz einfache Tricks, mit denen Sie Ihr Image dramatisch aufbessern können.

Geben Sie sich *nicht* als Unternehmer oder Gründer aus.
Beides riecht stark nach Start-up. Treten Sie lieber als Geschäftsführer, Abteilungsleiter oder unter einem ähnlichen Titel auf, es sollte nach mittlerer Führungsebene klingen und kann je nach Situation noch differenziert werden (Leiter der

Verkaufsförderung, Anzeigenvertriebsleiter und so weiter). Denken Sie auch daran, dass es für Verhandlungen immer besser ist, den Anschein zu erwecken, dass man nicht selbst der Entscheidungsverantwortliche ist.

Setzen Sie mehrere E-Mail- und Telefonkontakte auf Ihre Webseite.

Geben Sie auf Ihrer Webseite unter »Kontakte« mehrere E-Mail-Adressen an – für unterschiedliche Abteilungen wie etwa »Personal«, »Verkauf«, »Kundendienst«, »Großhandel«, »Presse und PR«, »Investoren«, »Bestellstatus« und so weiter. Am Anfang landet alles in Ihrem E-Mail-Account. In Phase III werden die meisten an die jeweiligen Dienstleister weitergeleitet. Mehrere gebührenfreie Telefonnummern können in der gleichen Weise genutzt werden.

Nutzen Sie ein Sprachdialogsystem, um Anrufe entgegenzunehmen.

Sie können sich ganz leicht wie ein Blue-Chip-Unternehmen anhören, wenn Sie ein Sprachdialogsystem installieren (Anbieter von solchen Systemen finden Sie über das Internet). Lassen Sie sich eine gebührenfreie Nummer einrichten, unter der Anrufer mit einer Begrüßung empfangen werden wie: »Vielen Dank für Ihren Anruf bei [Firmenname]. Bitte sagen Sie den Namen der Person oder der Abteilung, mit der Sie verbunden werden möchten. Alternativ können Sie aus den folgenden Optionen eine auswählen …«

Wenn der Anrufer Ihren Namen sagt oder eine der angegebenen Abteilungen auswählt, wird er an Sie oder den entsprechenden Dienstleister weitergeleitet – mit Warteschleifenmusik und allem Drum und Dran.

Geben Sie keine Heimatadresse an.

Geben Sie niemals Ihre Privatadresse an, sonst werden Sie Besuch bekommen. Nutzen Sie ein Postfach, solange Sie noch

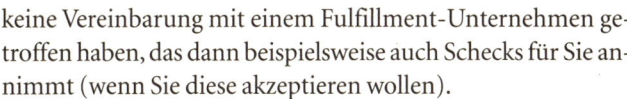

keine Vereinbarung mit einem Fulfillment-Unternehmen getroffen haben, das dann beispielsweise auch Schecks für Sie annimmt (wenn Sie diese akzeptieren wollen).

Wenn Sie sich telefonisch oder persönlich vorstellen, strahlen Sie Professionalität aus. Auf die Größe kommt es an – auch auf die *wahrgenommene* Größe.

Raus aus der Komfortzone

Entspannen in der Öffentlichkeit (zwei Tage)

Das ist die letzte Aufgabe, die Sie aus Ihrer Komfortzone herausholen soll. Sie ist wichtig für den nächsten Schritt im folgenden Kapitel: das Aushandeln von Telearbeitsvereinbarungen, was den meisten Bürobewohnern sehr schwerfällt. Die Aufgabe soll Spaß machen und gleichzeitig unmissverständlich zeigen, dass die Regeln, denen die meisten Menschen folgen, nichts weiter als gesellschaftliche Konventionen sind. Es gibt kein Gesetz, das uns daran hindert, unser ideales Leben zu verwirklichen … und es ist auch erlaubt, andere zu verwirren, indem wir das tun.

Also, sich in der Öffentlichkeit entspannen. Hört sich einfach an, nicht wahr? Ich bin geradezu berüchtigt dafür, mich ungehemmt zu entspannen und meine Freunde damit zum Lachen zu bringen. Hier ist Ihre Aufgabe, und dabei ist es mir egal, ob Sie männlich oder weiblich, 20 oder 60, Mongole oder Marsianer sind. Ich nenne das Folgende einen *Time Out*.

Legen Sie sich an zwei aufeinanderfolgenden Tagen mitten auf einem belebten öffentlichen Platz einfach hin. Ideal ist die Mittagszeit. Es kann ein gut frequentierter Bürgersteig sein, die Mitte einer gut besuchten Starbucks-Filiale oder eine beliebte Bar. Es gibt keine bestimmte Technik dabei. Legen Sie sich einfach hin und bleiben Sie etwa zehn Sekunden lang ruhig auf dem Boden liegen. Dann stehen Sie wieder auf und machen

mit dem weiter, was Sie vorher gemacht haben. Ich habe das früher öfters in Nachtclubs gemacht, um Platz zum Breakdancen zu schaffen. Niemand reagierte auf meine Bitten, aber stumm auf dem Boden zu liegen hatte den gewünschten Effekt.

Erklären Sie nichts. Wenn jemand Sie anschließend fragt (die Leute werden zu verwirrt sein, um Sie während der zehn Sekunden zu fragen, die Sie auf dem Boden liegen), dann sagen Sie einfach: »Ich hatte gerade mal Lust, mich kurz hinzulegen.« Je weniger Sie sagen, desto lustiger und wirkungsvoller ist das Ganze. Machen Sie es an den ersten beiden Tagen allein und dann, wenn Sie Lust haben, mit einer Gruppe von Freunden. Es ist zum Schießen.

Es reicht nicht, außerhalb der Konventionen zu denken. Denken ist passiv. Gewöhnen Sie sich daran, außerhalb der Konventionen zu handeln.

Tools & Tricks

Fulfillment-Unternehmen suchen

→ aktiv verzeichnis (www.aktiv-verzeichnis.de)
Suchmaschine für mittelständische Firmen in Deutschland.
→ hotfrog.de (www.hotfrog.de)
Suchmaschine für Firmen in Deutschland, Österreich und der Schweiz.

Callcenter

→ call-center.de (www.call-center.de)
Der Call-Center-Suchservice im Internet wird von der Call Center Börse GmbH in Bonn angeboten. Der Suchservice basiert auf Ihrer individuellen Anfrage und ist kostenfrei sowie unverbindlich. Zur Auswahl stehen 500 verschiedenen Callcenter, Auswahlkriterien sind zum Beispiel individuelle Anforderungen, Kostenvorstellungen oder etwa räumliche Nähe.

Affiliate-Netzwerke

Affiliate-Systeme sind zumeist internetbasierte Vertriebslösungen. Ihr Vertriebspartner stellt dabei eine Anzeige Ihrer Produkte oder einen Link zu Ihrer Seite auf seine Webseite. Der Affiliate wird pauschal oder erfolgsorientiert durch eine Provision vergütet.

→ adbutler (www.adbutler.de)
→ affilinet (www.affili.net)
→ Affili24 (www.affili24.de)
→ affiliwelt.de (www.affiliwelt.de)
→ zanox (www.zanox.com/de/)

Anzeigen in Printmedien schalten

→ Paper City (www.papercity-zeitungswerbung.de)
Über dieses Onlineportal für Printmedien können Sie Zeitungsanzeigen/-werbung direkt und online in nahezu allen deutschen Zeitungen schalten und bis zu 25 Prozent Werbekosten sparen.

Online-Marketing

→ SEO Marketing (www.seo-vault.de/suchmaschinenoptimierung-faq/)
Hier finden Sie ganz nützliche FAQ zur Suchmaschinenoptimierung Ihrer Webseite unter dem Motto: »**Erstelle Deine Webseiten für Menschen, nicht für Suchmaschinen!**«

SCHRITT 4:

L wie Liberation =
Ihre Befreiung

Es ist besser, wenn ein Mann in
Freiheit fehlgeht, als wenn er in
Ketten Recht hat.
*Thomas H. Huxley, englischer Biologe
und Großvater von Aldous Huxley*

> Wenn Sie getreulich acht Stunden
> am Tag arbeiten, werden Sie
> vielleicht irgendwann zum Chef
> und dürfen täglich zwölf Stunden
> arbeiten.
> *Robert Frost, amerikanischer Dichter
> und vierfacher Pulitzer-Preisträger*

Palo Alto, Kalifornien

»Die Telefonkosten werden wir Ihnen nicht ersetzen.«

»Das erwarte ich auch gar nicht.«

Stille. Dann ein Nicken, ein kurzes Lachen und ein schiefes, resignierendes Grinsen.

»Na schön, dann also – von mir aus.«

Und das war es, ratzfatz. Der 44 Jahre alte Dave Camarillo, zeit seines Lebens Angestellter, hatte den Code geknackt und sein zweites Leben begonnen. Er war nicht gefeuert worden, man hatte ihn nicht angebrüllt. Sein Chef schien die ganze Situation ziemlich gut zu verkraften. Daves Leistungen waren nicht zu beanstanden, und es war ja auch nicht so, dass er in Meetings mit Klienten nackt auf dem Tisch herumgetanzt war. Er hatte sich etwas ganz anderes erlaubt: Er hatte gerade 30 Tage in China verbracht, ohne Urlaub zu nehmen oder es überhaupt jemandem zu sagen.

»Es war nicht halb so schwer, wie ich befürchtet hatte.«

Dave ist einer von mehr als 10 000 Angestellten bei Hewlett-Packard, und – man glaubt es kaum – es gefällt ihm dort. Er hat nicht den Wunsch, ein eigenes Unternehmen aufzumachen. Seit sieben Jahren ist er für den technischen Support für Kunden in 45 Bundesstaaten und 22 Ländern zuständig. Doch vor sechs Monaten hatte er ein kleines Problem. Das »Problem« ist weiblich und 1,57 Meter groß.

Wieso war Chan ein Problem? Hatte er etwa – wie so viele Männer – Angst, sich dauerhaft zu binden? Wollte er sich von ihr nicht verbieten lassen, in Spiderman-Unterhosen im Haus herumzulaufen? Oder wollte er sich nicht vom letzten Refugium eines jeden Mannes trennen, der sich noch ein bisschen Selbstachtung bewahrt hat – seiner PlayStation? Nein, das hatte er alles hinter sich. Im Gegenteil, Dave konnte es kaum erwarten. Er war bereit, die große Frage zu stellen, aber er hatte kaum noch Urlaubstage, und seine Freundin wohnte außerhalb der Stadt. Ziemlich weit außerhalb der Stadt. Um es genau zu sagen, 9516 Kilometer weit von ihm entfernt.

Er hatte sie bei einem Kundenbesuch in Shenzen in China getroffen, und jetzt war es an der Zeit, ihre Eltern kennenzulernen – logistische Probleme hin oder her. Dave hatte erst vor kurzem damit begonnen, Kundendienstanrufe von zu Hause aus entgegenzunehmen. Nun ja, zu Hause ist ja schließlich überall, wo man sich zu Hause fühlt, oder? Er kaufte sich ein GSM-Triband-Handy und ein Flugticket – und kurze Zeit später war er irgendwo über dem Pazifik auf dem Weg zu seinem ersten Sieben-Tage-Experiment. Zwölf Zeitzonen von zu Hause entfernt machte er seiner Freundin einen Heiratsantrag, sie akzeptierte, und in seiner Firma hatte keiner etwas mitbekommen.

Die zweite Exkursion war ein 30-tägiger Trip, um die chinesische Familie sowie die chinesische Küche (mag noch jemand Schweinebäckchen?) kennenzulernen. Der Besuch endete damit, dass aus Fräulein Shumei Wu Frau Shumei Camarillo

wurde. Daheim in Palo Alto arbeitete Hewlett-Packard weiter an seinem Ziel, den Weltmarkt zu beherrschen, ohne zu wissen oder sich dafür zu interessieren, wo Dave war. Seine Anrufe wurden auf das Handy seiner frischvermählten Ehefrau umgeleitet, und alles war in bester Ordnung.

Dave hatte das Beste gehofft und sich auf das Schlimmste vorbereitet, aber nachdem er nun wieder in die USA zurückgekehrt war, hatte er sich wohl sein großes Pfadfinder-Mobilitätsabzeichen verdient.

Es sieht so aus, als stelle Flexibilität nun auch in Zukunft kein großes Problem mehr für Dave dar. Er will damit beginnen, jeden Sommer zwei Monate in China zu verbringen. Dann wird er mit Australien und Europa weitermachen, um versäumte Reisen nachzuholen – und alles mit der vollen Unterstützung seines Chefs. Eigentlich war es ganz einfach gewesen. Auch aus dem Grund, weil er hinterher um Verzeihung bat und nicht schon vorher um Erlaubnis.

»Ich bin 30 Jahre meines Lebens nicht gereist – also, warum nicht jetzt?« Das ist genau die Frage, die sich jeder stellen sollte: warum zum Teufel eigentlich nicht?

Die Alten und die Neuen Reichen

Die Alten Reichen, die Oberschicht früherer Tage, mit ihren Schlössern und Ascots und ihren nervigen kleinen Schoßhündchen, zeichnen sich dadurch aus, dass sie in besonderer Weise mit einem bestimmten Ort in Verbindung gebracht werden. Familien, die in Nantucket oder Charlottesville, in Blankenese, Königstein oder am Zürichsee ihren Sitz haben. Bäh. Sommerfrische an diesen Orten ist doch so was von Old School.

Zeit für eine Wachablösung. Die Bindung an einen Ort ist das, was die neue Mittelschicht definiert. Was die Neuen Reichen auszeichnet? Nicht einfach nur Wohlstand und Luxus – es ist vor allem ihre uneingeschränkte Mobilität. Und das gilt

nicht nur für Start-up-Unternehmer oder Freiberufler. Auch Angestellte können durch die Welt jetten. Sie können es nicht nur tun – immer mehr Unternehmen *wollen* auch, dass sie es tun. Der Unterhaltungselektronik-Konzern BestBuy in Minnesota schickte Tausende Angestellte nach Hause und behauptete, dadurch nicht nur Kosten gesenkt, sondern auch die Unternehmensergebnisse um 10 bis 20 Prozent verbessert zu haben. Das ist das neue Mantra: Du kannst arbeiten, wo immer und wann immer du willst, solange du deinen Job erledigst.

In Japan nennt man den Zombie im Dreiteiler, der jeden Morgen zu seiner Arbeit im Hamsterrad schlurft, *Sarari-man* oder *Salaryman*. In den letzten Jahren ist dort ein neues Wort entstanden: *Datsu-sara suru*. Das bedeutet so viel wie dem Salaryman-*(sara-)*Lifestyle zu entfliehen *(datsu)*. Und jetzt sind Sie an der Reihe, den *datsu-sara*-Tanz zu erlernen.

Bier statt Bosse: Auf zum Oktoberfest – eine Fallstudie

Damit Ihr Chef Sie von der Kette lässt, müssen Sie zuerst einmal in die entsprechende Verhandlungsposition gelangen. Dafür sind zwei Dinge notwendig: Sie demonstrieren einerseits, dass eine Telearbeitsvereinbarung dem Unternehmen nützt, und Sie sorgen andererseits dafür, dass es zu teuer oder umständlich ist, das Ansinnen abzulehnen.

Erinnern Sie sich noch an Sherwood? Neben seinem Fulltimejob als Maschinenbauingenieur verkaufte er immer mehr seiner französischen Hemden. Er brennt mittlerweile darauf, die USA hinter sich zu lassen und etwas von der Welt zu sehen. Er hat inzwischen auch mehr als genug Geld dafür, aber bevor er seine Arbeitszeit immer weiter einschränken (siehe: *E wie Eliminieren*, ab Seite 81) und mit dem Reisen beginnen kann, muss er sich zuerst einmal aus seinem Büro befreien und der Überwachung durch seinen Arbeitgeber entkommen.

Sherwood ist Maschinenbauingenieur, und seit er einige Zeitverschwender und ständig wiederkehrende Unterbrechungen eliminiert hat, produziert er in der Hälfte der Zeit doppelt so viele Zeichnungen und Pläne wie zuvor. Dieser Produktivitäts-Quantensprung ist seinen Vorgesetzten nicht verborgen geblieben. Sein Wert für das Unternehmen ist gestiegen, was nichts anderes heißt, als dass es teuer werden würde, ihn zu verlieren. Und mehr Wert bedeutet natürlich auch eine bessere Verhandlungsposition. Seine Produktivität und Effizienz hat er allerdings noch nicht ganz ausgereizt, denn er möchte, während einer noch zu verhandelnden Homeoffice-Probezeit, seine Leistungen und Ergebnisse weiter steigern können.

Seit er die meisten Meetings und persönlichen Besprechungen eliminiert hat, finden etwa 80 Prozent seiner Kommunikation mit dem Chef per E-Mail und die restlichen 20 Prozent per Telefon statt. Außerdem hat er die Tipps aus dem Kapitel *Lassen Sie sich nicht unterbrechen und lernen Sie, Nein zu sagen* (Seite 114) beherzigt und damit die Anzahl an unwichtigen und überflüssigen Mails insgesamt halbiert. Was seine Leistungen angeht, wird es sich für das Unternehmen nicht bemerkbar machen, wenn Sherwood von zu Hause aus arbeitet, denn seine Ergebnisse sind jetzt schon sehr gut, obwohl er immer weniger unter Aufsicht steht.

Sherwood setzt seinen Plan, sich aus dem Büro zu verabschieden, in fünf Schritten in die Realität um. Das Ganze beginnt am 12. Juli (in dieser Zeit ist in der Firma am wenigsten los) und endet zwei Monate später mit einer zweiwöchigen Reise und einem Besuch des Oktoberfests in München. Das wird Sherwoods letzter Test sein, bevor er größere Reisepläne verwirklicht.

Schritt 1: Lassen Sie Ihren Arbeitgeber in Sie investieren
Es beginnt mit einem Gespräch am **12. Juli**, in dem er seinen Chef um eine Fortbildungsmaßnahme bittet. Er schlägt vor, auf Kosten des Unternehmens ein vierwöchiges Seminar über

Industriedesign zu absolvieren. Das würde ihm helfen, besser mit Kunden zusammenzuarbeiten, wobei er besonders den Nutzen für Chef und Unternehmen betont (bessere Arbeitsabläufe, zufriedenere Kunden, mehr Gewinn).

Sherwood will, dass das Unternehmen so viel wie möglich in ihn investiert, damit der Verlust im Fall seiner Kündigung größer ausfällt.

Schritt 2: Stellen Sie unter Beweis, dass Sie außerhalb des Büros produktiver arbeiten

Am folgenden Dienstag und Mittwoch, **18. und 19. Juli**, meldet er sich krank, um seine Produktivität als Telearbeiter unter Beweis zu stellen.[34] Er entscheidet sich aus zwei Gründen für Dienstag und Mittwoch: Es sieht nicht nach einer Ausrede für ein verlängertes Wochenende aus, und gleichzeitig gibt es ihm die Chance zu sehen, wie er selbst in sozialer Isolation und ohne die unmittelbare Aussicht auf das Wochenende arbeiten kann. Sherwood sorgt dafür, dass er an beiden Tagen doppelt so viel erledigt wie sonst, und er hinterlässt eine Spur von E-Mails, die sein Chef nachvollziehen kann. Außerdem macht er sich nachprüfbare Aufzeichnungen darüber, was er geleistet hat, um sie später bei Verhandlungen einsetzen zu können. Da er für seine Arbeit teure Software verwendet, die nur für seinen Bürocomputer lizenziert ist, installiert er eine kostenlose Testversion der GoToMyPC-Software, mit der er von zu Hause aus Zugriff auf seinen Bürorechner hat.

Schritt 3: Weisen Sie einen messbaren Nutzen für das Unternehmen nach

Sherwood erstellt nun eine Liste der erledigten Aufgaben, die zeigt, dass er außerhalb des Büros mehr geleistet hat. Er kom-

---

34 Es ist egal, welchen Grund Sie angeben, um zu Hause zu bleiben: Kabelverlegearbeiten, Telefoninstallation, Handwerker im Haus und so weiter. Wenn Sie keine Ausreden verwenden wollen, arbeiten Sie über das Wochenende oder nehmen Sie zwei Tage Urlaub.

mentiert das Ganze ausführlich. Ihm ist klar, dass er Telearbeit als eine vernünftige unternehmerische Entscheidung darstellen muss und nicht als eine Vergünstigung für sich selbst. Das Endergebnis ist messbar. Er hat drei Entwürfe mehr produziert als an normalen Arbeitstagen im Büro und kann den Klienten sogar noch mehr Zeit in Rechnung stellen, da sowohl Fahrtzeit als auch die ständigen Störungen im Büro wegfallen.

Schritt 4: Schlagen Sie eine widerrufbare Testphase vor
Direkt nachdem Sherwood die ganzen »Raus aus der Komfortzone«-Aufgaben der vorherigen Kapitel erledigt hat, schlägt er seinem Chef selbstbewusst einen harmlos aussehenden Test vor: zwei Wochen lang je zwei Tage pro Woche Telearbeit. Er legt sich vorher ein genaues Gesprächsskript zurecht, bereitet aber keine Präsentation vor und vermeidet überhaupt den Eindruck, dass es um etwas Ernstes oder Unumkehrbares geht.[35]

Eine Woche später, an einem relativ entspannten Donnerstag, dem 27. Juli, klopft Sherwood gegen drei Uhr nachmittags an die Bürotür seines Chefs. Das Gespräch verläuft folgendermaßen (wichtige Phrasen sind kursiv gesetzt, in Fußnoten werden zusätzlich die zentralen Verhandlungspunkte erklärt):

Sherwood: Hallo Bill. *Haben Sie kurz eine Sekunde Zeit?*
Bill: Klar. Worum geht es denn?
Sherwood: *Ich wollte mit Ihnen über eine Idee sprechen, die ich seit einiger Zeit mit mir herumtrage. Es wird nicht mehr als zwei Minuten in Anspruch nehmen.*
Bill: Okay, schießen Sie los.
Sherwood: Sie wissen ja, dass ich letzte Woche krank war. Um es kurz zu machen: Ich beschloss, zu Hause zu arbeiten, obwohl es mir nicht so gut ging. Das Witzige ist: Obwohl ich dachte, ich

---

35 Denken Sie an den Hundewelpen-Abschluss aus dem Kapitel *Lassen Sie sich nicht unterbrechen und lernen Sie, Nein zu sagen* (Seite 126).

würde nichts zustande bringen, schaffte ich an beiden Tagen drei Zeichnungen mehr als sonst. Und darüber hinaus konnte ich drei Klientenstunden mehr als normalerweise abrechnen, weil ich an Fahrtzeit sparte und die ganzen Ablenkungen im Büro wegfielen. Also, worauf ich hinaus will, ist Folgendes: *Ich wollte vorschlagen, dass ich – erst einmal nur versuchsweise – zwei Wochen lang montags und donnerstags von zu Hause aus arbeite. Sie können den Test jederzeit abbrechen* und ich komme natürlich auch ins Büro, wenn ein Meeting ansteht, aber ich würde es gerne zwei Wochen lang ausprobieren und dann die Ergebnisse auswerten. Ich bin absolut davon überzeugt, dass ich auf diese Weise doppelt so viel erledigen kann. *Hört sich das vernünftig an?*

Bill: Hmm … Was ist, wenn wir uns über Klientenzeichnungen austauschen müssen?

Sherwood: Es gibt ein Programm namens GoToMyPC, das habe ich benutzt, als ich krank war. Damit kann ich von zu Hause aus auf meinen Bürocomputer zugreifen. Und ich werde mein Handy 24 Stunden am Tag bei mir tragen. *Aaaalso … Was meinen Sie? Können wir das ab nächsten Montag testen und schauen, wie es funktioniert und ob ich dauerhaft mehr leisten kann?*[36]

Bill: Ähmmm … Okay, von mir aus. Aber es ist nur ein Test. Ich habe in fünf Minuten ein Meeting, ich muss mich beeilen, aber lassen Sie uns bald noch einmal ausführlich darüber reden.

Sherwood: Großartig. Danke für Ihre Zeit. Ich werde Sie auf dem Laufenden halten. Ich bin sicher, Sie werden positiv überrascht sein.

Sherwood hatte nicht erwartet, die zwei Tage pro Woche genehmigt zu bekommen. Er hatte sich mit dieser Forderung nur

---

36 Weichen Sie nicht von Ihrem Ziel ab. Wenn Sie einen Einwand oder eine Sorge entkräftet haben, drängen Sie auf einen Abschluss.

absichern wollen. Falls sein Chef abgelehnt hätte, wäre es ihm möglich gewesen, zumindest noch um einen Tag zu verhandeln. Warum er nicht gleich um eine Telearbeitsvereinbarung für die ganze Woche bat? Aus zwei Gründen: Erstens ist das ein ziemlich großer Brocken, den kaum ein Vorgesetzter auf einmal schlucken wird. Die bessere Strategie ist, erst einmal um wenige Tage zu bitten und dieses Arrangement dann auszuweiten, ohne die Alarmanlage auszulösen. Zweitens ist es eine gute Idee, die eigenen Heimarbeitsfähigkeiten erst langsam zu erproben und zu trainieren, bevor man alles auf eine Karte setzt. Das macht es weniger wahrscheinlich, dass Probleme oder Fehler auftreten, die der einmal genehmigten Telearbeit schnell ein Ende bereiten könnten.

Schritt 5: Dehnen Sie die Telearbeitszeit aus
Sherwood sorgt dafür, dass er an den Heimarbeitstagen seine bisher besten Leistungen erbringt. Er versucht sogar, im Büro ein bisschen weniger produktiv zu sein, um den Kontrast zu verstärken. Er vereinbart ein Meeting mit seinem Chef am **15. August**, um die Ergebnisse mit ihm zu besprechen. Er bereitet dafür eine detaillierte Zusammenfassung vor, die seine verbesserten Ergebnisse und die fertiggestellten Projekte dokumentiert und mit seinen bisherigen Leistungen im Büro vergleicht. Er schlägt vor, für eine weitere zweiwöchige Testphase die Heimarbeitstage auf vier Tage die Woche aufzustocken, wobei er darauf gefasst ist, wenn nötig auf drei Tage herunterzugehen.

> **Sherwood**: Es hat noch besser geklappt, als ich gehofft hatte. Wenn man sich die Zahlen ansieht, kann man sagen, dass es eine betriebswirtschaftlich sinnvolle Maßnahme ist, und mir macht die Arbeit jetzt auch viel mehr Spaß. So, da wären wir also. *Ich würde gerne den Vorschlag machen*, wenn Sie das auch für sinnvoll halten, dass ich in den nächsten zwei Wochen probiere, vier Tage von zu Hause aus zu arbeiten. *Ich denke, dass*

Freitag[37] ein guter Tag wäre, um weiterhin ins Büro zu kommen. So könnte ich die kommende Woche gut vorbereiten, aber wir können auch einen anderen Tag nehmen, wenn Ihnen das lieber ist.

Bill: Sherwood, ich bin mir nicht sicher, ob wir das machen können.

Sherwood: *Was ist Ihre Hauptsorge?*[38]

Bill: Das sieht ja fast aus, als ob Sie sich so nach und nach von uns verabschiedeten. Ich meine, wollen Sie kündigen oder so? Zweitens, was ist denn, wenn alle das tun wollen?

Sherwood: *Ja, das sind natürlich berechtigte Fragen.*[39] *Erstens kann ich Ihnen ehrlich sagen, dass ich kurz davor stand, zu kündigen. Das Pendeln und dann die häufigen Unterbrechungen im Büro – das ist mir einfach alles zu viel geworden, aber jetzt mit der neuen Regelung fühle ich mich großartig.*[40] Ich erledige mehr und fühle mich zur Abwechslung entspannt dabei. Zweitens, niemand sollte zu Hause arbeiten, wenn er dadurch nicht produktiver ist – ich bin das beste Beispiel dafür. Wenn jemand also nachweisen kann, dass es tatsächlich so ist, warum soll man es nicht testweise versuchen? Es senkt die Kosten für das Büro, erhöht die Produktivität und macht die Angestellten zufriedener. *Also, was sagen Sie?* Kann ich es zwei Wochen lang testen und jeweils freitags hereinkommen, um mich um die Bürosachen zu kümmern? Ich werde nach wie vor alles dokumentieren und *Sie können das Experiment natürlich auch jederzeit abbrechen, wenn Sie Ihre Meinung ändern.*

---

37 Freitag ist der beste Tag, um ins Büro zu kommen. Die Leute sind entspannt und gehen früh nach Hause.

38 Lassen Sie sich nicht mit einer vagen Ablehnung abspeisen. Wenn Sie die Hauptbedenken identifizieren, dann können Sie sie auch entkräften.

39 Gehen Sie nach einem Einwand nicht in die Defensive. Erkennen Sie an, dass die Bedenken Ihres Chefs berechtigt sind, um einen Konflikt zu vermeiden.

40 Beachten Sie die indirekte Drohung, die als Geständnis daherkommt. Sie wird dafür sorgen, dass der Chef doppelt so gut darüber nachdenkt, bevor er Ihnen etwas abschlägt. Gleichzeitig wird der Alles-oder-nichts-Charakter eines Ultimatums vermieden.

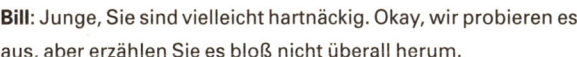

Bill: Junge, Sie sind vielleicht hartnäckig. Okay, wir probieren es aus, aber erzählen Sie es bloß nicht überall herum.

Sherwood: Natürlich nicht. Danke, Bill. Ich weiß Ihr Vertrauen zu schätzen. Bis bald.

Sherwood ist weiterhin zu Hause produktiv und achtet darauf, dass seine Leistung im Büro dahinter zurückbleibt. Nach zwei Wochen wertet er das Ergebnis mit seinem Chef aus und macht danach noch zwei Wochen mit vier Heimarbeitstagen weiter bis Dienstag, den **19. September.** Dann bittet er um eine Telearbeitsvereinbarung auf Vollzeitbasis – erst einmal wieder nur testweise –, weil er aufgrund familiärer Umstände für einige Zeit die Stadt verlassen muss.[41] Sherwoods Team steckt mitten in einem Projekt, bei dem sein Fachwissen benötigt wird, und er ist bereit zu kündigen, wenn sein Chef sich weigert. Sherwood weiß: Ebenso, wie man Anzeigenpreise am besten kurz vor Annahmeschluss verhandelt, hängt es oft weniger davon ab, *wie* man fragt, sondern *wann* man fragt, wenn man etwas bekommen will. Obwohl er es vorziehen würde, nicht zu kündigen, ist sein Einkommen aus dem Hemdenverkauf inzwischen mehr als hoch genug, um seine Traumpläne zu finanzieren, auch über das Oktoberfest hinaus.

Der Chef stimmt zu, und Sherwood muss seine Drohung nicht wahr machen. Er geht an diesem Abend nach Hause und kauft für 524 Dollar (weniger als eine Woche Hemdenverkäufe) ein Hin- und Rückflugticket nach München. Jetzt kann er wirklich alle denkbaren Strategien zur Zeitersparnis einsetzen und Unwichtiges ausmerzen. Irgendwo zwischen Weizenbiertrinken und in Lederhosen auf dem Tisch tanzen wird Sherwood seine Arbeit tadellos erledigen, seinem Arbeitgeber mehr nutzen als vor der 80/20-Analyse … und er wird trotzdem jede Menge Zeit haben.

---

41 Das macht es dem Chef unmöglich, ihn ins Büro zu rufen. Das ist entscheidend, um den ersten Sprung über den großen Teich wagen zu können.

Aber … Moment mal: Was ist, wenn Ihr Chef trotz allem Nein sagt? Hmmm … dann legen Sie einfach Ihre Karten auf den Tisch. Wenn Ihr Vorgesetzter sich der Vernunft verschließt, dann werden Sie das nächste Kapitel lesen und ihm Feuer unter dem Hintern machen müssen.

Eine Alternative: Die Sanduhr-Methode

Sie können sich auch erfolgreich befreien, indem Sie die Sanduhr-Methode anwenden. Sie beginnen mit einer längeren Abwesenheit vom Arbeitsplatz, handeln dann eine kurze Telearbeitsvereinbarung aus, um diese anschließend nach und nach wieder auf die ganze Woche auszudehnen. Und so sieht das in der Praxis aus:

- Nutzen Sie ein Projekt, an dem Sie ungestört arbeiten müssen, oder einen privaten Notfall (Familien- oder persönliche Angelegenheit, Umzug, Arbeiten am Haus, was auch immer) für Ihre Begründung, dass Sie dem Büro eine oder zwei Wochen fernbleiben müssen.
- Kommunizieren Sie, dass Sie gar nicht so lange mit der Arbeit aussetzen wollen und lieber arbeiten würden, als sich Urlaubstage zu nehmen.
- Schlagen Sie vor, von zu Hause aus zu arbeiten, und bieten Sie an, nötigenfalls eine Lohnkürzung für diese Zeit (und nur für diese Zeit) zu akzeptieren, falls die Arbeitsleistung nachlässt.
- Bieten Sie Ihrem Chef an, bei der Ausgestaltung der Heimarbeitsregelung mitzuwirken, damit er in den Prozess eingebunden ist.
- Machen Sie die zwei »freien« Wochen zu der produktivsten Periode, die Sie jemals in der Firma hatten.
- Zeigen Sie Ihrem Chef nach Ihrer Rückkehr messbare Ergebnisse und sagen Sie ihm, dass Sie ohne die Anfahrt und ganzen Ablenkungen, Meetings und so weiter doppelt so viel

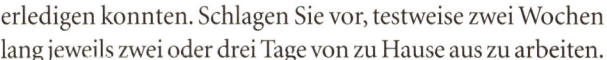

erledigen konnten. Schlagen Sie vor, testweise zwei Wochen lang jeweils zwei oder drei Tage von zu Hause aus zu arbeiten.

- Sorgen Sie dafür, dass diese Tage superproduktiv sind.
- Schlagen Sie vor, nur noch einen oder zwei Tage pro Woche im Büro zu arbeiten.
- Seien Sie an diesen Tagen weniger produktiv.
- Schlagen Sie eine Vollzeit-Telearbeitsvereinbarung und freie Wahl des Arbeitsplatzes vor – Ihr Chef wird einwilligen.

F & A: Fragen und Aktionen

> Freiheit bedeutet Verantwortung.
> Das ist der Grund, warum die meisten Menschen sich vor ihr fürchten.
> *George Bernard Shaw, irischer Dramatiker und Träger des Literaturnobelpreises*

Während Unternehmer mit der **Automatisierung** die meisten Schwierigkeiten haben, weil sie Angst haben, Kontrolle abzugeben, kommen Angestellte oft mit dem Konzept der **Liberation**, also ihrer Befreiung, nicht klar – weil sie Angst haben, Kontrolle zu übernehmen. Entschließen Sie sich dazu, die Zügel zu übernehmen – der Rest Ihres Lebens hängt davon ab. Die folgenden Fragen und Aktionen werden Ihnen dabei helfen, präsenzorientierte Arbeit durch leistungsorientierte Freiheit zu ersetzen:

1. Angenommen, Sie erlitten einen Herzinfarkt – wie könnten Sie nach der Rehaphase vier Wochen lang von zu Hause aus arbeiten?
Wenn es Aufgaben gibt, bei denen Telearbeit undurchführbar erscheint oder wenn Sie den Widerstand Ihres Chefs voraussehen, fragen Sie sich:

- Wie sehen diese Aufgaben aus, welchen Zweck verfolgen sie? Wieso glaubt mein Chef, sie seien von zu Hause aus nicht lösbar?
- Wenn Ihr Leben davon abhinge, was würden Sie tun, um das jeweilige Ziel dieser Aufgaben dennoch zu erreichen, ohne Ihr Büro aufzusuchen? Welche Möglichkeiten gibt es? Webkonferenz? Videokonferenz? GoToMeeting, GoToMyPC oder andere, vergleichbare Software?
- Warum würde Ihr Chef sich der Telearbeit widersetzen? Welche unmittelbaren negativen Effekte hätte es auf das Unternehmen und was können Sie tun, um diese zu verringern?

2. Versetzen Sie sich in die Lage Ihres Chefs. Würden Sie sich selbst – auf der Basis Ihrer Vorgeschichte – zutrauen, außerhalb des Büros zu arbeiten?
Wenn nicht, dann lesen Sie das Kapitel *E wie Eliminieren* (ab Seite 81) noch einmal und ziehen Sie die Sanduhr-Methode in Betracht.

3. Üben Sie sich darin, unabhängig von Ihrem jeweiligen Umfeld produktiv zu sein.
Versuchen Sie, bevor Sie den Telearbeits-Deal vorschlagen, an zwei Samstagen für zwei oder drei Stunden in einem Café zu arbeiten. Wenn Sie in einem Fitnessstudio trainieren, dann versuchen Sie, in diesen zwei Wochen zu Hause oder irgendwo anders außerhalb des Clubs Ihre Übungen zu machen. So lernen Sie, Ihre Aktivitäten nicht an eine bestimmte Örtlichkeit zu koppeln, und Sie können herausfinden, ob Sie die Disziplin besitzen, solo zu arbeiten.

4. Werden Sie produktiver – viel produktiver.
Wenn Sie das 80/20-Prinzip angewendet, allen unnötigen Unterbrechungen einen Riegel vorgeschoben und alle damit verbundenen Maßnahmen umgesetzt haben, dann sollte Ihre Leistung auf einem absoluten Höchststand sein. Und diese Er-

gebnisse sollten messbar sein – ob nun in abgefertigten Kunden, generiertem Einkommen, produzierten Seiten, ausstehenden Rechnungen oder was auch immer. Dokumentieren Sie es.

5. Demonstrieren Sie, wie effektiv Telearbeit sein kann, bevor Sie über eine offizielle Regelung verhandeln.
So testen Sie Ihre Fähigkeit, außerhalb eines Büroumfelds zu arbeiten, und Sie können beweisen, dass Sie auch ohne ständige Beaufsichtigung gut sind.

6. Üben Sie, wie Sie an einem »Nein« vorbeikommen.
Gehen Sie auf Bauernmärkte und feilschen Sie um die Preise oder verlangen Sie Preisnachlass, wenn Sie im Restaurant schlechten Service erleben. Verlangen Sie ganz einfach alles und üben Sie, die folgenden magischen Fragen einzusetzen, wenn die Leute sich weigern, Ihnen nachzugeben:
- »Was müsste ich tun, um [erwünschtes Ergebnis]?«
- »Unter welchen Umständen würden Sie [erwünschtes Ergebnis]?«
- »Haben Sie schon einmal eine Ausnahme gemacht?«
- »Ich bin sicher, Sie haben schon einmal eine Ausnahme gemacht, oder nicht?«
  (Wenn die Antwort auf die letzten beiden Fragen »Nein« lautet, fragen Sie: »Warum nicht?« Wenn sie hingegen »Ja« lautet, dann erkundigen Sie sich ebenfalls: »Warum?«)

7. Geben Sie Ihrem Arbeitgeber die Chance, die Sache mit der Telearbeit langsam zu schlucken – schlagen Sie vor, einen Tag zu Hause zu arbeiten.
Unternehmen Sie diesen oder den nächsten Schritt in einem Moment, wenn es der Firma sehr ungelegen käme, Sie zu entlassen, selbst wenn Sie zu Hause geringfügig weniger produktiv sein sollten.
Wenn Ihr Arbeitgeber sich dennoch standhaft weigert, dann

ist es an der Zeit, sich einen neuen Arbeitgeber zu suchen oder selbst Unternehmer zu werden. *Dieser* Job wird Ihnen niemals die freie Zeiteinteilung erlauben, die Sie sich wünschen. Wenn Sie sich entscheiden, das Arbeitsverhältnis zu beenden, dann überlegen Sie, ob es nicht taktisch klüger ist, diesen Schritt dem Arbeitgeber zu überlassen. Oft ist es besser, nicht selbst zu kündigen, sondern taktvoll eine Kündigung herbeizuführen und die Abfindung oder das Arbeitslosengeld für einen ausgedehnten Urlaub zu nutzen.

8. Stocken Sie nach jeder erfolgreichen Testphase weiter auf, bis Sie über Ihre Zeit frei verfügen und Ihre Aufenthaltsorte frei wählen können – so, wie Sie es sich vorgestellt haben.
Unterschätzen Sie nicht, wie sehr Ihr Unternehmen Sie braucht. Bringen Sie gute Leistung und verlangen Sie, was Sie haben wollen. Wenn Sie es im Lauf der Zeit nicht bekommen, dann gehen Sie. Die Welt ist viel zu schön, um den Großteil seines Lebens in einer Bürozelle zuzubringen.

Nicht zu retten:
Wie Sie Ihren Job loswerden

Jedes Handeln ist mit Risiken verbunden, deshalb liegt die Klugheit
nicht darin, die Gefahr zu meiden
(das ist unmöglich), sondern die Risiken zu berechnen und entschlossen zu handeln. Deine Fehler sollten
Fehler des Ehrgeizes sein, nicht Fehler der Faulheit. Du solltest die
Stärke haben, kühne Dinge zu tun,
nicht die Stärke, zu leiden.
Niccoló Machiavelli, Der Fürst

Existenzielle Appelle und Kündigungen

Ein verrückter Lückentext von Ed Murray

Sehr geehrte/r _____,
              _{Gottheit Ihrer Wahl}

als ich heute den/die/das _____ wusch, wurde mir Folgendes sehr
                               _{Tier}

_____ klar: Sie sind ein/e grausame/r/s_____.
_{Adjektiv}   _{persönliche Beleidigung}

Nachdem ich letzte Nacht sieben Gläser _____
                                       _{hochprozentiges alkoholisches Getränk}

_____ hinuntergekippt und genug _____ geschnupft hatte, um
_{Ihrer Wahl}   _{Droge}

_____ erröten zu lassen, wurde mir alles klar: Es liegt an den an-
_{Politikername}

deren, nicht an mir.

Ich bin vollkommen _____, wenn es um die ganzen _____
                       _{hilfloser Zustand}   _{Adjektiv}

persönlichen Beziehungen in meinem Leben geht, und ich teile

mein/e/en liebste/en/es_____ mit keinem Menschen auf diesem

Süßigkeit

Planeten, weil sie alle _____ sind. Ich

beleidigendes Adjektiv + ausgestorbene Tierart

_____ sie alle und ich hoffe, dass ihnen ein_____ Ende

emotionales Verb ·· *Adjektiv*

beschert sein wird, indem sie an einem Teller ihrer _____ ersticken.

Vorspeisen

Nach dieser_____ Katharsis fühlte ich mich _____ und seltsam

Adjektiv ·· *Emotion*

allein zugleich. Wie kann ich mich diesen _____ zugehörig fühlen,

Herdentiere

von denen ich Tag für Tag umgeben bin? Ich habe es so satt, jeden Tag

im _____ zu _____ . Vielleicht wäre mir wohler, wenn

Teil Ihres Hauses ·· *Synonym für »weinen«*

ich mir eine Handvoll _____ in mein/e/n _____ stecken würde.

Gemüseart ·· *Körperöffnung*

Es lässt mein Herz _____ , wenn ich die Trauer in dem/r/n _____

Verb ·· *Körperteil*

meiner Eltern sehe, und es wird mir _____ klar, dass sie den/die/das

Adverb

_____ mehr lieben als _____ …

Automarke ·· *Geschwistername*

Ich habe heute den festen Entschluss gefasst, ein/e/en _____ zu

Substantiv

kaufen, der/die/das mir als Metapher und als _____ Symbol für die

Adjektiv

_____-ige Sklaverei dienen wird, die in diesem irdischen Dasein

Schimpfwort

mein Los ist. Ich bin weniger Herr meines Schicksals, als es jedem/r

_____ zugestanden wird.

Adjektiv + landwirtschaftliches Nutztier

Wenn es ein Leben nach dem Tode gibt, dann halten Sie mich da raus.

Manche Jobs sind einfach nicht zu retten … Sie dennoch verbessern zu wollen gleicht dem Versuch, eine Gefängniszelle mit hübschen Vorhängen zu verschönern: Das Ergebnis ist vielleicht besser, aber nicht wirklich gut.

Im Kontext dieses Kapitels wird der Ausdruck »Job« sowohl die Tätigkeit eines Unternehmers als auch eines Angestellten bezeichnen. Manche der Empfehlungen beziehen sich entweder nur auf Unternehmer oder nur auf Angestellte, aber die meisten sind für beide relevant. Fangen wir also an.

Ich habe drei Jobs gekündigt, aus allen anderen bin ich ge-

feuert worden. Eine Kündigung kommt manchmal überraschend, und danach muss man oft erst wieder auf die Füße kommen, doch manchmal ist sie ein echter Glücksfall: Jemand anderes nimmt einem die Entscheidung ab, und damit ist es unmöglich geworden, für den Rest seines Lebens im falschen Job kleben zu bleiben. Die meisten Leute haben dieses Glück nicht, und sie sterben über 30 oder 40 Jahre ihres Lebens einen langsamen geistigen Tod, indem sie die Mittelmäßigkeit um sich herum tolerieren.

Stolz und Strafe

Nur weil etwas viel Zeit oder Arbeit gekostet hat, folgt daraus nicht automatisch, dass es produktiv oder der Mühe wert ist. Nur weil es Ihnen peinlich ist, sich einzugestehen, dass Sie immer noch die Folgen einer falschen Entscheidung ausbaden, die Sie vor fünf, zehn, 15 oder 20 Jahren getroffen haben, sollten Sie nicht darauf verzichten, heute eine richtige Entscheidung zu treffen. Wenn Sie sich von Ihrem Stolz beherrschen lassen, dann werden Sie in weiteren fünf, zehn, 15 oder 20 Jahren das Leben hassen.

Ich selbst kann es nicht ausstehen, Unrecht zu haben. Doch mein eigenes Unternehmen war mit Volldampf in einer Sackgasse unterwegs, bis ich gezwungen wurde, die Richtung zu ändern, um einen totalen Crash zu vermeiden. Ich weiß, wie schwer das ist.

Und da wir nun offen und auf gleicher Augenhöhe miteinander reden können: Stolz ist dumm. Nur wer Dinge aufgeben kann, die nicht funktionieren, hat das Zeug zum Sieger. Wer einen Job oder ein Projekt anfängt, ohne festzulegen, an welchem Punkt die Sache sinnlos wird, handelt wie jemand, der ins Spielkasino geht, ohne sich ein Limit zu setzen: gefährlich und dumm.

»Aber Sie kennen doch meine Situation gar nicht. Die Sache

ist viel zu kompliziert!«, sagen Sie sich jetzt vielleicht. Aber ist sie das wirklich? Verwechseln Sie nicht kompliziert und schwierig. Die meisten Situationen sind einfach zu beurteilen – in vielen Fällen ist es allerdings emotional schwierig, dieser Einsicht gemäß zu handeln. Das Problem und die Lösung sind normalerweise offensichtlich. Es ist nicht so, dass Sie nicht wüssten, was zu tun ist. Natürlich wissen Sie das. Sie haben lediglich Angst, hinterher schlechter dran zu sein als vorher.

Ich will Ihnen etwas sagen: Wenn Sie an diesem Punkt sind, dann wird es Ihnen nicht schlechter gehen. Lesen Sie das Kapitel *Wie man Angst kontrolliert und Lähmung überwindet* (ab Seite 52) noch einmal und durchtrennen Sie die Nabelschnur.

Es ist wie das Abziehen eines Pflasters: leichter und weniger schmerzhaft, als Sie denken

> Der Durchschnittsmensch ist Konformist, er akzeptiert Elend und Unglück so stoisch wie eine Kuh, die im Regen steht.
> *Colin Wilson, britischer Existenzialist und Autor von »Der Outsider«*

Es gibt mehrere grundlegende Phobien, die die Menschen davon abhalten, ein sinkendes Schiff zu verlassen. Sie alle lassen sich leicht widerlegen.

Wenn ich meine Karriere aufgebe, ist das endgültig.
Durchaus nicht. Schauen Sie sich die *F & A*-Abschnitte am Ende dieses Kapitels und des Kapitels *Wie man Angst kontrolliert und Lähmung überwindet* (Seite 61) an. Es ist auch zu einem späteren Zeitpunkt möglich, in Ihren alten Beruf zurückkehren oder ein anderes Unternehmen aus der Taufe zu heben. Mir ist noch kein Fall untergekommen, in dem eine Rich-

tungsänderung nicht irgendwie hätte rückgängig gemacht werden können.

Ich werde meine Rechnungen nicht bezahlen können.
Doch, das werden Sie. Unser Plan sieht ja vor, dass Sie einen neuen Job oder eine neue profitable Einkommensquelle haben, bevor Sie Ihren alten Job aufgeben. Problem gelöst. Wenn Sie kündigen oder gefeuert werden, dann ist es in der Regel nicht schwer, viele Ausgaben eine Zeitlang zurückzufahren oder von Reserven zu leben. Sie können sich Geld leihen, Ihr Haus vermieten, mit einer Hypothek belasten oder verkaufen – es gibt Möglichkeiten. Es gibt immer Möglichkeiten.

Es mag schwierig werden, aber Sie werden nicht verhungern. Stellen Sie Ihr Auto in die Garage und melden Sie es ein paar Monate lang ab. Gründen Sie eine Fahrgemeinschaft oder fahren Sie Rad, bis Sie den nächsten Job haben. Überziehen Sie Ihr Kreditkartenkonto ein wenig und kochen Sie selbst, statt essen zu gehen. Verkaufen Sie den ganzen Plunder, den Sie sich für viel Geld angeschafft haben, aber nie benutzen. Erstellen Sie ein vollständiges Inventar Ihrer Vermögenswerte, Ihrer Geldreserven, Schulden und monatlichen Ausgaben. Wie lange können Sie mit den vorhandenen Mitteln überleben? Wie lange wird es gehen, wenn Sie noch ein paar Vermögenswerte verkaufen?

Gehen Sie alle Ausgaben durch und überlegen Sie, wie Sie sich eine Zeitlang über Wasser halten können.

Krankenversicherung und Altersvorsorge gehen verloren, wenn ich kündige.
Stimmt nicht. Ich hatte vor beidem Angst, als ich bei TrueSAN meine Stelle verlor. Ich hatte Albträume, in denen ich mich mit verfaulten Zähnen bei Wal-Mart Regale einräumen sah, um nicht zu verhungern.

Wenn Sie Ihre Situation genau analysieren, wird Ihnen klar werden, dass das Ganze gar nicht so schlimm ist. Erst einmal gibt es ja die Absicherung von staatlicher Seite. Wenn Sie bei-

spielsweise Arbeitslosengeld beziehen, werden Sie auch weiter versichert sein. Und dann kann man schließlich auch selbst Versicherungen abschließen. Die Höhe der Krankenversicherungsbeiträge ist vom Einkommen abhängig. Sollten Sie also beispielsweise als Selbstständiger anfangs nicht so viel verdienen, dann sind auch die Kosten erschwinglich. In die staatliche Rentenversicherung können Sie, wenn Sie das wollen und es sich in Ihrem Fall lohnt, weiter freiwillig einzahlen. Und eine private Altersvorsorge sollten Sie ohnehin abschließen.

Es wird meinen Lebenslauf ruinieren.
Ich habe eine Schwäche für kreative Texte. Fantasievolles Schreiben. Es ist gar nicht so schwer, Lücken zu verschleiern oder ungewöhnliche Punkte im Lebenslauf zu einem Anlass für eine Einladung zum Bewerbungsgespräch zu machen. Wie? Tun Sie etwas Interessantes. Machen Sie etwas, worum Sie jeder Personalchef beneiden wird. Wenn Sie kündigen und dann nur tatenlos auf Ihrem Hintern herumsitzen, würde ich Sie auch nicht einstellen. Wenn Sie hingegen eine ein- bis zweijährige Weltumseglung oder ein Training in einem Profi-Fußballclub in Ihrem Lebenslauf stehen haben, dann geschehen nach Ihrer Rückkehr in die Welt der Arbeit zwei interessante Dinge: Erstens werden Sie zu mehr Bewerbungsgesprächen eingeladen, weil Sie auffallen. Zweitens werden Personalchefs, die sich in ihrem eigenen Job langweilen, das ganze Gespräch damit zubringen, Sie zu fragen, wie Sie das gemacht haben! Wenn die Frage im Raum steht, warum Sie sich eine Pause gegönnt oder Ihren letzten Job gekündigt haben, gibt es eine Antwort, der niemand widersprechen kann: »Ich hatte die einmalige Chance meines Lebens, [exotische und Neid einflößende Erfahrung] zu machen, und das konnte ich nicht ausschlagen. Ich dachte mir, ich habe noch [20 bis 40] Jahre Berufsleben vor mir, was soll also die Eile?«

Der Cheesecake-Faktor

Sommer 1999

Schon bevor ich davon gekostet hatte, wusste ich, dass irgend-etwas nicht stimmte. Nach acht Stunden im Kühlschrank war die Käsesahnecreme immer noch nicht fest geworden. Sie schwappte in der großen Schüssel wie eine dickflüssige Suppe, Klumpen wabbelten darin herum. Irgendwie war mir wohl ein Fehler unterlaufen. Es könnte alles Mögliche gewesen sein. Viel-leicht die falsche Verwendung einer Zutat? Mehrere Päckchen Frischkäse, Eier, Stevia, Gelatine, Vanille, saure Sahne … In die-sem Fall hatte das missratene Ergebnis wahrscheinlich diverse Ursachen.

Ich war auf einer kohlehydratfreien Diät und hatte dieses Rezept schon einmal benutzt. Das Ergebnis war so köstlich gewesen, dass meine Mitbewohner darauf bestanden hatten, dass ich Cheesecake in größeren Mengen produzierte. Damit begannen dann die mathematischen Kunststücke und die Probleme.

Bevor Splenda® und andere Wunder-Süßstoffe auf den Markt kamen, benutzte der harte Kern eben Stevia, ein Kraut, das 300-mal süßer ist als Zucker. Eine solche Zutat musste man natürlich mit Vorsicht handhaben, und ich war nicht gerade ein vorsichti-ger Küchenmeister. Ich hatte einmal Plätzchen gebacken und statt Backpulver Natron verwendet, was dazu führte, dass meine Mitbewohner den ganzen Rasen vor dem Haus vollkotzten. Die-ses neue Meisterwerk ließ nun allerdings die missglückten Plätz-chen wie *Haute Cuisine* aussehen: Es schmeckte wie ein Ge-misch aus flüssiger Käsesahne, kaltem Wasser und ungefähr 600 Päckchen Zucker.

Ich tat also, was jeder normale und rational denkende Mensch tun würde: Ich schnappte mir seufzend den größten Suppen-löffel, den ich finden konnte, und setzte mich vor den Fernseh-apparat, um mich der verdienten Strafe zu unterziehen. Ich hatte

schließlich einen ganzen Sonntag und eine Bootsladung von Zutaten verschwendet – also musste ich auch ernten, was ich gesät hatte, und die Suppe sprichwörtlich auslöffeln.

Eine Stunde und 20 große Löffel voll später war der Inhalt der riesigen Schüssel noch nicht merklich weniger geworden, aber ich war hinüber. Nicht nur konnte ich zwei Tage nichts anderes als Suppe essen, ich brachte es anschließend volle vier Jahre lang nicht über mich, Cheesecake auch nur anzuschauen, obwohl dieser bis dahin zu meinen Leibspeisen gehört hatte.

Dumm? Natürlich. Dümmer geht's nicht. Das ist ein lächerliches und winzig kleines Beispiel für eine Verhaltensweise, die im Berufsalltag der meisten Menschen regelmäßig zu beobachten ist: selbstauferlegtes Leiden, das sich vermeiden ließe. Klar, ich lernte meine Lektion und bezahlte für meinen Fehler. Aber die Frage ist doch – warum eigentlich?

Es gibt zwei Arten von Fehlern: Fehler aus Ehrgeiz und Fehler aus Faulheit.

Erstere sind manchmal die Folge, wenn man sich dafür entscheidet, etwas zu tun. Diese Art von Fehlern begeht man, wenn man nicht über alle nötigen Informationen verfügt, was ja permanent der Fall ist. Zu einem solchen Verhalten will ich Sie unbedingt ermutigen, denn Glück ist den Mutigen hold.

Die zweite Art von Fehlern fußt darin, aus Faulheit etwas nicht zu tun. Wir weigern uns, an einer schlechten Situation etwas zu ändern – aus Angst, obwohl wir alle Fakten kennen. So wird aus einer schlechten Beziehung eine schlechte Ehe und aus einer schlechten Jobwahl lebenslanger Freiheitsentzug.

»Ja, aber was ist, wenn ich in einer Branche arbeite, in der häufige Stellenwechsel der Karriere schaden? Ich bin erst seit knapp einem Jahr hier, und künftige Arbeitgeber würden von mir denken …« Würden sie das wirklich? Hinterfragen Sie Ihre Annahmen, bevor Sie sich weiter quälen. Ich kenne nur einen gemeinsamen Nenner, den die guten Arbeitgeber in allen Branchen sexy finden: Leistung. Sind Ihre Ergebnisse der Knaller, dann ist es auch egal, wenn Sie nach drei Wochen in einer schlechten

Firma die Brocken hinschmeißen. Außerdem sollten Sie sich überlegen: Falls man in Ihrem Job wirklich nur dann befördert wird, wenn man es vier Jahre am Stück in einer zermürbenden Arbeitsumgebung aushält, könnte es dann vielleicht sein, dass es sich um ein Spiel handelt, das zu gewinnen sich nicht lohnt? Die Konsequenzen falscher Entscheidungen werden mit zunehmendem Alter nicht besser.

Was ist Ihr Rezept für Cheesecake?

F & A: Fragen und Aktionen

Zehntausende Menschen, die meisten davon weniger fähig als Sie, kündigen oder verlieren Tag für Tag ihren Job. Das ist weder ungewöhnlich noch tödlich. Hier sind ein paar Übungen, mit denen Sie sich klarmachen können, wie natürlich ein Jobwechsel ist und wie einfach der Übergang zu etwas anderem sein kann.

1. Zuerst der übliche Realitätscheck: Wo finden Sie am wahrscheinlichsten das, was Sie suchen – in Ihrem gegenwärtigen Job oder woanders?

2. Angenommen, Sie würden heute Ihren Job verlieren – was könnten Sie tun, um sich finanziell abzusichern?

3. Melden Sie sich einen Tag lang krank und stellen Sie Ihren Lebenslauf auf allen größeren Stellenvermittlungsseiten ein, zum Beispiel bei www.monster.de und www.jobpilot.de. Wenn Sie wollen, benutzen Sie ein Pseudonym. Das wird Sie daran erinnern, dass es andere Möglichkeiten gibt als Ihre derzeitige Arbeitsstelle. Rufen Sie Personalagenturen und Headhunter an, wenn diese in Ihrer gegenwärtigen Position in Frage kommen, und schicken Sie eine kurze E-Mail nach folgendem Muster an alle Freunde und Kontakte, die nichts mit Ihrer Firma zu tun haben:

Liebe Freunde,

ich denke über eine neue berufliche Herausforderung nach und interessiere mich für alle Chancen, die Euch vielleicht in den Sinn kommen.

Nichts ist zu ausgefallen oder zu weit hergeholt. [Wenn Sie eine gewisse Vorstellung haben, was Sie machen möchten, oder auch, was Sie auf keinen Fall machen wollen, können Sie hinzufügen »Ich interessiere mich besonders für …« oder »Was ich gerne vermeiden würde, ist …«]

Lasst mich bitte wissen, wenn Euch etwas einfällt.

Mit herzlichen Grüßen

XY

Melden Sie sich krank oder nehmen Sie Urlaub, um diese Dinge in die Wege zu leiten. Planen Sie dafür einen normalen Arbeitstag von neun bis fünf Uhr ein. So simulieren Sie schon einmal, wie es sich anfühlt, ohne Job zu sein, und das wird Ihre Angst vor einem Leben ohne Büro verringern.

In der Welt des Handelns und Verhandelns gibt es ein Prinzip, das über allen anderen steht: Wer mehr Optionen hat, hat auch mehr Macht. Fangen Sie deshalb nicht erst dann an, nach Optionen zu suchen, wenn Sie welche brauchen. Wagen Sie jetzt einen Ausblick auf die Zukunft. Das wird es Ihnen erleichtern, tatsächlich zu handeln und selbstsicherer aufzutreten.

4. Wenn Sie ein eigenes Unternehmen haben, stellen Sie sich hingegen vor, dass Sie eine Schadenersatzklage am Hals haben und Insolvenz beantragen müssen. Das Unternehmen ist bankrott, und Sie müssen den Laden dichtmachen. Das ist gesetzlich verpflichtend, und es gibt keine finanziellen Mittel für irgendeinen anderen Weg. Wie würden Sie überleben?

Das macht die Entscheidung einfacher ...
→ Chefduzen.de (www.chefduzen.de)
  Das Forum der Ausgebeuteten.

Den Sprung wagen
→ Meine Kündigung (http://meine-kuendigung.de)
  Die Homepage rund um Kündigungsschreiben – inklusive
  Vorlagen.
→ jobkrise.de (www.jobkrise.de)
  Raus aus der Jobkrise! Egal, ob Sie sich beruflich verbessern
  oder die eigene Firma gründen wollen. Hier sind alle Tipps
  versammelt: Jobsuche, Bewerbung, Karriereplanung, Gründung & Business, Rechtliches, weitere Links und Buchtipps.

Rentenversicherung
→ Freies Informationsportal Soziale Altersvorsorge (www.ren-
  tentips.de)
  Hier finden Sie unter anderem Rententipps für Selbststän-
  dige.

Krankenversicherung
→ PKV05.de (www.pkv05.de)
  Hier können Sie die Kosten und Leistungen sowohl gesetz-
  licher als auch privater Krankenkassen vergleichen. Sowohl
  als Arbeitgeber als auch als Selbstständiger können Sie sich
  bei beiden Kassen versichern lassen.

Der Mini-Ruhestand:
Entdecken Sie das mobile Leben

> Die schlichte Bereitschaft zu
> improvisieren ist langfristig
> hilfreicher als zu recherchieren.
> *Rolf Potts, amerikanischer Reiseautor*

Als Sherwood vom Oktoberfest zurückkommt, ist er noch leicht benommen, so viele Neuronen hat er ertränkt. Dennoch fühlt er sich so gut wie seit vier Jahren nicht mehr. Die Telearbeits-Testphase wird zum offiziellen Dauerzustand erklärt, Sherwood tritt in die Welt der Neuen Reichen ein. Alles, was er jetzt noch braucht, sind eine Idee, wie er diese neue Freiheit nutzen kann, und einige Tricks, wie er mit seinen nach wie vor beschränkten Geldmitteln einen Lifestyle leben kann, der keine Grenzen kennt.

Wenn Sie alle bisherigen Schritte absolviert, Ihre Arbeit so gut wie möglich eliminiert und automatisiert haben, wenn die Ketten, die Sie an einen bestimmten Ort binden, durchtrennt sind, dann ist es an der Zeit, die Fantasie schweifen zu lassen und die Welt zu erkunden. Aber auch wenn das Reisefieber nicht in Ihnen brennt oder Sie ausgedehnte Reisen in Ihrem Fall für unmöglich halten – aufgrund einer Ehe, einer Hypothek oder Ihrer lieben Kleinen –, dieses Kapitel zeigt Ihnen viele Möglichkeiten auf. Es gibt fundamentale, aber notwendige Veränderungen, die die meisten Menschen vor sich herschieben. Beispielsweise die Befreiung von unnötigem Ballast – erst eine längere Abwesenheit (oder die Vorbereitung darauf) zwingt viele dazu, sich von unnützen, aber belastenden Dingen zu lösen. Dieses Kapitel ist Ihre Abschlussprüfung im Fach Musendesign. Und die Verwandlung beginnt in einem kleinen mexikanischen Dorf ...

Fabeln und Glücksritter

Ein amerikanischer Geschäftsmann macht auf Anordnung seines Arztes in einem kleinen mexikanischen Küstendorf Ferien. Schon am ersten Morgen bekommt er in aller Frühe einen eiligen Telefonanruf aus dem Büro. Weil er danach nicht mehr einschlafen kann, läuft er hinaus auf die Mole, um wieder einen klaren Kopf zu bekommen. Ein kleines Fischerboot mit nur einem einzigen Fischer darin legt an. In dem Boot liegen einige große Gelbflossenthunfische. Der Amerikaner gratuliert dem Mexikaner zur Qualität seines Fangs.

»Wie lange haben Sie gebraucht, um die da zu fangen?«, fragt er.

»Nicht so lange«, antwortet der Mexikaner in überraschend gutem Englisch.

»Warum bleiben Sie nicht länger draußen und fangen noch mehr davon?«, will der Amerikaner wissen.

»Ich habe genug, um meine Familie zu ernähren und ein paar Freunden etwas abzugeben«, sagt der Mexikaner, während er die Fische in einen Korb umlädt.

»Aber ... was machen Sie mit dem Rest Ihrer Zeit?«

Der Mexikaner schaut auf und lächelt. »Ich schlafe lang, dann fische ich ein wenig, spiele mit meinen Kindern, mache Siesta mit meiner Frau Julia – und jeden Abend gehe ich ins Dorf, wo ich mit meinen Amigos Wein trinke und Gitarre spiele. Ich habe ein volles und beschäftigtes Leben, Señor.«

Der Amerikaner lacht und richtet sich zu seiner vollen Größe auf. »Mein Herr, ich bin Wirtschaftsfachmann, ich habe in Harvard meinen Abschluss gemacht. Ich kann Ihnen helfen. Sie sollten mehr Zeit mit dem Fischen verbringen und sich vom Erlös ein größeres Boot kaufen. Von dem größeren Fang, den Sie dann regelmäßig machen, können Sie sich in Nullkommanichts mehrere Boote kaufen. So haben Sie bald eine ganze Flotte von Fischerbooten.«

Er fährt fort: »Anstatt Ihren Fang an Mittelsmänner zu verkaufen, können Sie ihn den Konsumenten direkt anbieten und irgendwann Ihre eigene Konservenfabrik eröffnen. Sie werden Produkt, Verarbeitung und Vertrieb dann selbst kontrollieren. Natürlich müssen Sie dieses kleine Fischerdorf hinter sich lassen und nach Mexiko-Stadt ziehen, später nach Los Angeles und schließlich nach New York, von wo aus Sie Ihr expandierendes Unternehmen mit dem richtigen Management führen werden.«

Der mexikanische Fischer fragt: »Aber Señor, wie lange wird denn das alles dauern?«

Darauf antwortet der Amerikaner: »Vielleicht 15 bis 20 Jahre. Allerhöchstens 25.«

»Und was dann, Señor?«

Der Amerikaner lacht und sagt: »Das ist das Beste daran. Wenn die Zeit dafür reif ist, gehen Sie an die Börse, verkaufen Ihre Aktien und werden richtig reich. Sie werden Millionen verdienen.«

»Millionen, Señor? Und dann?«

»Dann setzen Sie sich zur Ruhe und ziehen in ein kleines Fischerdorf. Sie schlafen lange, fischen ein bisschen, spielen mit den Kindern, machen eine Siesta mit Ihrer Frau und gehen abends ins Dorf, wo Sie mit Ihren Amigos Wein trinken und Gitarre spielen …«

***

Kürzlich traf ich mich in San Francisco mit einem guten Freund, früheren Kommilitonen und Mitbewohner zum Abendessen. Er stand kurz vor seinem Abschluss an einer renommierten Business School. Danach wollte er wieder als Investmentbanker arbeiten. Er hasste es, um Mitternacht von der Arbeit nach Hause zu kommen, aber seine Lebensplanung sah vor, neun Jahre lang 80 Stunden die Woche zu arbeiten, bis er es zum Managing Director gebracht hätte und schlappe drei bis zehn Millionen Dollar im Jahr verdiente. Das war der Erfolg, den er sich erträumte.

»Junge, was in aller Welt würdest du mit drei bis zehn Millionen pro Jahr anfangen?«, fragte ich ihn.

Seine Antwort? »Ich würde eine lange Reise nach Thailand machen.«

Das bringt eine der größten Selbsttäuschungen unseres modernen Zeitalters ziemlich genau auf den Punkt: Ausgedehnte Weltreisen sind die Domäne der Superreichen. Ich habe auch schon Folgendes gehört: »Ich werde nur 15 Jahre in der Firma arbeiten. Dann bin ich zum Partner aufgestiegen und kann meine Stunden zurückfahren. Sobald ich eine Million auf dem Konto habe, lege ich sie sicher an, in Anleihen oder so, bekomme 80 000 Dollar Zinsen pro Jahr und setze mich zur Ruhe, um in der Karibik zu segeln.« Oder: »Ich werde nur als Berater arbeiten, bis ich 35 bin, dann setze ich mich zur Ruhe und fahre mit dem Motorrad durch China.«

Wenn Ihr Traum, wenn das Glücksversprechen darin besteht, nach Ihrem Berufsleben in Thailand in Saus und Braus zu leben oder in der Karibik herumzuschippern oder China per Motorrad zu durchqueren, dann kann ich Ihnen etwas verraten. All das kann man für weniger als 3000 Dollar tun. Ich weiß es, denn ich habe alle drei Reisen unternommen. Hier sind einfach mal ein paar Beispiele, mit wie wenig Geld man wie weit kommt.[42]

250 US-Dollar: Fünf Tage auf einer privaten Forschungsinsel der Smithsonian Institution in den Tropen – mit drei eingeborenen Fischern, die mir mein gesamtes Essen fingen und

---

42 Die Dollarbeträge in diesem Kapitel stammen alle aus der Zeit unmittelbar nach der Wiederwahl von Präsident Bush im Jahr 2004, damals hatte der Dollar seinen schlechtesten Kurs seit 20 Jahren erreicht.

zubereiteten und mich darüber hinaus auch noch zu den besten verborgenen Tauchplätzen Panamas brachten.

150 US-Dollar: Drei Tage im Weingebiet der Provinz Mendoza in Argentinien, wo ich ein Privatflugzeug mit persönlichem Führer charterte, das mich über die schönsten Weinberge rund um die schneebedeckten Anden flog.

Frage: Wofür haben Sie Ihre letzten 300 Euro ausgegeben? In den meisten amerikanischen Städten können Sie für den entsprechenden Dollar-Betrag zwei oder drei Wochenenden lang irgendwelchen unsinnigen Aktivitäten nachgehen, die die Arbeitswoche vergessen machen sollen und die man selbst gleich wieder vergessen hat. 300 Euro sind für acht Tage voller lebensverändernder Erlebnisse sicherlich besser angelegt, als sie an ein paar Wochenenden für Wellness, Musical, Essengehen, Nightclubbing etc. auf den Kopf zu hauen. Aber ich rede eigentlich gar nicht von acht Tagen. Das waren nur kurze Zwischenspiele in einem ganz neuen Leben. Ich rede von viel, viel mehr.

Der Beginn des Mini-Ruhestands

> Es gibt wichtigere Dinge im Leben
> als ständig dessen Geschwindigkeit
> zu erhöhen.
> *Mahatma Gandhi, indischer Pazifist*

Im Februar 2004 ging es mir schlecht, und ich war völlig überarbeitet. Ich wollte im März nach Costa Rica reisen, um dort vier Wochen lang Spanisch zu lernen und mich zu entspannen. Meine Batterien mussten wieder aufgeladen werden, und vier Wochen erschienen mir als eine »vernünftige« Zeitspanne – wenn es denn überhaupt eine Methode gibt, nach der man so etwas bemessen kann.

Ein Freund, der sich mit Südamerika auskannte, wies mich

dezent darauf hin, dass das möglicherweise nicht ganz so funktionieren würde, wie ich es mir vorstellte, da in Costa Rica die Regenzeit bevorstand. Sintflutartige Regengüsse waren in der Tat nicht das erhebende Erlebnis, das ich brauchte, also schwenkte ich auf vier Wochen Spanien um. Doch der Flug über den Atlantik ist lang, und Spanien liegt in der Nähe einiger anderer Länder, die ich schon immer hatte besuchen wollen. Nach dieser Überlegung dauerte es nicht mehr lange, und das Wort »vernünftig« verabschiedete sich aus meinen Reiseplanungen. Ich beschloss, mir drei volle Monate zu gönnen und im Anschluss an die vier Wochen Spanien nach meinen skandinavischen Wurzeln zu forschen.

Sollte meine Abwesenheit wirklich irgendwelche Katastrophen an der Heimatfront auslösen, dann würde das ganz sicher innerhalb der ersten vier Wochen geschehen. *Das Risiko würde sich also eigentlich nicht wirklich vergrößern, wenn ich meinen Trip auf drei Monate aufstockte.* Ja, drei Monate wären großartig.

Aus den drei wurden 15 Monate, und ich fing an, mich zu fragen: Warum nimmt man nicht die üblichen 20 bis 30 Jahre Ruhestand und teilt sie auf das ganze Leben auf, anstatt alles für das Ende aufzusparen?

Verabschieden Sie sich von der Illusion, Sie könnten die ganze Welt in zwei Wochen sehen

Wenn man gewohnt ist, 46, 48 oder gar 50 Wochen im Jahr zu arbeiten, und dann plötzlich die Zeit und Möglichkeit hat, ausgedehnte Reisen zu unternehmen, passiert oft Folgendes: Man schnappt völlig über, will zehn Länder in vierzehn Tagen bereisen und endet als Wrack. Es ist ungefähr so, als wenn man einen verhungernden Hund in einem Metzgerladen frei laufen ließe. Er wird sich zu Tode fressen.

Ich machte während der ersten drei Monate meiner 15-monatigen Visionssuche genau das falsch. Zusammen mit einem Freund, der drei Wochen frei bekommen hatte, bereiste ich sieben Länder. Unser Trip war ein einziger wunderbarer Adrenalinstoß, aber es war so, als würde ich mein Leben plötzlich im Schnelldurchlauf betrachten. Nach kurzer Zeit konnten wir uns kaum erinnern, was in welchen Ländern passiert war (mit Ausnahme von Amsterdam[43]), uns beiden war die meiste Zeit übel und es war frustrierend, dass wir so viele Orte nur deshalb verlassen mussten, weil die Angaben auf unseren Flugtickets uns dazu zwangen.

Ich empfehle Ihnen: Tun Sie genau das Gegenteil davon. Die Alternative zu dieser Art von »Gewalturlaub« – der Mini-Ruhestand – sieht so aus, dass man für einen bis sechs Monate an einen anderen Ort übersiedelt, bevor man wieder nach Hause zurückkehrt oder an einen anderen Ort weiterzieht. Es ist ein Anti-Urlaub im positiven Sinn. Obwohl solch ein Mini-Ruhestand natürlich entspannend sein kann, ist er keine Flucht aus Ihrem Leben, sondern eine Bestandsaufnahme. Vor was sollten Sie auch fliehen, nachdem Sie alle unliebsamen Dinge eliminiert beziehungsweise automatisiert haben? Sie haben jetzt einfach die Möglichkeit, alles wieder ganz neu zu sehen und Ihr Leben wie ein unbeschriebenes Blatt neu zu füllen. Deshalb wollen wir die Welt nicht als eine Serie touristischer Schnappschüsse zwischen fremden, aber immer gleichen Hotels *sehen* – wir wollen versuchen, sie zu *erleben*, und zwar in einer Geschwindigkeit, die zulässt, dass wir uns verändern.

Damit unterscheidet sich der Mini-Ruhestand auch vom Sabbatical. Sabbaticals werden meist wie der Ruhestand als ein einmaliges Ereignis betrachtet. Genießen Sie es jetzt, solange Sie können. Der Mini-Ruhestand ist hingegen als wiederkehrendes Ereignis definiert – er ist ein Teil Ihres neuen Lifestyle-Konzepts. Ich nehme mir gegenwärtig drei bis vier Mini-

---

43 Damit meine ich natürlich die großartigen Möglichkeiten, Fahrrad zu fahren, und das berühmte Gebäck *(Dutch Pastries)*.

Ruhestände im Jahr, und ich kenne Dutzende von Menschen, die das Gleiche tun.

Treiben Sie die Dämonen aus und gewinnen Sie emotionale Freiheit

Wirklich frei zu sein bedeutet mehr, als nur genug Geld und Zeit zu haben, um zu tun, was man tun will. Auch wenn Sie sich in finanzieller und zeitlicher Hinsicht befreit haben, es ist durchaus möglich – ehrlich gesagt, ist eher die Regel als die Ausnahme –, dass Sie immer noch im Hamsterrad gefangen sind. Man kann sich nicht vom Stress einer Kultur freimachen, die von Größe und Geschwindigkeit besessen ist, solange man sich nicht von materialistischen Abhängigkeiten, chronischer Zeitnot und anderen kulturell bedingten Zwängen lösen kann. Das dauert eine Weile. Man kann eine solche Veränderung nicht in Nullkommanichts erreichen, und noch so viele zweiwöchige Sightseeing-Trips können eine echte Zeit der Besinnung und Wanderschaft nicht ersetzen.[44] In diesem Fall sind *two weeks* – zwei Wochen – einfach *too weak* – zu schwach.[45]

Alle Leute, die ich interviewt habe, haben mir bestätigt: Es braucht zwei bis drei Monate, nur um sich von den gewohnten Abläufen freizumachen und zu erkennen, wie sehr man sich selbst ablenkt, indem man ständig in Bewegung ist. Können Sie mit spanischen Freunden ein zweistündiges Essen genießen, ohne nervös zu werden? Können Sie sich an das Leben in einer kleinen Stadt gewöhnen, in der alle Geschäfte nachmittags eine

---

44 Das heißt natürlich nicht, dass Sie keinen Pauschal-Vergnügungsurlaub machen und ein paar Wochen lang ausflippen dürfen. Ich hab das jedenfalls getan. Hauen Sie auf den Putz. Ibiza und Ballermann – hier komme ich! Genehmigen Sie sich ordentlich Absinth und trinken Sie reichlich Wasser dazu. Und danach setzen Sie sich hin und planen einen richtigen Mini-Ruhestand.
45 Dieses Wortspiel hat Joel Stein von der *LA Times* geprägt.

zweistündige Siesta einlegen und dann um 16 Uhr schließen? Wenn nicht, dann sollten Sie sich fragen, warum.

Lernen Sie, das Tempo zu verlangsamen. Verlieren Sie sich. Achten Sie darauf, wie Sie sich selbst und die Menschen um sich herum beurteilen. Wahrscheinlich ist es schon eine Weile her, seit Sie das zum letzten Mal gemacht haben. Nehmen Sie sich mindestens zwei Monate Zeit, um alte Gewohnheiten loszuwerden und sich selbst neu zu entdecken – ohne dass Sie ständig an Ihren Rückflug denken müssen.

Die finanziellen Realitäten: Es wird immer besser

Die wirtschaftlichen Argumente für den Mini-Ruhestand sind das Sahnehäubchen auf der ganzen Sache. Vier Tage in einem anständigen Hotel oder eine oder zwei Wochen in einer netten Pension kosten das Gleiche wie ein ganzer Monat in einem schicken Apartment. Wenn Sie zeitweise umziehen, sparen Sie außerdem die Kosten zu Hause. Und im Ausland lebt es sich meist weitaus günstiger. Hier sind ein paar Beispiele dafür, was mich meine letzten Reisen gekostet haben:

Ich habe Highlights aus Südamerika und Europa nebeneinandergestellt. Meine Aufenthalte in Buenos Aires (Argentinien) und Berlin beweisen, dass Luxus nicht nur in Drittweltländern möglich ist, sondern auch eine Frage von Kreativität und Kenntnis der örtlichen Gegebenheiten ist. Wobei vor allem die Mieten in Berlin in den letzten Jahren teurer geworden sind und Amerikaner aufgrund der Dollarschwäche in keinem Land der Welt mit den hier genannten Summen meiner Reisen der letzten Jahre hinkommen werden. Trotzdem werden Sie sehen, dass ich nicht von Brot und Wasser gelebt habe – eher schon wie ein Rockstar. Das heißt, man könnte beide Reisen sogar für die Hälfte dessen, was ich ausgegeben habe, unternehmen. Mein Ziel war allerdings nicht, meine Genügsamkeit unter Beweis zu stellen, sondern mich zu amüsieren.

Flug
- Kostenlos, dank meiner Kreditkarte und des Bonusprogramms[46]

Unterkunft
- Ein Penthouse-Apartment, das in der New Yorker Fifth Avenue seine Entsprechung fände, kostet in Buenos Aires 550 Dollar pro Monat – einschließlich Reinigungspersonal, Sicherheitsdienst, Telefon, Strom und Highspeed-Internetzugang
- Ein Apartment von enormen Ausmaßen im trendigen Berliner Stadtteil Prenzlauer Berg einschließlich Telefon und Strom: 300 Dollar pro Monat

Verpflegung
- Vier- oder Fünfsternerestaurant zweimal täglich in Buenos Aires: 10 Dollar (300 Dollar im Monat)
- Berlin: 18 Dollar (540 Dollar im Monat)

Unterhaltung
- VIP-Tisch und Champagner ohne Ende in dem heißesten Club, Opera Bay, in Buenos Aires für insgesamt acht Leute: 150 Dollar. Kosten für mich allein bei vier Besuchen: 75 Dollar
- Unterwegs in den heißesten Clubs Westberlins, für Eintritt und Getränke: 20 Dollar pro Person und pro Nacht x 4 = 80 Dollar

---

46 Mit vielen Kreditkarten kann man an Bonusprogrammen teilnehmen und beispielsweise Flugmeilen sammeln. Wie wäre es, wenn Sie demnächst all Ihre geschäftlichen Ausgaben mit Kreditkarte begleichen? Musen machen zwar wenig Arbeit, aber oft fallen doch erhebliche Kosten im Bereich Produktion und Werbung an. Suchen Sie sich in diesen Bereichen Anbieter, die Kreditkartenzahlung akzeptieren, und verhandeln Sie das wenn nötig im Voraus, indem Sie sagen: »Statt mit Ihnen um den Preis zu feilschen, bitten wir uns lediglich aus, dass Sie Zahlung per Kreditkarte akzeptieren. Unter dieser Voraussetzung werden wir Sie Konkurrent X vorziehen.« Fragen Sie Ihren Geschäftspartner erst gar nicht, ob das möglich ist, sondern machen Sie ein »festes Angebot«, das stärkt Ihre Verhandlungsposition.

Bildung, Kurse

- Täglich zwei Stunden privater Spanischunterricht in Buenos Aires, fünfmal pro Woche: 5 Dollar pro Stunde x 40 Stunden im Monat = 200 Dollar. Außerdem: Täglich zwei Privatstunden Tangotanzen bei zwei Weltklasse-Profitänzern: 8,33 Dollar pro Stunde x 40 Stunden im Monat = 333,20 Dollar.
- Täglich vier Stunden erstklassiger Deutschunterricht am Berliner Nollendorfplatz: 175 Dollar pro Monat, was sich selbst dann gelohnt hätte, wenn ich nicht zu den Stunden hingegangen wäre, denn der Studentenausweis berechtigte mich zu mehr als 40 Prozent Preisnachlass in allen öffentlichen Verkehrsmitteln. Außerdem: Sechs Stunden in der Woche Mixed Martial Arts-Training (MMA) in der besten Kampfsportschule Berlins: kostenlos – als Gegenleistung für zwei Stunden Englischunterricht pro Woche

Verkehrsmittel

- U-Bahn-Monatskarte und tägliche Taxifahrten hin und zurück zu den Tangostunden in Buenos Aires: 75 Dollar
- Monatskarte für U-Bahn, Straßenbahn und Bus in Berlin mit Studentenermäßigung: 85 Dollar

Gesamtkosten für vier Wochen Luxusleben in …

- Buenos Aires: 1533,20 Dollar, einschließlich Hin- und Rückflug vom New Yorker JFK-Flughafen. Der Einzelunterricht bei Weltklasselehrern in Spanisch und Tango macht fast ein Drittel dieser Kosten aus.
- Berlin: 1180 Dollar, einschließlich Hin- und Rückflug vom JFK-Flughafen

Wie nehmen sich diese Zahlen neben Ihren gegenwärtigen monatlichen Ausgaben zu Hause aus, darunter Miete, Autoversicherung, Strom und Wasser, Wochenendvergnügungen, Partys, öffentliche Verkehrsmittel, Benzin, Mitgliedsbeiträge, Abonnements, Essen und so weiter? Wenn Sie alles zusam-

menzählen, dann wird Ihnen vielleicht klar – so war es jedenfalls bei mir –, dass man, wenn man um die Welt reist und sich
prächtig amüsiert, sogar noch Geld sparen kann.

Angstfaktoren: Die Ausreden, nicht zu reisen

- Aber ich habe ein Haus, ich habe Kinder. Ich kann nicht
  reisen!
- Und was ist mit der Krankenversicherung? Was, wenn etwas
  passiert?
- Sind Reisen nicht gefährlich? Was ist, wenn ich gekidnappt
  oder überfallen werde?
- Aber ich bin doch eine Frau – alleine reisen wäre zu gefährlich.

Die meisten Ausreden, warum man nicht reisen kann, sind genau das: Ausreden. Ich habe viele davon selbst benutzt, ich
weiß also, wovon ich rede (und das hier ist keine »Ich bin besser als du«-Predigt). Ich weiß nur zu gut, dass es bequemer ist,
äußere Einflüsse für die eigene Untätigkeit verantwortlich zu
machen.

Ich habe Gelähmte und Gehörlose, Rentner und alleinerziehende Mütter, Hausbesitzer und Mittellose kennengelernt,
die alle ausgezeichnete Gründe dafür suchten und fanden, ausgedehnte Reisen zu unternehmen, anstatt sich auf den Millionen von kleinen Gründen, die scheinbar gegen das Reisen sprechen, auszuruhen. Die meisten der oben angeführten Sorgen
werden im Abschnitt *F & A* angesprochen, doch ein besonders
sensibles Thema möchte ich schon hier ansprechen – es erfordert ein wenig präventive Nervenberuhigung.

Es ist 22 Uhr. Wissen Sie, wo Ihre Kinder sind?
Die Hauptangst aller Eltern vor ihrer ersten Auslandsreise ist,
irgendwo im Gedränge ein Kind zu verlieren. Die gute Nach-

richt: Wenn Sie kein Problem damit haben, Ihr Kind auf eine Reise mit nach New York, San Francisco, Washington DC oder London mitzunehmen, dann müssen Sie sich in den Städten, die ich unter *F & A* für den Anfang empfehle, noch weniger Sorgen machen. Es gibt dort weniger Schusswaffen und weniger Gewaltverbrechen als in den meisten Großstädten der USA. Außerdem sollen Sie Ihre Reise ja als Mini-Ruhestand planen. Sie begeben sich also an eine zweite Heimat, wo Sie sich in Ruhe eingewöhnen können. Das verringert noch einmal die Probleme, die auftreten können, wenn Sie gehetzt zwischen Flughäfen und Hotels hin und her eilen. Aber trotzdem, was ist, wenn …?

Jen Errico, eine alleinerziehende Mutter, die mit ihren beiden Kindern fünf Monate lang die Welt bereiste, hatte eine noch ganz andere Angst vor Augen, die sie oft um zwei Uhr nachts schweißgebadet aufwachen ließ: Was ist, wenn mir etwas passiert?

Sie wollte ihre Kinder auf das Worst-Case-Szenario vorbereiten, sie aber auch nicht zu Tode ängstigen, also machte sie – wie alle guten Mütter – ein Spiel daraus: Wer kann sich am besten die Reiseroute, die Hoteladressen und Mamis Handynummer merken? Sie hatte in jedem Land Notfallkontakte, deren Rufnummern als Kurzwahl auf ihrem Handy (mit Global Roaming) gespeichert waren. Doch es ging alles gut. Inzwischen plant sie, ein Ski Chalet in Europa zu beziehen und ihre Kinder in der vielsprachigen Schweiz zur Schule zu schicken. So gebiert ein Erfolg den nächsten.

Am meisten ängstigte sie sich in Singapur, dabei war das im Rückblick der Ort, wo es am wenigsten Grund dazu gab (sie war mit ihren Kindern unter anderem auch in Südafrika). Sie hatte Angst, weil es die erste Station ihrer Reise war und sie es noch nicht gewohnt war, mit ihren Kindern unterwegs zu sein. Ihr begegnete aber keine reale Gefahr, die Angst war hausgemacht.

Robin Malinsky-Rummell, die mit ihrem Mann und ihrem

siebenjährigen Sohn ein Jahr lang durch Südamerika reiste, wurde von Freunden und Verwandten davor gewarnt, nach den blutigen Unruhen von 2001 Argentinien zu besuchen. Sie recherchierte gründlich, entschied, dass die Angst unbegründet war, und hatte schließlich eine wundervolle Zeit in Patagonien. Als sie den Einheimischen erzählte, dass sie aus New York stammte, fiel diesen der Unterkiefer herunter und sie erklärten mit großen Augen: »Ich habe im Fernsehen gesehen, wie diese Türme zusammenstürzten! Ich würde mich nie an einen derart gefährlichen Ort wagen!« Setzen Sie nicht automatisch voraus, dass es im Ausland gefährlicher ist als in ihrer Heimatstadt. Oft ist es nicht so.

Robin ist davon überzeugt, wie ich übrigens auch, dass die Leute ihre Kinder als Ausrede vorschieben, damit sie ihre Komfortzone nicht verlassen müssen. Ein sehr durchsichtiger Vorwand, um keine Abenteuer wagen zu können. Wie kann man diese Angst überwinden? Robin empfiehlt zwei Dinge:

• Machen Sie einen Probelauf von ein paar Wochen, bevor Sie zum ersten Mal mit Ihren Kindern auf eine lange Auslandsreise gehen.

• Beginnen Sie jede Station mit einem einwöchigen Sprachkurs vor Ort, der direkt nach der Ankunft beginnt. Oft arrangiert die Sprachschule die Abholung vom Flughafen und sucht eine Unterkunft für Sie, und Sie können Freunde finden und die Gegend kennenlernen, bevor Sie auf eigene Faust losziehen.

Aber was ist, wenn Ihre Sorge nicht so sehr darin besteht, die Kinder zu verlieren, sondern eher darin, den Verstand zu verlieren, weil Sie die Kinder dabeihaben?

Mehrere Familien, die ich für dieses Buch interviewt habe, empfahlen mir das älteste Überzeugungsmittel, das der Mensch kennt: Bestechung. Jedes Kind bekommt einen bestimmten virtuellen Geldbetrag – 25 bis 50 Cents – für jede Stunde Wohlverhalten. Der gleiche Betrag wird von seinem Konto abgezo-

gen, wenn es die Regeln bricht. Alle Ausgaben für Vergnügungen – Souvenirs, Eis oder anderes – werden mit dem Geld von diesem Konto gezahlt. Konto im Minus – keine Süßigkeiten. Diese Methode verlangt oft mehr Selbstbeherrschung von den Eltern als von den Kindern.

Wie Sie 50 bis 80 Prozent Rabatt auf Ihr Flugticket bekommen

Dies ist kein Buch über Billigreisen. Für jemanden, der einen Mini-Ruhestand plant, ist es oft ein besseres Geschäft, 200 Euro mehr in ein stressfreies Flugticket zu investieren (die sich im Lauf von zwei Monaten amortisieren), als 20 Stunden lang die Vielflieger-Bonuspunkte bei irgendeiner unbekannten Fluglinie hin- und herzuschieben oder hinter fragwürdigen Schnäppchen herzujagen.

Einmal kaufte ich mir nach zweiwöchigem Suchen ein Hinflugticket nach Europa für 120 Dollar. Selbstbewusst und voller Enthusiasmus kam ich auf dem John F. Kennedy-Flughafen an (»Schau bloß, diese ganzen Trottel, die den offiziellen Preis bezahlen!«). Und dann weigerten sich 90 Prozent der Fluglinien, die in dem Angebot angegeben waren, mein Ticket anzunehmen. Und diejenigen, die sich nicht weigerten, waren auf Wochen hinaus ausgebucht. Am Ende übernachtete ich zwei Nächte in einem Hotel, was mich 300 Dollar kostete, beschwerte mich bei American Express und rief schließlich vom Flughafen aus frustriert bei 1-800-FLY-EUROPE an. Ich kaufte für 300 Dollar ein Virgin-Atlantic-Ticket nach London und saß eine Stunde später im Flugzeug. Das gleiche Ticket hatte eine Woche vorher mehr als 700 Dollar gekostet.

Nachdem ich in 25 Ländern war, habe ich einige einfache Strategien entwickelt, die Ihnen 90 Prozent der möglichen Rabatte verschaffen, ohne Kopfschmerzen zu produzieren:

Zahlen Sie die großen Produktions- und Werbeausgaben Ihrer Muse mit Kreditkarten, die ein Bonuspunktesystem anbieten. Das heißt nicht, dass Sie mehr Geld ausgeben, um scheinbaren Vorteilen nachzulaufen. Diese Kosten sind unvermeidlich, also sollten Sie einen Nutzen daraus ziehen. Schon allein diese Strategie verschafft mir alle drei Monate ein kostenloses internationales Rückflugticket.

Kaufen Sie die Tickets entweder lange im Voraus (drei Monate oder mehr) oder Last Minute, und versuchen Sie, sowohl Abflug- als auch Rückreisedatum zwischen Dienstag und Donnerstag zu legen. Langfristige Reiseplanungen gehen mir auf die Nerven, und es kann auch teuer werden, wenn die Reisepläne sich ändern. Deshalb kaufe ich alle Flugtickets in den letzten vier oder fünf Tagen vor der geplanten Abreise. Sobald das Flugzeug abhebt, ist der Wert eines leeren Flugzeugsitzes gleich null, daher sind die wirklichen Last-Minute-Tickets auch wirklich billig.

Oft ist es günstig, ein Ticket zu einem internationalen Drehkreuz-Flughafen zu lösen und von dort aus mit einem lokalen Billigflieger weiterzureisen. Wenn ich nach Europa fliege, besorge ich mir normalerweise drei Tickets: ein kostenloses Ticket von Southwest Airlines (mit meinen American-Express-Bonuspunkten), das mich von Kalifornien zum JFK-Flughafen in New York bringt, das billigste Ticket nach London Heathrow und dann ein superbilliges Ticket entweder von Ryanair oder EasyJet zu meinem endgültigen Ziel. Ich bin schon für zehn Dollar von London nach Berlin und von London nach Spanien geflogen. Das ist kein Druckfehler. Regionale Fluglinien bieten oft die letzten Plätze ihrer Flüge für gerade einmal 99 Cent plus Steuern und Bearbeitungsgebühr an.

Weniger ist mehr: Werfen Sie Ballast ab

> Frei, glücklich und erfolgreich kann
> man nur sein, wenn man viele allge-
> mein verbreitete, aber überschätzte
> Dinge aufgibt.
> *Robert Henri, amerikanischer Maler*

Ich kenne den Sohn eines zehnfachen Millionärs. Er ist persönlich mit Bill Gates befreundet und managt Farmen und private Kapitalanlagen. Im Lauf der letzten zehn Jahre hat er sich
eine Sammlung schöner Häuser zugelegt, jedes davon mit fest
angestellten Köchen, Dienern, Reinigungspersonal und Haus-
meistern. Wie fühlt er sich damit, in jeder Zeitzone ein Heim
zu haben? Es geht ihm tierisch auf die Nerven! Er hat das Gefühl, für die Angestellten zu arbeiten, die obendrein mehr Zeit
in seinen Häusern verbringen als er.

Ausgedehnte Reisen sind eine perfekte Möglichkeit dafür,
den Schaden wiedergutzumachen, den jahrelanger übermäßi-
ger Konsum bei uns angerichtet hat. Ich hasse diese ewigen
Pharisäer-Vorträge über das einfache Leben. Ich habe auch
nicht die Absicht, Ihnen ein besitzloses Mönchsdasein nahe-
zulegen. Aber schauen wir den Tatsachen ins Auge: Es gibt
massenweise Dinge in Ihrem Zuhause und in Ihrem Leben, die
Sie weder benutzen noch brauchen noch besonders schätzen.
Wie Strandgut sind diese Dinge nach und nach angeschwemmt
worden und einfach geblieben. Ob wir uns dessen bewusst sind
oder nicht: Dieser Krempel schafft Unentschlossenheit, er lenkt
uns ab, nimmt unsere Aufmerksamkeit in Anspruch und
macht es schwer oder gar unmöglich, einfach glücklich zu sein.
Man kann sich nicht vorstellen, wie sehr dieser ganze Kram unsere Aufmerksamkeit beansprucht – ob es Porzellanpuppen
sind, Sportwagen oder fadenscheinige T-Shirts.

Vor meinem 15-monatigen Trip machte ich mir große Sorgen, wie ich all meinen Besitz in dem angemieteten drei mal

vier Meter großen Lagerraum unterbringen sollte. Dann wurden mir plötzlich ein paar Dinge klar: Ich würde die gesammelten Wirtschaftsmagazine nie mehr lesen, ich trug sechs Tage in der Woche die gleichen fünf Hemden und vier Hosen, es war ohnehin Zeit für neue Möbel, und den Grill und die Gartenstühle benutzte ich nie.

Doch sogar der Gedanke, die Dinge loszuwerden, die ich *nie* verwendete, löste eine Art kapitalistischen Kurzschluss aus. Es fiel mir schwer, Dinge wegzuwerfen, die mir einmal so viel wert gewesen waren, dass ich Geld dafür ausgegeben hatte. Die ersten zehn Minuten vor meinem Kleiderschrank fühlten sich an, als sollte ich entscheiden, welches meiner Kinder leben und welches sterben sollte. Es war ein Kampf, ungetragene Klamotten auf den Altkleiderstapel zu werfen, und es war ebenso hart, mich von den zerfledderten Lieblingsstücken zu trennen, die ich aus sentimentalen Gründen aufhob. Doch als ich die ersten schweren Entscheidungen hinter mich gebracht hatte, kam ich in Schwung, und danach ging es wie geschmiert. Ich brachte all die selten getragenen Klamotten zu einer Sammelstelle für Bedürftige.

Um die Möbel loszuwerden, brauchte ich bei eBay nur ein paar Tage, und dass ich für einige Stücke weniger als die Hälfte des Kaufpreises bekam und für andere so gut wie gar nichts – wen kümmerte es? Ich hatte fünf Jahre in diesen Möbeln gewohnt und sie abgenutzt und würde mir nach meiner Rückkehr in die USA eben neue kaufen. Den Grill und die Gartenstühle schenkte ich einem Freund, der sich wie ein Kind darüber freute. Ich fühlte mich toll und hatte zusätzliche 300 Dollar Taschengeld, die zumindest ein paar Wochen Miete im Ausland finanzieren würden.

Ich hatte 40 Prozent mehr Platz in meiner Wohnung geschaffen und dabei noch nicht einmal an der Oberfläche gekratzt. Und es war auch gar nicht der gewonnene physische Raum, den ich am meisten spürte, sondern der frei gewordene Platz in meinem Kopf. Es war, als wären dort vorher 20 Pro-

gramme gleichzeitig gelaufen und jetzt nur noch eins oder zwei. Ich konnte klarer denken, und ich war viel, viel glücklicher.

Ich fragte jeden Weltenbummler, den ich für dieses Buch interviewte, welchen Rat er Leuten, die vor ihrer ersten ausgedehnten Reise stehen, mit auf den Weg geben möchte. Die Antwort war einstimmig: Nehmen Sie weniger mit! Der Drang, zu viel einzupacken, ist schwer zu ignorieren. Meine Lösung ist, dass ich für den Notfall ein paar extra Dollar einkalkuliere. Anstatt für alle Eventualitäten zu packen, nehme ich nur das absolute Minimum mit und plane 100 bis 300 Dollar dafür ein, alles, was ich darüber hinaus benötige, an Ort und Stelle zu kaufen. Ich nehme keine Toilettenartikel mehr mit und auch nicht mehr Kleidung, als man für eine Woche benötigt. Das macht sogar Spaß: Im Ausland Rasiercreme oder ein Anzughemd zu finden kann schon für sich allein zu einem Abenteuer werden.

Packen Sie, als ob Sie in einer Woche wieder zurück wären. Hier sind die absolut notwendigen Dinge aufgelistet:

- Kleidung für *eine* Woche entsprechend der Jahreszeit, darunter *ein* halbwegs formelles Hemd plus Hose oder Rock für einen besonderen Abend. Ansonsten T-Shirts, ein paar Shorts, eine Allzweckjeans, eine Wind-und-Wetter-Jacke
- Fotokopien oder eingescannte Kopien aller wichtigen Dokumente: Pass/Visum, Krankenversicherung, Kreditkarten, Flugtickets, Bankkarten und so weiter
- Bankkarten, Kreditkarten und kleine Scheine der Landeswährung im Wert von 200 Euro (Reiseschecks sind umständlich und werden an vielen Orten nicht akzeptiert)
- ein kleines Kabel-Fahrradschloss, um das Gepäck unterwegs oder in Herbergen sichern zu können; eventuell auch ein kleines Vorhängeschloss für Schließfächer
- ein elektronisches Wörterbuch (gedruckte Wörterbücher sind zu langsam, um sie in einer Unterhaltung einzusetzen) und je ein kleines Grammatikbuch für alle Zielsprachen

- ein Reiseführer, der einen guten Überblick über die zu bereisenden Länder gibt

Das ist alles. Laptop oder keinen Laptop? Außer, wenn Sie Schriftsteller sind, würde ich sagen: keinen Laptop. Das ist viel zu umständlich, und außerdem lenkt es ab. Mit entsprechender Software können Sie von jedem Internetcafé aus Ihren Computer zu Hause ansteuern, das reicht völlig aus – und es fördert folgenden Vorsatz: Das Beste aus Ihrer Zeit herauszuholen, anstatt sie totzuschlagen.

Der Dealmaker von Bora Bora

Baffininsel, Nunavut (Kanada)

Josh Steinitz stand am Ende der Welt und starrte ehrfürchtig auf das Meer hinaus. Er grub seine Stiefel fester in das zwei Meter dicke Eis, während vor ihm die Einhörner tanzten.

Zehn Narwale – seltene Verwandte des Belugawals – kamen an die Oberfläche und reckten ihre zwei Meter langen gedrehten Stoßzähne in den Himmel. Dann ließ sich die Gruppe von eineinhalb Tonnen schweren Walen wieder hinabgleiten. Narwale tauchen in große Tiefen – manchmal tiefer als 1000 Meter. Also wusste Josh, dass er mindestens 20 Minuten Zeit haben würde, bis sie wieder hoch kämen.

Irgendwie war es ausgesprochen passend, dass er hier stand und die Narwale beobachtete. Ihr Name stammt aus dem Altnordischen und bezieht sich auf ihre blau-weiß marmorierte Haut.

Náhvalr – der Leichenmann.

Er lächelte, so wie er es in den letzten Jahren oft getan hatte. Josh war selbst ein wandelnder Toter gewesen. Ein Jahr nach seinem College-Abschluss hatte er erfahren, dass er an Mundhöhlenkrebs erkrankt war. Zuvor hatte er Managementberater

werden wollen und jede Menge Pläne geschmiedet. Plötzlich war all das bedeutungslos. Für viele Menschen ist diese Krebsart tödlich oder sie verkürzt die verbleibende Lebenszeit extrem. Schlagartig wurde ihm klar, dass die größte Gefahr im Leben nicht etwa die Möglichkeit ist, einen Fehler zu begehen, sondern Reue – irgendwann erkennen zu müssen, dass man etwas versäumt hat. Er würde nie die Jahre zurückholen können, die er damit verbracht hatte, Dinge zu tun, die er nicht mochte.

Zwei Jahre später war Josh vom Krebs geheilt und machte sich auf den Weg zu einer Weltreise, ohne die Route oder das Ende der Reise vorher zu kennen. Seinen Lebensunterhalt verdiente er als freier Autor. Später wurde er Mitbegründer einer Webseite, die angehenden Vagabunden eine neue Art der individuellen Reiseplanung ermöglicht. Sein Status als Unternehmer hat allerdings keine Auswirkungen auf seinen Bewegungsdrang. Ob er seine *Deals* in den Überwasser-Bungalows auf Bora Bora oder in den Holzhütten der Schweizer Alpen abschließt – er fühlt sich überall gleichermaßen wohl.

Einmal nahm er den Anruf eines Kunden in Camp Muir entgegen, einer Steinhütte auf halbem Weg zum Gipfel des Mount Rainier in der Nähe von Seattle. Der Kunde brauchte die Bestätigung einiger Verkaufszahlen und fragte Josh, was da im Hintergrund für ein Wind zu hören sei. Joshs Antwort: »Ich stehe hier 3000 Meter hoch auf einem Gletscher, und heute Nachmittag will der Wind uns vom Berg hinunterwerfen.« Der Kunde war sofort bereit, ihn seinen Aufstieg fortsetzen zu lassen. Ein anderer Kunde rief Josh an, als er gerade aus einem balinesischen Tempel herauskam, und hörte die Gongschläge im Hintergrund. Der Kunde frage, ob Josh in der Kirche sei. Josh wusste nicht, was er antworten sollte. Alles, was er herausbrachte, war also ein unsicheres »Ja«.

Kommen wir aber zurück zu jenem Nachmittag, an dem Josh die Narwale beobachtete. Er hatte noch ein paar Minuten Zeit, bevor er ins Basislager zurückmusste, wenn er den Eisbären nicht begegnen wollte. 24 Stunden Tageslicht bedeuteten, dass er seinen Freunden im Land der Bürozellen viel zu erzählen hatte. Er setzte sich auf das Eis und zog seinen Laptop und sein Satelliten-Handy aus einer wasserdichten Tasche. Er begann seine E-Mail mit der üblichen Floskel:

»Ich weiß, wie sehr es Euch allen auf die Nerven geht, dass ich so viel Spaß habe, aber ratet mal, wo ich gerade bin ...«

F & A: Fragen und Aktionen

Wenn Sie zum ersten Mal mit dem Gedanken spielen, sich dem mobilen Leben und dem dauerhaften Abenteuer zu verschreiben, dann beneide ich Sie! Dieser Sprung in die neuen Welten, die Sie erwarten, ist in etwa so, als würde man vom Passagier zum Piloten befördert werden.

Der Großteil dieses *F & A*-Abschnitts listet die genauen Schritte auf, die Sie unternehmen sollten, und gibt Ihnen einen Countdown-Zeitplan an die Hand, den Sie benutzen können, wenn Sie sich auf Ihren ersten Mini-Ruhestand vorbereiten. Viele dieser Schritte sind einmalige Dinge, die wegfallen oder reduziert werden können, wenn Sie Ihren ersten Trip hinter sich haben. Die nächsten Mini-Ruhestände erfordern dann maximal zwei bis drei Wochen Vorbereitung. Ich brauche mittlerweile nur noch drei Nachmittage.

Schnappen Sie sich einen Bleistift und ein paar Blätter Papier – es wird Ihnen Spaß machen.

1. Schaffen Sie sich eine Übersicht über Ihre finanziellen Ressourcen
Legen Sie zwei Blatt Papier auf den Tisch. Auf eines schreiben Sie alle Vermögenswerte: Bankkonten, Altersvorsorge, Aktien, Anleihen, Immobilien und so weiter. Auf dem zweiten Blatt ziehen Sie in der Mitte einen senkrechten Strich und schreiben auf die eine Seite Ihre Einnahmen (Gehalt, automatisiertes

Einkommen Ihrer Muse, Investment-Einkommen und so weiter). Auf der anderen Seite listen Sie Ihre Ausgaben auf (Hypothek, Miete, Autosteuer und -versicherung et cetera). Was davon können Sie eliminieren, entweder weil es selten gebraucht wird oder weil es Stress verursacht, ohne wirklich notwendig zu sein?

2. Überwinden Sie Ihre Ängste vor einem einjährigen Mini-Ruhestand an einem Traumort Ihrer Wahl
Machen Sie die Übungen zur Angstkontrolle (ab Seite 61). Stellen Sie sich vor, wie Ihr Worst-Case-Szenario aussehen könnte und welche realen Konsequenzen sich daraus ergeben würden. Außer in seltenen Ausnahmefällen werden die meisten dieser Folgen vermeidbar sein, und die übrigen lassen sich ohne große Probleme wieder beheben.

3. Wählen Sie einen Ort für Ihren tatsächlichen Mini-Ruhestand. Wo soll es losgehen?
Das ist die große Frage. Ich kann zwei Varianten empfehlen:

A) Wählen Sie einen Anfangspunkt und gehen Sie von dort aus auf die Wanderschaft, bis Sie Ihre zweite Heimat gefunden haben. Ich machte das mit einem Einweg-Flugticket nach London, von wo aus ich durch Europa vagabundierte, bis ich mich in Berlin verliebte, wo ich dann drei Monate lang blieb.

B) Erkunden Sie eine Region und lassen Sie sich dann an Ihrem Lieblingsplatz nieder. Das habe ich in Südamerika gemacht, wo ich jeweils zwischen einer und vier Wochen in verschiedenen Städten verbrachte, bevor ich für sechs Monate in meine Lieblingsstadt Buenos Aires zurückkehrte.

Es ist natürlich grundsätzlich möglich, einen Mini-Ruhestand im eigenen Land zu nehmen, aber der Transformationseffekt ist viel geringer, wenn man von Menschen umgeben ist, die das gleiche soziokulturelle Gepäck mit sich herumschleppen wie man selbst. Ich empfehle fürs Erste, sich für einen Ort in Übersee zu entscheiden, der fremd, aber nicht gefährlich ist.

Ich boxe, fahre Motorradrennen und mache alle möglichen Sachen, die Machos eben gerne machen. Aber einem Besuch in den brasilianischen Favelas,[47] Begegnungen mit Zivilisten, die ein Maschinengewehr oder eine Machete bei sich tragen, oder gesellschaftlichen Unruhen gehe ich lieber aus dem Weg. Billig ist gut, aber Schussverletzungen sind schlecht. Schauen Sie auf der Webseite des Auswärtigen Amts nach Reisewarnungen, bevor Sie sich ein Flugticket kaufen (www.auswaertiges-amt.de).

Hier sind nur ein paar meiner liebsten Ausgangspunkte. Suchen Sie sich aber ruhig auch andere Orte aus: Argentinien (Buenos Aires, Córdoba), China (Schanghai, Hongkong, Taipeh), Japan (Tokio, Osaka), England (London), Irland (Galway), Thailand (Bangkok, Chiang Mai), Norwegen (Oslo), Australien (Sydney), Neuseeland (Queenstown), Italien (Rom, Mailand, Florenz), Spanien (Madrid, Valencia, Sevilla) und die Niederlande (Amsterdam).

An allen diesen Orten kann man gut leben, ohne viel Geld auszugeben. Ich gebe in Tokio weniger Geld aus als in Kalifornien, weil ich es gut kenne. Angesagte Künstlerviertel, die erst vor kurzem saniert und aufgewertet wurden, finden sich in fast allen diesen Städten. Der einzige Ort, an dem ich es nicht schaffe, für weniger als 20 Dollar eine anständige Mahlzeit zu bekommen? London.

Hier sind ein paar exotische Örtlichkeiten, die ich für Neu-Vagabunden nicht empfehle: alle Länder Afrikas, der Nahe Osten sowie Mittel- und Südamerika (mit Ausnahme von Costa Rica und Argentinien). In Mexiko-Stadt und an der mexikanischen Grenze gibt es für meinen Geschmack zu viel Kidnapping, weshalb Mexiko auch auf meiner Favoritenliste fehlt.

---

47 Wenn Sie wissen wollen, wie es in den brasilianische Slums zugeht, dann schauen Sie sich den Film *City of God* an.

4. Bereiten Sie Ihre Reise vor. Hier ist der Countdown.

Drei Monate vorher: Eliminieren

Gewöhnen Sie sich an Minimalismus, bevor Sie abreisen. Diese Fragen sollten Sie sich stellen und beantworten – auch dann, wenn Sie gar nicht auf Reisen gehen wollen:

Welche 20 Prozent meiner Besitztümer nutze ich 80 Prozent meiner Zeit? Eliminieren Sie die anderen 80 Prozent Ihrer Klamotten, Zeitschriften, Bücher und so weiter. Seien Sie gnadenlos. Zur Not können Sie Dinge auch irgendwann einmal wieder nachkaufen.

Welcher Besitz verursacht Stress in meinem Leben? Damit können teure Unterhaltungskosten gemeint sein, wie etwa Versicherungskosten oder monatliche Ausgaben. Manche Besitztümer kosten aber vor allem Zeit und lenken von anderen und viel wichtigeren Dingen ab. Eliminieren, eliminieren, eliminieren. Wenn Sie auch nur ein paar teure Dinge verkaufen, könnte das einen guten Teil Ihres Mini-Ruhestands finanzieren. Denken Sie dabei ruhig auch über Ihr Haus und Ihr Auto nach. Es ist immer möglich, beides nach Ihrer Rückkehr neu zu kaufen, wobei man oft nicht einmal Geld verliert.

Treffen Sie die ersten Maßnahmen: Überprüfen Sie, ob Sie für längere Auslandsaufenthalte krankenversichert sind. Unternehmen Sie die ersten Schritte, um Ihr Haus zu vermieten oder zu verkaufen. Wenn Sie in Ihre eigenen vier Wände zurückkehren wollen, dann vermieten Sie eben nur. Oder kündigen Sie Ihren Mietvertrag und lagern Sie Ihren restlichen Besitz in einem gemieteten Depot ein.

Fragen Sie sich in allen Zweifelsfällen: »Wenn mir jemand eine Pistole an den Kopf hielte und ich es tun müsste, wie würde ich es tun?« Es ist nicht so schwer, wie Sie glauben.

Zwei Monate vorher: Automatisieren

Nachdem Sie alles Überflüssige eliminiert haben, kontaktieren Sie alle Unternehmen (einschließlich Lieferanten), die Ihnen regelmäßig Rechnungen schicken. Lassen Sie die Zahlungen künftig von Kreditkarten abbuchen, die Bonuspunkte vergeben. Wenn man den Unternehmen sagt, dass man vorhat, ein Jahr lang auf Weltreise zu gehen, dann sind sie oft dazu bereit, Kreditkarten zu akzeptieren (damit sie Sie nicht rund um den Globus jagen müssen wie Richard Kimble in der Siebzigerjahre-Serie »Auf der Flucht«).

Dem Kreditkartenunternehmen selbst und allen Unternehmen, die sich weigern, Kreditkarten zu akzeptieren, erteilen Sie eine Einzugsermächtigung für Ihr Girokonto. Beantragen Sie Onlinebanking und die Möglichkeit zu Onlineüberweisungen. Für alle Unternehmen, die weder Kreditkarten noch Lastschriftverfahren akzeptieren, richten Sie Daueraufträge ein. Dabei sollten Sie für alle Zahlungen, deren Höhe variiert, den zu überweisenden Betrag um 15 bis 20 Euro höher als erwartet festsetzen. Das wird alle eventuellen zusätzlichen Kosten abdecken und Ihnen zeitintensive Abrechnungsprobleme ersparen. Was Sie zu viel zahlen, bleibt Ihnen als Guthaben erhalten.

Kündigen Sie die Postzustellung der ausgedruckten Kontoauszüge und Kreditkartenabrechnungen. Lassen Sie sich von Ihrer Bank für alle Ihre Girokonten (normalerweise ein Geschäfts- und ein Privatkonto) eine Kreditkarte ausstellen. Diese sollten für Barauszahlungen gesperrt sein, um die Chance auf Missbrauch so gering wie möglich zu halten. Lassen Sie diese Karten zu Hause – sie haben nur die Funktion, im Notfall das »Platzen« von Schecks und Überweisungen zu verhindern, wenn Sie keinen Dispo für Ihr Girokonto haben oder dieser überzogen ist.

Erteilen Sie einem Familienmitglied, dem Sie vertrauen, und/oder Ihrem Steuerberater eine Vollmacht, Dokumente in Ihrem Namen unterschreiben zu dürfen. Nichts verhagelt einem den Spaß in der Fremde schneller als die Notwendigkeit, Originaldokumente unterschreiben zu müssen, wenn Faxe nicht akzeptiert werden.

Einen Monat vorher

Stellen Sie einen Nachsendeantrag (bis zu 12 Monate möglich) und veranlassen Sie, dass Ihre gesamte Post an die Adresse eines Freundes, eines Angehörigen oder eines persönlichen Assistenten gesendet wird. Diesen bitten Sie, eventuell gegen einen kleinen Obolus, dass er Ihnen jeden Montag eine kurze Zusammenfassung aller Briefe (außer der Werbung) zumailt.

Lassen Sie sich alle empfohlenen Schutzimpfungen für Ihr Zielgebiet geben. Welche das sind, erfahren Sie ebenfalls beim Auswärtigen Amt unter »Reise- und Sicherheitsinformationen«. Denken Sie auch daran, dass in manchen Ländern die Einreise nur möglich ist, wenn man bestimmte Impfungen nachweisen kann.

Richten Sie einen Test-Account mit GoToMyPC oder einer ähnlichen Software ein und machen Sie einen Probelauf, um sicherzugehen, dass keine technischen Probleme auftreten.[48]

Zwei Wochen vorher

Scannen Sie alle Ihre Ausweise, Versicherungsunterlagen sowie Kredit- und Bankkarten ein. Machen Sie mehrere Ausdrucke, um sie bei Familienmitgliedern zurückzulassen, und mehrere, die Sie in verschiedenen Taschen mit sich führen können. Mailen Sie sich die eingescannten Dateien auch selbst zu, damit Sie unterwegs darauf zugreifen können, falls Sie die Papierkopien verlieren.

Wenn Sie Unternehmer sind, dann ändern Sie Ihren Handytarif auf die billigste Variante und nehmen Sie eine Voicemail-Nachricht wie die folgende auf: »Ich bin momentan geschäftlich im Ausland. Bitte hinterlassen Sie keine Nachricht,

---

48 Das brauchen Sie natürlich nur dann, wenn Sie Ihren Computer zu Hause oder im Haus eines Bekannten lassen, während Sie unterwegs sind. Dieser Schritt entfällt, wenn Sie Ihren Computer mitnehmen – allerdings ist das ein wenig so, als würde ein Heroinsüchtiger eine Tüte Opium mit zur Entziehungskur bringen. Führen Sie sich lieber nicht in Versuchung.

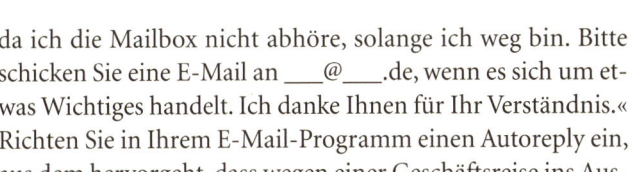

da ich die Mailbox nicht abhöre, solange ich weg bin. Bitte
schicken Sie eine E-Mail an ___@___.de, wenn es sich um etwas Wichtiges handelt. Ich danke Ihnen für Ihr Verständnis.«
Richten Sie in Ihrem E-Mail-Programm einen Autoreply ein,
aus dem hervorgeht, dass wegen einer Geschäftsreise ins Ausland Antworten bis zu sieben Tage dauern können.

Als Angestellter sollten Sie sich überlegen, sich ein Quad-
band- oder GSM-Handy zu besorgen, damit Ihr Chef Sie anrufen kann. Ein BlackBerry brauchen Sie nur dann, wenn Ihr
Chef kontrollieren wird, ob Sie Ihre E-Mails regelmäßig bearbeiten. Vergessen Sie nicht, die verräterische automatische Sig-
natur »Sent from a BlackBerry« zu deaktivieren! Daneben gibt
es auch noch die Möglichkeit, einen SkypeIn-Account zu nutzen, der Anrufe auf Ihr ausländisches Handy weiterleitet (das
ziehe ich vor).

Mieten Sie vor Ihrer Ankunft eine Wohnung am Ort Ihres
geplanten Mini-Ruhestands oder reservieren Sie für die ersten
drei oder vier Tage ein Zimmer in einer Herberge oder einem
Hotel. Eine Wohnung im Voraus zu mieten ist riskanter und
viel teurer, als nach der zweiten Methode vorzugehen und sich
in den ersten drei oder vier Tagen vor Ort selbst eine Wohnung
zu suchen.

Mein Tipp ist, sich möglichst eine Herberge oder ein Hostel
als Ausgangspunkt zu wählen – nicht aus Kostengründen, sondern weil die Besitzer oder die Leute, die dort arbeiten, und die
Reisenden, die dort untergebracht sind, Ihnen meist gute Tipps
für die Wohnungssuche geben können.

Schließen Sie eine Auslandskrankenversicherung mit Rücktransportklausel ab, wenn es Sie beruhigt. Wenn Sie sich in einem Erstweltland aufhalten, ist eine solche Versicherung in der
Regel überflüssig, weil Sie auch dort Zusatzversicherungen abschließen können, um Ihre eigene Krankenversicherung zu ergänzen, was ich meist mache. Wenn Sie zehn Flugstunden von
der Zivilisation entfernt sind, ist eine Rücktransportklausel ohnehin sinnlos. Ich hatte eine Rücktransportversicherung, als

ich in Panama war, da es von dort nur zwei Stunden Flug nach Miami sind, ansonsten habe ich darauf verzichtet.

Eine Woche vorher

Erstellen Sie einen festen Zeitplan für alle Routineaufgaben (E-Mail, Onlinebanking und so weiter), die während Ihrer Reise zu erledigen sind. So haben Sie keine Ausreden für sinnlose Pseudoarbeiten. Ich schlage Montagmorgen für E-Mail und Onlinebanking vor. Am ersten und dritten Montag eines jeden Monats kann man zum Beispiel Kreditkartenabrechnungen überprüfen. Diese Vorsätze sind erfahrungsgemäß am schwersten einzuhalten, also seien Sie doppelt entschlossen und machen Sie sich auf ernsthafte Entzugserscheinungen gefasst.

Speichern Sie wichtige Dokumente – einschließlich der Scans Ihrer Ausweise, Pässe, Versicherungen und Kredit- beziehungsweise Bankkarten – auf einem USB-Stick oder einem vergleichbaren tragbaren Medium, das an jeden Computer angeschlossen werden kann.

Mieten Sie einen geeigneten Zwischenlagerraum und verstauen Sie dort alle beweglichen Dinge aus Ihrem Haus oder Ihrer Wohnung. Packen Sie einen einzelnen kleinen Rucksack und eine Reisetasche oder einen größeren Rucksack mit den notwendigen Dingen für Ihr Abenteuer. Ziehen Sie bis zum Abflug bei einem Familienmitglied, einem Freund oder einer Freundin ein.

Zwei Tage vorher

Stellen Sie Ihre verbliebenen Autos und/oder Motorräder in einer gemieteten Garage oder bei Freunden unter. Geben Sie Benzin-Stabilisator in den Tank, klemmen Sie den Minuspol der Batterie ab, damit sie sich nicht entleert, und bocken Sie den Wagen auf, um Reifen und Stoßdämpfer vor Schäden zu bewahren. Zu diesem Zeitpunkt sollten alle Versicherungen außer der gegen Diebstahl abgemeldet sein.

Bei der Ankunft

(vorausgesetzt, dass Sie nicht im Voraus eine Wohnung gemietet haben.)

Erster Morgen und Nachmittag nach dem Einchecken. Unternehmen Sie eine Tour durch die Stadt, am besten mit einem Sightseeing-Bus, bei dem man an beliebigen Stellen zu- und aussteigen kann. Anschließend machen Sie eine Fahrradtour durch die in Frage kommenden Wohngegenden.

Erster Spätnachmittag oder Abend. Kaufen Sie ein nicht gesperrtes[49] Handy mit einer SIM-Karte, die mit einfachen Prepaid-Karten aufgeladen werden kann. Wenden Sie sich in den nächsten zwei Tagen per Mail an Wohnungsbesitzer oder Makler auf www.craigslist.com und Webseiten der örtlichen Zeitungen, um Besichtigungstermine zu vereinbaren.

Zweiter und dritter Tag. Finden und mieten Sie eine Wohnung für einen Monat. Schließen Sie keinen Vertrag über mehr als einen Monat ab, bevor Sie nicht in der Wohnung geschlafen haben. Ich habe einmal für zwei Monate im Voraus bezahlt, nur um dann herauszufinden, dass die meistfrequentierte Bushaltestelle der Innenstadt direkt vor meinem Schlafzimmerfenster lag.

Tag, an dem Sie in Ihre neue Bleibe einziehen. Leben Sie sich ein und schließen Sie eine örtliche Krankenversicherung ab. Fragen Sie das Personal in Ihrer Herberge und andere Einheimische, welche Krankenversicherung sie haben. Nehmen Sie sich vor, erst zwei Wochen vor dem Rückflug mit dem Kaufen von Souvenirs oder Mitbringseln zu beginnen.

Eine Woche später. Eliminieren Sie all den überflüssigen Krempel, den Sie mitgebracht haben, aber nicht oft benutzen.

---

49 »Nicht gesperrt« bedeutet, dass das Handy an keinen Vertrag mit einem bestimmten Telefonanbieter gebunden ist und Sie es mit einer einfachen Prepaid-Karte aufladen können. Das heißt auch, dass das gleiche Handy bei anderen Anbietern in anderen Ländern benutzt werden kann (vorausgesetzt, dass die Frequenz die gleiche ist), indem man einfach die SIM-Karte austauscht.

Schenken Sie das Zeug jemandem, der es besser gebrauchen kann, schicken Sie es nach Hause zurück oder werfen Sie es weg.

Tools & Tricks

Der Mini-Ruhestand – Traumorte finden

→ Rastlos (www.rastlos.com)
  Der Reisebericht-Katalog. Gehaltvolle Reiseberichte, Fotos, Anregungen für eigene Trips oder einfach, um Lust auf ferne Länder zu bekommen.

→ Reise-Forum (http://forum.ferien-netzwerk.de)
  Austausch im Forum über Reise, Urlaub und Tourismus.

→ Holidaycheck (www.holidaycheck.de)
  Von Urlaubern für Urlauber – Hotelbewertungen, Reisetipps, Urlaubsbilder, Reisevideos und Reiseforum.

→ Trekking-Portal (www.trekking-portal.com)
  In diesem Forum dreht sich alles um Trekkingreisen. Die Inhalte sind nach Kontinenten und Ländern sortiert.

→ auswandern-aktuell.de (http://auswandern-aktuell.de)
  Alles, was Sie wissen müssen, wenn Sie etwas länger an Ihrem Traumort bleiben möchten: detaillierte Länderinformationen zu Themen wie Land und Leute, Wirtschaft und Beruf, Einreisebestimmungen und Einwanderung, Klima und Kleidung, Impfung und Vorsorge, Essen, Trinken und Einkaufen …

→ staedte-reisen.de (www.staedte-reisen.de)
  Die wichtigsten Kurzinfos zu Städten in Europa, außerdem zu New York, Bangkok und Peking.

→ Lonely Planet (www.lonelyplanet.de)
  Länderinformationen zu Zielen weltweit.

→ forumandersreisen e. V.(http://forumandersreisen.de)
  Verband kleiner und mittlerer Reiseanbieter mit Zielen weltweit, sowohl Pauschal- als auch Individualreisen. Über die

Suchmaske können Sie zum Beispiel die gewünschten Aktivitäten oder eine Altersgruppe angeben. Zum Beispiel auch Reisen zu WWF-Projekten, Wal- & Delfinbeobachtung et cetera. Alle Angebote haben den Anspruch, langfristig ökologisch tragbar, wirtschaftlich machbar sowie ethisch und sozial gerecht für ortsansässige Gemeinschaften zu sein.

Wichtige Reiseinformationen

→ Auswärtiges Amt (www.auswaertiges-amt.de)
Politik, Wirtschaft, Kultur, Stand der bilateralen Beziehungen, Einreisebestimmungen, Gesundheitshinweise und vieles mehr. Hier finden Sie die wichtigen Informationen zu jedem Land weltweit. Ebenfalls aktuelle Reisewarnungen und Sicherheitshinweise.

→ Reisewarnungen.net (www.reisewarnungen.net)
Diese Reiseempfehlungen stammen von den offiziellen Seiten des österreichischen Außenministeriums. Sie werden darauf hingewiesen, nicht in ein bestimmtes Land oder ein bestimmtes Gebiet zu reisen oder die Reise gegebenenfalls abzubrechen. Gründe für eine Reisewarnung können instabile politische oder gesellschaftliche Verhältnisse oder Naturkatastrophen sein, die eine unmittelbare Bedrohung für Sie als Reisenden darstellen können.

Planung und Vorbereitung

→ Weltreise-Info (http://weltreise-info.de)
Weltreise-Planung, Organisation, Ausrüstung, Tipps. Unter anderem: Kostenkalkulation, häufige Fehler, Checklisten, Dos und Don'ts, Arbeitsmöglichkeiten, Sprachenlernen und so weiter.

→ Weltreise-machen.de (www.weltreise-machen.de)
Persönliche Erfahrungen, Checklisten & Planungshilfen, Travel Links und vieles mehr.

→ Bundesverwaltungsamt – Zentralstelle für das Auslandsschulwesen (www.auslandschulwesen.de)

Hier erhalten Sie ein Verzeichnis aller deutschen Auslandsschulen.

→ Internationaler Währungsrechner (www.xe.com/ucc/de)
Wie viel Ihre Euros in anderen Ländern wert sind, erfahren Sie hier.

Günstige Flüge

→ TheBigProject.co.uk (http://thebigproject.co.uk/budget/index.htm)
Übersicht über internationale und europäische Billigflieger.

Weltweit kostenlos wohnen – für kurze Zeit

→ Global Freeloaders (www.globalfreeloaders.com)
Bringt Menschen weltweit zusammen, die kostenlose Unterkünfte bei sich zu Hause anbieten. So können Sie den Geldbeutel schonen, neue Freundschaften schließen und sich gleich richtig einleben.

→ The Couch Surfing Project (www.couchsurfing.com)
Ähnlich organisiert wie Global Freeloaders, aber richtet sich eher an Jüngere und an Party interessierte Weltreisende.

→ Women Welcome Women World Wide (www.womenwelcomewomen.org.uk)
Nur für Frauen. Bei 5 W stellt die Gastgeberin der Reisenden ein Zimmer zur Verfügung und kümmert sich auch um sie, zum Beispiel bei gemeinsamen Unternehmungen.

→ Hospitality Club (www.hospitalityclub.org)
Egal, ob mit einer Unterkunft oder einer Tour durch die Heimatstadt – die Mitglieder helfen sich weltweit.

Weltweit kostenlos wohnen – für längere Zeit

→ Wohnungstausch – Haustausch – Homeexchange (www.wohnungtausch.de)
Hier finden Sie Informationen und entsprechende Angebote zum Thema Wohnungs- oder Haustausch. Auf begrenzte Zeit tauschen Sie die eigenen vier Wände mit jemand anderem und sparen sich so jegliche Unterkunftskosten am Zielort.

Schauen Sie auch unter:

→ Home for Home (www.homeforhome.com)
→ Haustausch.de (www.haustausch.de)
→ HomeLink International (www.homelink.de)

Bezahlte Unterkünfte

→ Hostels.com (www.hostels.com)
→ Hostelworld.com (www.hostelworld.com)
   Günstige Hostels weltweit, wo Sie die ersten Tage unterkommen können. Lassen sich bequem über das Internet buchen.
→ Lonely Planet (www.lonelyplanet.com/accommodation/)
   Lonely-Planet-Empfehlungen: Hotels und Hostels.
→ Expedia.de (www.expedia.de)
   Weltweite Unterkünfte (Hostels, Hotels, Ferienwohnungen) in allen Preiskategorien – ebenfalls online buchbar.
→ Craiglist (www.craiglist.org)
   Eine gute Alternative, wenn Sie im Voraus eine längerfristige, möblierte Bleibe organisieren möchten. Mehr als 50 Länder stehen zur Auswahl, allerdings ist es oft günstiger, Unterkünfte vor Ort zu mieten.
→ Hotelzeugnis.de (www.hotelzeugnis.de/hotel/hotelvergleich.php)
   In dieser Datenbank finden Sie über 60 000 Hotelberichte von Urlaubern, die weit über die Beschreibungen in Reisekatalogen hinausgehen.
→ FeWo-direkt.de (www.fewo-direkt.de)
   Ferienwohnungen weltweit – auch wenn Sie einmal ganz anders wohnen wollen. Etwa in einem ehemaligen italienischen Kastell, einem französischen Chateau, einer alten Poststation oder einem Traumschloss mit Blick auf Meer und Berge.

Computer Remote Access Tools und Hotspots Finder

→ GoToMyPC (www.gotomypc.com)

Mit GoToMyPC erhalten Sie mit jedem Web-Browser, der mit dem Internet verbunden ist, vollen Zugriff auf Ihren PC zu Hause oder im Büro. Auf diese Weise können Sie von überall aus komfortabel auf Ihre Daten zugreifen. Andere Remote-Control-Programme benötigen in aller Regel auch auf beiden PCs die installierte Software – dies ist bei Go-ToMyPC nicht der Fall (und von Vorteil, beispielsweise wenn man in einem Internet-Café sitzt und dort natürlich keine Software installieren darf oder kann).

→ LogMeIn (www.LogMeIn.de)

Mit der Software LogMeIn Pro hat man ebenfalls von jedem beliebigen Computer mit Internetanschluss problemlosen Zugriff auf seinen PC zu Hause oder im Büro.

→ WiFinder (www.wifinder.com)

Wenn Sie auf dieser Webseite Land und Ort in die Suchmaske eingeben, werden Ihnen sofort die Hotels, Cafés, Bars und Locations allgemein mit öffentlichen WLAN-Hotspots in Ihrer Nähe angezeigt.

Außerdem gibt es von verschiedenen Firmen den schlüsselanhängergroßen WiFinder, der Wireless-Signale für den Internetzugang aufspürt und die Empfangsstärke anzeigt. Auch geeignet, um die Reichweite des eigenen drahtlosen Netzes auszuloten – und man erspart es sich, mit dem Laptop durch die Gegend zu rennen.

Internettelefonie

→ VoIP-nutzen.de (www.voip-nutzen.de)

Wie funktionieren Voice-over-IP, Internettelefonie und DSL-Telefonie? Hier finden Sie die wichtigsten Informationen und einen Überblick über alle VoIP-Anbieter.

→ Skype (www.skype.de)

Skype ist ein Softwareprogramm, das kostenlose Telefonanrufe via Internet von PC zu PC sowie das gebührenpflichtige

Telefonieren ins Festnetz und zu Mobiltelefonen (SkypeOut) ermöglicht. In Kürze sollen auch mobile Skypetelefone erhältlich sein. Derzeit bietet Philips DECT- und Internettelefone an, mit denen man sowohl kostenlos über Skype als auch über Landleitung telefonieren kann (VOIP 321).

International kompatible Mobiltelefone

Grundsätzlich muss man auf zwei Dinge achten:

Erstens muss das Mobilfunkgerät mit dem Netzstandard des Ziellandes kompatibel sein. Informationen, in welchen Ländern, welche Frequenzen üblich sind, bekommt man bei Wikipedia (www.wikipedia.de) unter dem Stichwort GSM/Global System for Mobile Communications. Quadband-Geräte sind kompatibel zu den weltweit meisten Netzen. Sie unterstützen die vier Haupt-GSM-Frequenzen, diese betragen 850 und 1900 MHz (auf dem amerikanischen Kontinent genutzt) und 900 und 1800 MHz (in den meisten restlichen Ländern, Europa und Asien).

Zweitens sollte das Telefon nicht an einen Vertrag gebunden sein, damit Sie überall vor Ort die SIM-Karte austauschen und gegebenenfalls günstige Prepaid-Karten zum Aufladen verwenden können.

→ LetsGoMobile (www.letsgomobile.org/de)
Klicken Sie auf »Handy Berater«. Dahinter verbirgt sich eine Suchmaske, in der Sie Ihre Wünsche, unter anderem auch die entsprechende Frequenz, eingeben können. Ihnen werden die Geräte empfohlen, die genau auf Ihre Bedürfnisse zugeschnitten sind.

Satellitentelefone

Wenn Sie in den Bergen Nepals oder auf einer weit abgelegenen Insel unterwegs sind, dann bieten sich Satellitentelefone an. Mittels dieser können Sie überall auf der Welt und sogar in

Gebieten ohne terrestrische Mobilfunk-Versorgung telefonieren. Derzeit gibt es folgende Systeme: Iridium (weltweit, außer Nordkorea und dem Norden von Sri Lanka), Thuraya (Europa, Nordafrika, Naher und Mittlerer Osten, Indien), Globalstar (weltweit, ohne Pole und hohe See), Inmarsat (weltweit, ohne Pole), ACeS (Asien).

Satellitentelefone sind recht teuer (ca. 1800 Euro), man kann sie aber auch schon ab 40 Euro pro Woche mieten. Anbieter findet man im Internet.

→ Der Solarserver (www.solarserver.de/store/)
Und was, wenn an Ihrem abgelegenen Traumort plötzlich der Akku leer und keine Steckdose weit und breit zu sehen ist? Am besten haben Sie ein Solarladegerät im Gepäck, beispielsweise das handliche Solio, das für unterschiedliche portable Geräte geeignet ist.

Und wie geht es vor Ort weiter? Möglichkeiten im Ausland
→ Karriere-im-Ausland.de (www.karriere-im-ausland.de)
Portal für Bildungs- und Karriereoptionen im Ausland mit vielen nützlichen Infos, Angeboten, Tipps und Links: Jobs und Arbeiten im Ausland, Auslandsstudium und Auslandssemester, Praktika und Sprachreisen, Weiterbildungsmöglichkeiten, Work and Travel und vieles mehr.
→ meet up (www.meetup.com)
Hier können Sie Menschen mit ähnlichen Interessen überall auf der Welt finden und gegenseitig Kontakt aufnehmen.
→ ProjectsAbroad (www.projects-abroad.de/projekte/unterrichten/)
ProjectsAbroad vermittelt Freiwilligenarbeit und Praktika weltweit. Um Schüler zu unterrichten, müssen Sie hier keine Lehrerausbildung haben. Es reicht aus, wenn Sie über die Aussprache und Sprachmelodie eines Muttersprachlers verfügen. In einigen Projektländern ist Deutsch eine gefragte Sprache. In östlichen Ländern wie der Mongolei steht es

häufig auf dem Lehrplan, und in Rumänien gibt es sogar eine deutschsprachige Minderheit in Siebenbürgen. Auch in Peru und Chile arbeitet ProjectsAbroad mit einer deutschsprachigen Schule zusammen.

→ StepStone (www.stepstone.de)
Die Jobbörse StepStone ist verlinkt mit den Jobbörsen aus 60 Ländern weltweit. Klicken Sie auf »International« und wählen Sie dann Ihr Zielland aus.

→ Praktikum-Service.de (www.praktikum-service.de)
Allgemeine Informationen, Praktikabörsen und Stellendatenbank.

→ Worldwide Opportunitites on Organic Farms (www.wwoof.de)
WWOOF ist eine Organisation, die Interessierten die Chance bietet, mit ökologischen Höfen weltweit Kontakt aufzunehmen. Dort können Sie mindestens zwei Tage oder länger, im Tausch gegen Kost und Logis, mithelfen. (Landwirtschaftliche oder gärtnerische Vorkenntnisse sind dafür nicht erforderlich.)

Ersetzen Sie Ihre Arbeit
durch ein neues Leben

> Wir haben gar nicht genug Zeit,
> das ganze Nichts zu tun, was wir tun
> wollen.
> *Bill Watterson, Autor der »Calvin und
> Hobbes«-Comics*

King's Cross, London

Ich stolperte in den Feinkostladen auf der anderen Straßenseite und bestellte ein Prosciutto-Sandwich. Es war inzwischen 10.33 Uhr am Vormittag, das fünfte Mal, dass ich auf die Uhr schaute, und das zwanzigste Mal, dass ich mich fragte: »Was zum & %$* soll ich heute machen?«

Bislang war mir darauf keine bessere Antwort eingefallen als: Ich hole mir ein Sandwich.

Vor 30 Minuten war ich zum ersten Mal seit vier Jahren ohne Wecker aufgewacht, es war der erste Morgen, nachdem ich am Vorabend direkt vom John F. Kennedy-Flughafen hierhergekommen war. Ich hatte mich soooo darauf gefreut: von Vogelgezwitscher vor meinem Fenster geweckt zu werden, mich mit einem Lächeln im Bett aufzusetzen, das Aroma frisch aufgebrühten Kaffees zu riechen, mich zu recken und zu strecken wie eine Katze im Schatten einer spanischen Villa. Großartig. In Wirklichkeit lief es eher so ab: Ich schreckte jäh auf, als sei ich von einem Nebelhorn geweckt worden, schnappte meinen Wecker, fluchte, sprang in meiner Unterwäsche aus dem Bett,

um nach meinen E-Mails zu schauen, erinnerte mich daran, dass das verboten war, fluchte noch einmal, schaute mich nach meinem Gastgeber um, bis mir einfiel, dass der natürlich wie der Rest der Welt zur Arbeit gegangen war, woraufhin ich erst einmal eine Panikattacke erlitt.

Den Rest des Tages verbrachte ich in einer Art Nebelglocke, wanderte von einem Museum zum botanischen Garten und zum nächsten Museum, als ob ich in einer Zeitschleife gefangen wäre. Mit einem vagen Schuldgefühl machte ich einen Bogen um alle Internetcafés. Ich brauchte eine To-do-Liste, um mich produktiv zu fühlen, also nahm ich mir einen Zettel und schrieb Dinge auf wie »Mittagessen«.

Das hier würde viel schwerer werden, als ich erwartet hatte.

Postpartale Depression ist etwas Normales

»Ich habe mehr Geld und Zeit, als ich je für möglich gehalten hätte … warum bin ich deprimiert?« Das ist eine gute Frage, und es gibt darauf eine gute Antwort. Seien Sie zunächst einmal froh, dass Ihnen das jetzt auffällt und nicht am Ende Ihres Lebens! Ruheständler und Superreiche sind oft aus dem gleichen Grund unausgefüllt und neurotisch: Sie haben zu viel freie Zeit.

Aber Moment mal … war nicht freie Zeit genau das, was wir haben wollten? Ist es nicht das, worum es in diesem Buch geht? Nein, durchaus nicht. Zu viel freie Zeit ist nichts anderes als der Nährboden für Selbstzweifel und sinnloses Im-Kreis-Herumlaufen. Wenn man das Schlechte aus seinem Leben entfernt, dann ist damit nicht automatisch etwas Gutes geschaffen. Zuerst einmal entsteht ein Vakuum. Allein Geld zu verdienen und immer nur zu arbeiten kann nicht das Ziel sein. Mehr zu leben und mehr zu sein – das ist unser Ziel.

Am Anfang ist es uns vollauf genug, oberflächliche Fantasien auszuleben. Das ist auch vollkommen in Ordnung. Ich

kann die Wichtigkeit dieses Stadiums nur immer wieder unterstreichen. Flippen Sie aus und leben Sie Ihre Träume. Das ist weder oberflächlich noch egoistisch. Es ist ein entscheidender Schritt, um sich nicht weiter selbst zu unterdrücken und das eigene Leben aufzuschieben.

Angenommen, Sie entschließen sich, einen Traum zu verwirklichen. Zum Beispiel in die Karibik zu ziehen und dort möglichst viele Inseln zu erkunden, oder eine Fotosafari in der Serengeti zu unternehmen. Das sollten Sie auf jeden Fall auch tun – es wird ein wundervolles und unvergessliches Erlebnis sein. Doch irgendwann – sei es drei Wochen oder drei Jahre später – werden Sie einfach keine weitere Piña Colada mehr trinken und keinen verdammten rotarschigen Pavian mehr fotografieren wollen. Etwa zu dieser Zeit setzen Selbstkritik und existenzielle Panik ein.

Aber das ist doch, was ich immer wollte! Wie kann ich da gelangweilt sein?!
Flippen Sie nicht aus, wenn Sie an diesem Punkt sind. Damit werden Sie die Zweifel lediglich noch mehr entfachen. Diese Symptome sind völlig normal, sie treten bei allen Menschen auf, die einige Gänge zurückschalten, nachdem sie lange Zeit mit Volldampf gearbeitet haben. Je intelligenter und zielorientierter Sie sind, umso stärker werden sich diese Trennungsschmerzen bemerkbar machen. Das Gefühl, niemals genug Zeit zu haben und immer gehetzt zu sein, durch die Freude zu ersetzen, dass Sie nun Zeit im Überfluss haben, ist ein Lernprozess. Und der ist nicht leichter als der Versuch, den täglichen dreifachen Espresso durch koffeinfreien Kaffee zu ersetzen.

Aber das ist noch nicht alles. Ruheständler sind auch aus einem zweiten Grund deprimiert, den Sie ebenfalls bald kennenlernen werden: soziale Isolation. Für ein paar Dinge sind Büros tatsächlich gut: kostenloser schlechter Kaffee, Klatsch austauschen und sich gegenseitig bedauern, E-Mails mit dämlichen Videoclips und noch dämlicheren Kommentaren der

Kollegen – und natürlich Meetings, mit denen nichts weiter erreicht wird, außer dass man mit ein paar guten Lachern ein paar Stunden totgeschlagen hat. Der Job selbst mag eine Sackgasse sein, doch das soziale Umfeld am Arbeitsplatz bedeutet uns oft mehr. Sobald wir uns aus unserer Bürozelle befreit haben, schwindet auch die Verbundenheit mit den Kollegen (zumindest mit den meisten), und dadurch wird die zweifelnde Stimme in unserem Kopf noch lauter.

Haben Sie keine Angst vor den existenziellen oder sozialen Herausforderungen. Freiheit ist wie ein neuer Sport. Am Anfang ist die neue Erfahrung erst einmal sehr aufregend und interessant. Doch sobald Sie die Grundlagen erlernt haben, wird klar, dass viel ernsthaftes Training nötig sein wird, um auch nur ein halbwegs passabler Athlet zu werden.

Machen Sie sich keine Sorgen. Das Beste kommt erst noch, und Sie sind nur drei Meter von der Ziellinie entfernt.

Frustration und Zweifel: Sie sind nicht allein

> Die Menschen sagen, dass sie einen Sinn für ihr Leben suchen. Ich glaube nicht, dass es wirklich das ist, was wir suchen. Ich glaube, dass wir nach der Erfahrung suchen, am Leben zu sein.
> *Joseph Campbell,*
> *»Die Kraft der Mythen«*

Wenn Sie den Bürojob hinter sich gelassen haben und es ernst wird, dann wird nicht rund um die Uhr der Himmel voller Geigen hängen und die Erde ein einziger weißer Sandstrand sein (obwohl beides durchaus einen großen Raum einnehmen kann). Ohne die Ablenkung durch Abgabetermine und Mitarbeiter wird es schwerer, die großen Fragen (»Was bedeutet das

alles?«) auf einen späteren Zeitpunkt zu verschieben. In einem Meer unendlicher Möglichkeiten fallen auch die Entscheidungen schwerer. Was zum Teufel soll ich mit meinem Leben anfangen? Es ist, als würde man sein letztes Jahr in der Schule oder an der Uni noch einmal durchleben.

Wie alle Innovatoren, die ihren Mitmenschen weit voraus sind, werden auch Sie Momente voller Angst und Zweifel durchleben. Nach einer ersten Phase, in der man sich fühlt wie ein Kind im Süßwarenladen, beginnt man unwillkürlich zu vergleichen. Der Rest der Welt macht mit dem gewohnten Stress weiter, und Sie beginnen, Ihre Entscheidung, aus dem Hamsterrad auszusteigen, in Frage zu stellen. Folgende Selbstzweifel und Selbstkasteiungen sind in dieser Phase häufig:

- Mache ich das wirklich, um freier zu sein und ein besseres Leben zu führen, oder bin ich einfach nur faul?
- Habe ich die Tretmühle verlassen, weil sie tatsächlich eine Zumutung ist, oder nur weil ich es nicht gepackt habe? Habe ich einfach gekniffen?
- Ist das schon alles? Vielleicht war ich doch besser dran, als ich Anordnungen befolgen und mir nicht über andere Optionen den Kopf zerbrechen musste. Das war zumindest einfacher.
- Bin ich wirklich erfolgreich, oder mache ich mir nur etwas vor?
- Habe ich meine Standards gesenkt, um mich zu einem Sieger zu machen? Haben in Wirklichkeit meine Freunde, die inzwischen doppelt so viel verdienen wie vor drei Jahren, den richtigen Weg gewählt?
- Warum bin ich nicht glücklich? Ich kann alles tun, was ich will, und bin trotzdem nicht glücklich. Verdiene ich es vielleicht gar nicht?

Die meisten dieser Gedanken kann man hinter sich lassen, sobald man sie als das erkannt hat, was sie eigentlich sind: Ausdruck der alten »Mehr ist besser«- und »Geld bedeutet Erfolg«-

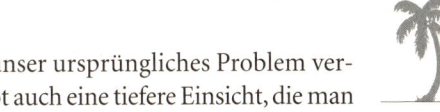

Mentalität, die schon für unser ursprüngliches Problem verantwortlich war. Aber es gibt auch eine tiefere Einsicht, die man an dieser Stelle gewinnen kann.

Diese Zweifel füllen unseren Geist, wenn nichts anderes ihn füllt. Erinnern Sie sich an einen Moment, in dem Sie sich zu 100 Prozent lebendig fühlten – im Flow, wie die Psychologen sagen? Es ist ziemlich wahrscheinlich, dass Sie in diesem Moment auf etwas außerhalb Ihres Selbst, fokussiert waren, auf jemand anderen oder etwas anderes. Sport und Sex sind gute Beispiele für solche Momente. Wenn uns dieser Fokus auf etwas Externes fehlt, wenden sich unsere Gedanken unserem Inneren zu. Meist schaffen sie dann Probleme, die gelöst werden müssen, selbst wenn sie nur vage definiert oder unwichtig sind. Wenn Sie hingegen ein ambitioniertes Ziel finden, das scheinbar unmöglich zu erreichen ist und das Sie zum Wachsen zwingt,[50] verschwinden diese Zweifel.

Solange wir nach etwas Neuem suchen, auf das wir uns fokussieren können, ist es beinahe unvermeidlich, dass die »großen« Fragen sich in unser Denken einschleichen. Außerdem ist die Welt voll von Pseudophilosophen, die uns zwingen wollen, die ewigen Fragen zu beantworten. Zwei beliebte Beispiele sind »Was ist der Sinn des Lebens?« und »Warum das alles?«. Ähnliche Fragen wie diese gibt es noch viele, introspektiv oder ontologisch ausgerichtet, aber ich beantworte sie alle auf die gleiche Weise – nämlich gar nicht.

Nein, ich bin kein Nihilist. Aber ich habe ungefähr zehn Jahre damit verbracht, den menschlichen Geist und unser Konzept von Sinn zu studieren, eine Beschäftigung, die mich von den neurowissenschaftlichen Laboratorien der Top-Universitäten bis zu den Stätten der verschiedenen Religionen überall auf der Welt geführt hat. Meine Schlussfolgerung mag

---

50 Der amerikanische Psychologe Abraham Maslow, der vor allem durch die *Maslow'sche Bedürfnispyramide* bekannt ist, würde dieses Ziel eine »Spitzenerfahrung« nennen.

auf den ersten Blick überraschend klingen. Aber ich bin zu 100 Prozent davon überzeugt, dass die meisten der großen Fragen, die zu stellen wir uns verpflichtet fühlen und die seit Jahrhunderten zerdacht und fehlübersetzt werden, auf Begriffen basieren, die so unscharf sind, dass jeder Versuch, sie zu beantworten, reine Zeitverschwendung ist.[51] Diese Erkenntnis ist nicht deprimierend, sie ist befreiend.

Nehmen Sie die Frage aller Fragen: »Was ist der Sinn des Lebens?« Wenn ich eine Antwort geben müsste, dann wäre es diese: Leben ist die charakteristische Eigenschaft, die Lebewesen von unbelebter Materie unterscheidet. »Aber das ist ja bloß eine Definition«, wird der Fragende sagen. »Das ist überhaupt nicht, was ich gemeint habe.« Nun, was hat er denn gemeint? Bevor die Frage nicht klar – also jeder Begriff darin definiert – ist, hat es keinen Zweck, eine Antwort zu versuchen. Die Frage nach dem »Sinn« von »Leben« ist ohne weitere Definition nicht zu beantworten.

Bevor Sie Zeit für eine Frage aufwenden, die in erster Linie Stress verursacht – sei es nun eine »große« oder nicht –, sollten Sie sich vergewissern, dass Sie die folgenden beiden Fragen mit »Ja« beantworten können: Habe ich mich auf eine klar definierte Bedeutung für jeden einzelnen Begriff in dieser Frage festgelegt? Kann die Antwort auf diese Frage in eine Handlung umgesetzt werden, die etwas verbessert?

Die Frage »Was ist der Sinn des Lebens?« kann weder der einen noch der anderen Anforderung standhalten. Fragen nach Dingen, die außerhalb unseres Einflussbereichs liegen – wie etwa: »Was ist, wenn der Zug morgen Verspätung hat?« –, scheitern vor allem an der zweiten Frage und sollten deshalb igno-

---

51 Koan (Anekdote oder Sentenz, die eine beispiel- oder lehrhafte Handlung oder pointierte Aussage eines Zen-Meisters darstellt) und andere rhetorisch-meditative Fragen haben durchaus ihre Existenzberechtigung und ihren Platz, aber diese würden den Rahmen dieses Buches sprengen. Die meisten Fragen, auf die es keine Antwort gibt, sind lediglich schlecht formuliert.

riert werden. Es lohnt sich einfach nicht, über solche Dinge nachzugrübeln. *Wenn Sie es nicht definieren oder danach handeln können, vergessen Sie es.* Wenn Sie sich nur diesen einen Punkt aus diesem Buch zu Herzen nehmen, dann wird Sie das schon in die Top-Leistungselite der Welt befördern und das philosophische Elend weitgehend aus Ihrem Leben fernhalten.

Seine logischen und praktisch-geistigen Werkzeuge zu schärfen bedeutet nicht, dass man nicht spirituell oder gar Atheist ist. Es heißt nicht, dass man ungehobelt oder oberflächlich ist. Es heißt, dass man klug genug ist, seine Energie dort hineinzustecken, wo sie am ehesten etwas bewirken kann.

Der Grund für das alles:
Einen Trommelwirbel, bitte

Ich glaube, dass das Leben existiert, damit man es genießt. Das Wichtigste ist, mit sich selbst im Reinen zu sein. Jeder Mensch hat seine eigenen Methoden, diese beiden Ziele zu erreichen, und die können sich im Lauf der Zeit verändern. Für den einen ist es die Arbeit mit Waisenkindern, ein anderer komponiert Musik. Ich habe meine persönliche Antwort auf beide Anforderungen gefunden: lieben, geliebt werden und nie mit dem Lernen aufhören. Ich gehe aber nicht davon aus, dass meine Antwort universelle Gültigkeit hat.

Viele verurteilen die Ausrichtung auf Eigenliebe und Genuss als egoistisch oder hedonistisch, aber es ist weder das eine noch das andere. Das Leben zu genießen und anderen zu helfen, sich selbst gut zu fühlen und sich für andere zu engagieren – diese Dinge schließen sich nicht gegenseitig aus. Genauso können Sie Agnostiker sein und trotzdem ein moralisches Leben führen. Das eine macht das andere nicht unmöglich. Doch auch wenn wir so weit übereinstimmen, steht immer noch die Frage im Raum: »Was kann ich mit meiner Zeit tun, um mein Leben zu genießen und mich dabei gut zu fühlen?«

Ich kann keine allgemeingültige Antwort anbieten, doch auf der Basis von Dutzenden von Interviews mit NR, die ein zufriedenes und erfülltes Leben führen, kann ich sagen, dass es zwei grundlegende Komponenten gibt: kontinuierliches Lernen und Dienen.

Lernen ohne Grenzen: Schärfen Sie Ihre Säge

Leben heißt lernen. Ich sehe keine andere Möglichkeit. Das ist wohl auch der Grund, warum ich die meisten meiner Jobs innerhalb der ersten sechs Monate wieder hingeschmissen habe oder selbst hinausgeworfen wurde. Die Lernkurve flachte ab, und ich fing an, mich zu langweilen.

Natürlich kann man sein Gehirn auch zu Hause auf Vordermann bringen, doch Reisen und Umzüge bieten einzigartige Bedingungen, die viel schnellere Fortschritte ermöglichen. Eine neue Umgebung wirkt als Kontrapunkt und Spiegel für die eigenen Vorurteile und sorgt dafür, dass solche Schwächen viel leichter kuriert werden können. Ich reise selten irgendwohin, ohne den festen Vorsatz zu haben, eine bestimmte Fertigkeit zu erlernen. Hier sind ein paar Beispiele:

Connemara, Irland: Irisch, irische Flöte und Hurling, der schnellste Mannschaftssport der Welt (stellen Sie sich eine Mischung aus Lacrosse und Rugby vor, wobei die Spieler Axtstiele einsetzen)

Rio de Janeiro, Brasilien: Brasilianisches Portugiesisch und brasilianisches Jiu Jitsu

Berlin, Deutschland: Deutsch und Locking (eine Art stehender Breakdance)

Ich neige dazu, mich auf Spracherwerb und eine kinästhetische Fertigkeit zu konzentrieren, Letztere suche ich manchmal erst aus, wenn ich vor Ort bin. Viele erfolgreiche Dauervagabunden versuchen auf ihren Reisen, das Geistige und das Körperliche zu verbinden. Oft nehme ich eine Sache, die ich zu Hause betreibe – zum Beispiel Kampfsport –, gewissermaßen in andere Länder mit, wo sie auch betrieben werden. So findet man praktisch sofort Anschluss und Kameradschaft. Es muss gar kein Wettkampfsport sein – Wandern, Schachspielen oder irgendetwas anderes kann genauso gut funktionieren. Hauptsache, es hindert Sie daran, die Nase allein in ein Lehrbuch zu stecken und in der Wohnung herumzusitzen. Sport ist übrigens auch ein großartiges Umfeld, um das Lampenfieber zu überwinden und die neuen Sprachkenntnisse anzubringen. Außerdem kann man auf diese Weise dauerhafte Freundschaften knüpfen, selbst wenn man sich noch anhört wie Tarzan.

Das Erlernen von Fremdsprachen verdient eine gesonderte Erwähnung. Es ist mit Abstand das Beste, was Sie tun können, um klares Denken zu trainieren. Ganz abgesehen von der Tatsache, dass es unmöglich ist, eine Kultur zu verstehen, ohne ihre Sprache zu beherrschen, macht das Erlernen einer Sprache einem auch die eigene Sprache bewusst – und die eigenen Gedanken. Dieser Zusatznutzen, wenn Sie lernen, sich in einer anderen Sprache auszudrücken, wird oft ebenso unterschätzt, wie die Schwierigkeit überschätzt wird, eine neue Sprache zu erlernen. Tausende von Sprachtheoretikern werden mir widersprechen, aber ich *weiß* – ich habe es recherchiert und persönlich erlebt –, dass Erwachsene Fremdsprachen erstens viel schneller lernen können als Kinder, wenn sie nicht jeden Tag acht Stunden lang arbeiten müssen, und dass es zweitens möglich ist, sich in sechs Monaten oder weniger in einer beliebigen Sprache flüssig zu unterhalten. Wenn man vier Stunden pro Tag investiert, können die sechs Monate auf weniger als drei heruntergeschraubt werden. Es sprengt den Rahmen dieses Buches, die sprachwissenschaftlichen Theorien und die Anwendung des 80/20-Prinzips auf den Spracherwerb zu erklären, aber Hilfsmittel und komplette HowTo-Guides finden Sie auf www.fourhourworkweek.com. Ich habe sechs Sprachen

erlernt, nachdem ich in der Highschool in Spanisch durchgefallen war – es kommt halt auf die Methode an.

Eine neue Sprache schenkt Ihnen eine neue Perspektive, einen neuen Blickwinkel, aus dem heraus Sie die Welt hinterfragen und verstehen können. Abgesehen davon macht es auch Spaß, wenn man nach Hause kommt und die Leute in anderen Sprachen beschimpfen kann.

Verpassen Sie nicht die Chance, Ihre Lebenserfahrung zu verdoppeln.

Dienen aus den richtigen Gründen: Soll man die Wale retten oder sie fangen, um die Kinder zu füttern?

Wie nicht anders zu erwarten, werde ich in diesem Kapitel auch über das Dienen sprechen. Und wie bei allem Vorangegangenen ist auch hier mein Ansatz ein bisschen anders, als Sie es vielleicht erwarten.

Dienen ist für mich ganz einfach erklärt: Tun Sie etwas, das nicht nur *Ihr* Leben verbessert. Das ist nicht das Gleiche wie Philanthropie. Philanthropie ist das selbstlose Streben nach dem Wohl der Menschheit, Philanthropen stellen ihr Leben in den Dienst ihrer Mitmenschen, um ihnen Gutes zu tun. Das schließt allerdings die Umwelt und andere Lebewesen aus – weshalb wir uns auch stetig auf unser eigenes Aussterben zubewegen. Geschieht uns ganz recht. Die Welt existiert nicht allein, damit die Menschen ihren Spaß haben und sich vermehren können.

Doch bevor ich jetzt anfange, mich an Bäume zu ketten und die Pfeilgiftfrösche zu retten, sollte ich meinen eigenen Rat befolgen: Werde kein arroganter Eiferer.

Wie kann man hungernden Kindern in Afrika helfen, wenn es verhungernde Kinder im eigenen Land gibt? Wie kann man für die Rettung der Wale streiten, wenn Obdachlose erfrieren?

Wie hilft ehrenamtliches Engagement bei der Erforschung des Zustands von Korallenriffen den Menschen, die jetzt Hilfe brauchen?

Kinder, bitte! Alles da draußen braucht Hilfe, also lassen Sie sich nicht auf einen dieser »Mein guter Zweck ist besser als deiner«-Wettbewerbe ein, bei denen es keinen Sieger gibt. Hier lassen sich keine qualitativen oder quantitativen Maßstäbe anlegen. Die Wahrheit ist: Wenn Sie Tausende von Leben retten, dann lösen Sie damit vielleicht genau diese eine Hungersnot aus, die Millionen das Leben kostet. Der eine Busch, den Sie in Bolivien unter Naturschutz stellen, könnte vielleicht das Heilmittel gegen Krebs sein, das nun niemandem mehr zu Gute kommt. Anders ausgedrückt: Wir kennen die langfristigen Konsequenzen nicht. Tun Sie Ihr Bestes und hoffen Sie das Beste. Wenn Sie die Welt verbessern – wie auch immer Sie das definieren –, dann haben Sie Ihre Aufgabe erfüllt, und zwar gut.

Dienen beschränkt sich nicht darauf, Leben oder die Umwelt zu retten. Es kann auch heißen, Leben zu verbessern. Wenn Sie Musiker sind und ein Lächeln auf das Gesicht von Tausenden oder gar Millionen zaubern, dann betrachte ich das als Dienen. Wenn Sie der Mentor eines Kindes sind und das Leben dieses einzigen Kindes zum Besseren verändern, ist die Welt ein besserer Ort geworden. Und das Leben auf der Welt zu verbessern ist in keiner Weise weniger wert, als das Leben auf der Welt zu vermehren.

Dienen ist eine Einstellung. Finden Sie den guten Zweck oder das Thema, das sie am meisten interessiert, und verlieren Sie sich nicht in Rechtfertigungen.

F & A: Fragen und Aktionen

Aber ich kann doch nicht für den Rest meines Lebens in der Welt herumreisen, Sprachen lernen oder für irgendeine Sache kämpfen! Natürlich nicht. Das schlage ich ja auch gar nicht vor.

All das sind lediglich Anregungen, wie Sie das Ganze angehen können. Sie werden viele neue Erfahrungen machen, und es werden Ihnen neue Chancen begegnen.

Es gibt keine richtige Antwort auf die Frage »Was soll ich mit meinem Leben anfangen?«. Und das »soll« sollten Sie schon einmal gleich ganz vergessen. Der nächste Schritt – und mehr ist es tatsächlich nicht – besteht einfach darin, etwas zu tun, das Ihnen Spaß macht oder Sie irgendwie erfüllt. Stürzen Sie sich nicht übereilt in eine neue Vollzeitverpflichtung. Nehmen Sie sich die Zeit, etwas zu finden, zu dem Sie sich berufen fühlen. Ihre »Berufung« wird Sie auf den richtigen Weg bringen.

So könnte der Neubeginn aussehen, viele NR haben so angefangen:

1. Besuchen Sie die Zugspitze: Tun Sie gar nichts.
Bevor wir unseren eigenen Geistern entfliehen können, müssen wir ihnen ins Gesicht sehen. Einer der schlimmsten unter ihnen ist der Geschwindigkeitswahn. Es ist kaum möglich, die innere Uhr einmal langsamer ticken zu lassen, ohne dass wir uns für eine Zeit ganz aus unserem gewohnten Alltag und dem Zustand ständiger Überstimulation zurückziehen. Reisen und der Impuls, eine Million Dinge zu sehen, können das Gefühl, nicht zur Ruhe zu kommen, sogar noch verschlimmern.

Verlangsamen bedeutet nicht unbedingt, weniger zu erreichen. Es heißt vielmehr, dass Sie kontraproduktive Ablenkungen, Stress und Hetze hinter sich lassen. Überlegen Sie, sich drei bis sieben Tagen in Klausur zu begeben, vermeiden Sie jeden Medienkontakt und, wenn möglich, auch, zu sprechen. Versuchen Sie innerlich ruhig zu werden, damit Sie wieder mehr Dinge genießen können, bevor Sie anfangen, mehr Dinge zu tun.

2. Spenden Sie anonym an eine wohltätige Organisation Ihrer Wahl.
Das hilft Ihnen, in die Sache hineinzufinden. Außerdem lernen

Sie, das gute Gefühl nicht mehr davon abhängig zu machen, dass Sie auch dafür gelobt werden. Eine gute Tat fühlt sich noch besser an, wenn sie anonym, also gewissermaßen rein ist. Hier sind ein paar Vorschläge, womit Sie beginnen könnten:

3. Verbinden Sie Lernen und Dienen während Ihres Mini-Ruhestands miteinander.

Nehmen Sie sich einen Mini-Ruhestand – sechs Monate oder mehr, wenn möglich – und widmen Sie sich in dieser Zeit vor allem dem Lernen und Dienen. Sprachenlernen und ehrenamtliches Engagement könnten dabei beispielsweise Hand in Hand gehen: Je sicherer Sie die fremde Sprache beherrschen, desto besser können Sie sich in Ihrem Ehrenamt einbringen, und je häufiger Sie dort mit anderen Menschen in Interaktion treten und mit ihnen kommunizieren, desto mehr werden Ihre Sprachkenntnisse davon profitieren.

Notieren Sie während dieser Zeit selbstkritische und negative Selbstgespräche in einem Tagebuch. Immer wenn Sie verärgert oder angespannt sind, fragen Sie sich mindestens dreimal »Warum?« und schreiben Sie die Antwort auf. Damit nehmen Sie diesen Zweifeln den Wind aus den Segeln. Selbstzweifel schaden nämlich oft dadurch am meisten, dass sie vage und unbestimmt bleiben. Sie schriftlich auf den Punkt zu bringen verlangt, dass Sie sich über die Dinge klar werden, und dann stellen sich viele Sorgen als grundlos heraus. Außerdem scheinen sich die Sorgen tatsächlich in Luft aufzulösen, wenn man sie immer wieder liest.

Doch wo soll man hingehen und was soll man tun? Es gibt keine allgemein verbindliche Antwort auf diese Fragen. Hier sind ein paar Anhaltspunkte zum Brainstormen:
- Was erbost Sie am meisten, wenn Sie über den Zustand der Welt nachdenken?
- Wovor haben Sie am meisten Angst, wenn Sie sich über das Wohl der nächsten Generation Gedanken machen – egal, ob Sie nun eigene Kinder haben oder nicht?

• Was im Leben macht Sie am glücklichsten? Wie können Sie anderen dazu verhelfen, auch in diesen Genuss zu kommen?

Es ist nicht nötig, sich auf einen Ort zu beschränken. Erinnern Sie sich noch an Robin, die ein Jahr lang mit ihrem Mann und ihrem siebenjährigen Sohn durch Südamerika reiste? Auf jeder Station ihrer Reise engagierten sich die drei einen oder zwei Monate lang ehrenamtlich in einem lokalen Projekt. Sie bauten Rollstühle in Banos in Ecuador, wilderten exotische Tiere im bolivianischen Regenwald aus und hüteten Lederschildkröten in der Republik Suriname. Wie wäre es mit archäologischen Ausgrabungen in Jordanien oder Tsunami-Hilfe auf den thailändischen Inseln? Das sind nur zwei Beispiele von unzähligen Möglichkeiten, im Ausland als freiwilliger Helfer tätig zu sein. Einige Beispiele finden Sie am Ende des Kapitels.

4. Gehen Sie noch einmal Ihre Traumpläne durch und richten Sie sie neu aus.
Schauen Sie Ihre Traumpläne nach diesem Mini-Ruhestand noch einmal an und richten Sie sie wenn nötig neu aus. Die folgenden Fragen werden Ihnen dabei helfen:
• Worin sind Sie gut?
• Worin liegt Ihr größtes Talent?
• Was macht Sie glücklich?
• Was kann Sie begeistern?
• Was gibt Ihnen das Gefühl, etwas zu leisten? Was gibt Ihnen ein gutes Selbstgefühl?
• Auf welche Leistung in Ihrem Leben sind Sie besonders stolz? Könnten Sie diese wiederholen oder weiterentwickeln?
• Was teilen Sie gerne mit anderen Menschen, was erleben Sie gerne mit anderen zusammen?

5. Nachdem Sie Schritt 1 bis 4 unternommen haben, überlegen Sie sich auf Basis der Ergebnisse neue Teil- oder Vollzeit-Berufungen.

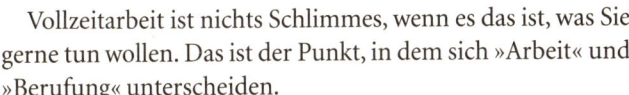

Vollzeitarbeit ist nichts Schlimmes, wenn es das ist, was Sie gerne tun wollen. Das ist der Punkt, in dem sich »Arbeit« und »Berufung« unterscheiden.

Sobald Ihre Muse nahezu vollautomatisiert Geld verdient, denken Sie darüber nach, was Sie gerne als Teil- oder Vollzeit-Beschäftigung ausprobieren möchten. Wovon träumen Sie? Was ist Ihre Berufung? Ich habe mir meinen Traum erfüllt, indem ich dieses Buch schrieb. Jetzt kann ich den Leuten erzählen, dass ich Schriftsteller bin, anstatt ihnen zwei Stunden lang umständliche Erklärungen zu geben, was ein Dealmaker so treibt. Was wollten Sie werden, als Sie ein Kind waren? Vielleicht ist es an der Zeit, sich für eine Woche Training im International Space Camp oder als Praktikant eines Meeresbiologen zu bewerben?

Ihre Begeisterung aus Kindertagen wieder aufleben zu lassen ist nicht unmöglich. Im Gegenteil: Es ist notwendig. Es gibt keine Ketten mehr – und keine Ausreden –, die Sie zurückhalten könnten.

Tools & Tricks

Tipps für Besinnung, gar nichts tun
→ Yoga-, Ayurveda-, Meditationsreisen (www.neuewege.com)
→ Kloster auf Zeit (www.orden-online.de)

Spenden und gemeinnützige Projekte
→ Hilfsorganisationen (www.hilfsorganisationen.de)
→ Spenden Welt (www.spendenwelt.de)

Sinnvolle Aufgaben rund um die Welt
→ Freiwilligenarbeit (www.freiwilligenarbeit.de)
→ ProjectsAbroad (www.projects-abroad.de/projekte/)
→ TravelWorks (www.travelworks.de)

Die 13 häufigsten Fehler
der Neuen Reichen

> Wenn du keine Fehler machst, dann
> sind die Probleme, an denen du
> arbeitest, nicht schwierig genug.
> Und das ist ein großer Fehler.
> *Frank Wilczek, Physik-Nobelpreis-*
> *träger 2004*

Fehler und ihre Überwindung sind wichtig – auch für Ihr neues Lifestyledesign. Immer wieder werden Gedanken und Reflexe auftauchen, die Sie an Ihr altes Leben erinnern. Dagegen müssen Sie sich zur Wehr setzen. Die im Folgenden aufgelisteten Fehler werden auch Sie machen. Seien Sie deswegen nicht frustriert. Das ist alles Teil des Prozesses.

Die Träume aus den Augen verlieren und wieder Arbeit um ihrer selbst willen betreiben (»work for work's sake«, W4 W). Bitte lesen Sie jedes Mal, wenn Sie das Gefühl haben, in diese Falle zu tappen, noch einmal die Einleitung und das folgende Kapitel dieses Buches. Dieser Fehler unterläuft jedem von uns, aber viele geraten dann doch wieder zwischen die Mühlräder ihres alten Lebens und finden nicht mehr heraus.

Mikromanagement und E-Mailen, um die Zeit zu füllen. Legen Sie die Verantwortlichkeiten sowie die Regeln und Grenzen für die autonomen Entscheidungen Ihrer externen Dienstleister fest – und dann lassen Sie selbst die Finger davon, um des seelischen Friedens aller Beteiligten willen.

Probleme bearbeiten, die Ihre Dienstleister oder Mitarbeiter bearbeiten können. Rufen Sie sich immer wieder zur Vernunft und versuchen Sie, loszulassen und anderen zu vertrauen.

Ihren Dienstleistern oder Mitarbeitern mehr als einmal beim gleichen Problem oder bei nicht dramatischen Problemen helfen. Formulieren Sie Wenn-dann-Regeln, mit denen diese alle Probleme, außer vielleicht den wirklich großen, lösen können. Geben Sie Ihren Mitarbeitern, Fernassistenten und/oder externen Dienstleistern die Freiheit, ohne Ihre Anweisungen zu handeln, und legen Sie die Grenzen schriftlich fest. Machen Sie nachdrücklich klar, dass Sie bei Problemen, die innerhalb dieser definierten Grenzen liegen, nicht helfen werden. Überprüfen Sie die Auswirkungen dieser Entscheidungen monatlich oder quartalsweise und passen Sie die Regeln soweit erforderlich an. Oft können sogar neue Regeln hinzugefügt werden, die auf gute Entscheidungen und kreative Lösungen der Dienstleister zurückgehen.

Kunden hinterherjagen (insbesondere unqualifizierten oder ausländischen Kaufinteressenten, die viel Zeit in Anspruch nehmen), obwohl der Cashflow auch ohne diese Kunden ausreichend ist, um Ihre nichtfinanziellen Ziele zu verfolgen. Konzentrieren Sie sich auf die profitablen und wenig »wartungsintensiven« Kunden, das bringt viel, viel mehr.

E-Mails beantworten, die nicht zu einem Verkauf führen oder die mit einem FAQ oder dem Autoreply beantwortet werden können. Ein gutes Beispiel für einen Autoreply, der die Leute an die entsprechenden Informationen und Outsourcer verweist, bekommen Sie, wenn Sie eine Mail an info@brain-quicken.com schicken.

Dort arbeiten, wo man lebt, schläft oder sich entspannt. Halten Sie Ihre Lebensbereiche getrennt. Bestimmen Sie einen Ort

für die Arbeit, und zwar nur für die Arbeit. Ansonsten werden Sie nie in der Lage sein, ihr zu entkommen.

Vergessen, alle zwei bis vier Wochen eine gründliche 80/20-Analyse durchzuführen, für das private ebenso wie für das berufliche Leben. Machen Sie sich diese Analyse zur Gewohnheit, planen Sie sie regelmäßig ein, etwa immer am ersten oder 15. eines Monats.

Zu perfekt sein zu wollen, anstatt sich mit großartigen oder nur guten Ergebnissen zufrieden zu geben – ob im Privaten oder im Berufsleben. Seien Sie sich darüber klar, dass das oft nur eine weitere Ausrede für W4 W ist. Die meisten Projekte sind wie das Erlernen einer Fremdsprache: Es erfordert sechs Monate konzentrierte Anstrengung, um 95 Prozent der Zeit richtigzuliegen, aber für eine 98-prozentige Trefferquote müssen Sie 20 bis 30 Jahre investieren. Konzentrieren Sie sich darauf, in ein paar Dingen großartig zu sein und beim Rest gut genug. Der Wunsch, vollkommen zu sein, ist ein gutes Ideal und weist in die richtige Richtung, aber vergessen Sie nicht, dass Sie dieses Ziel niemals ganz erreichen werden.

Detailfragen und kleine Probleme über Gebühr aufblasen und als Ausrede vorschieben, um zu arbeiten. Verabschieden Sie sich schnellstmöglich davon.

Nicht eilige Dinge dringend machen, um Arbeit zu rechtfertigen. Wie oft muss ich es noch sagen? Konzentrieren Sie sich auf das Leben außerhalb Ihres Bankkontos, auch wenn die Leere anfangs erschreckend sein mag. Wenn Sie keinen Sinn in Ihrem Leben entdecken können, dann ist es Ihre Verantwortung als Mensch, einen zu erschaffen. Egal, ob Sie sich nun Ihre Träume erfüllen oder eine Arbeit finden, die Ihnen Ziel und Selbstwertgefühl gibt – ideal wäre natürlich eine Verbindung aus beidem.

Ein Produkt, einen Job oder ein Projekt als Ziel und Endpunkt des Lebens betrachten. Das Leben ist zu kurz, um es zu verschwenden, aber es ist auch zu lang, um Pessimist oder Nihilist zu sein. Was auch immer Sie gerade tun, es ist nur eine Zwischenstufe auf dem Weg zum nächsten Projekt oder Abenteuer. Jede Routine, in die Sie verfallen, ist eine, aus der Sie auch wieder herauskommen können. Zweifel sind nicht mehr als ein Signal dafür, dass es an der Zeit ist, auf irgendeine Art aktiv zu werden. Wenn Sie zweifeln oder das Gefühl haben unterzugehen, nehmen Sie eine Auszeit und machen Sie eine 80/20-Analyse Ihrer privaten und beruflichen Aktivitäten und Beziehungen.

Die sozialen Freuden des Lebens ignorieren. Umgeben Sie sich mit lächelnden positiven Menschen, die absolut nichts mit Ihrer Arbeit zu tun haben. Schaffen Sie sich Ihre Musen allein, wenn es sein muss, aber leben Sie nicht Ihr Leben allein. Geteiltes Glück in Form von Freundschaften und Liebe ist vervielfachtes Glück.

Das letzte Kapitel:
Eine E-Mail, die Sie lesen müssen

> Mit nichts ist der beschäftigte Mann
> so beschäftigt, wie mit dem Leben;
> es gibt nichts, was schwieriger zu
> erlernen ist.
> *Seneca, römischer Philosoph*

Wenn Sie das Leben verwirrend finden, sind Sie damit nicht allein. Es gibt fast sieben Milliarden Menschen, und die meisten grübeln darüber nach. Das ist aber kein Problem – sobald man verstanden hat, dass das Leben weder ein Rätsel ist, das man lösen, noch ein Spiel, das man gewinnen kann.

Wenn Sie zu versessen darauf sind, die Teile in einem nicht existierenden Puzzle zusammenzusetzen, dann verpassen Sie den ganzen richtigen Spaß. Man kann den Stress der Jagd nach dem Erfolg durch die Leichtigkeit des Glücks ersetzen, sobald man verstanden hat, dass alle Regeln und Grenzen selbst gesetzt sind. Also seien Sie mutig und kümmern Sie sich nicht darum, was die Leute denken – in der Regel denken diese sowieso seltener über Sie nach, als Sie glauben.

Vor zwei Jahren schickte mir ein enger Freund per E-Mail das folgende Gedicht des Kinderpsychologen David L. Weatherford. Nachdem er das Gedicht gelesen hatte, hatte er sein Leben radikal verändert und war nicht mehr bereit gewesen, es bis zur Rente aufzuschieben. Ich hoffe, Sie werden das Gleiche tun. Hier ist es:

LANGSAMER TANZ

Hast du je Kindern
Auf einem Karussell zugeschaut?

Oder zugehört, wenn der Regen
Auf den Boden klatscht?

Bist du jemals dem unberechenbaren Flug
eines Schmetterlings gefolgt?

Oder hast durch die verblassende Nacht
in die Sonne geschaut?

Mach lieber langsam.
Tanze nicht so schnell.

Die Zeit ist kurz.
Die Musik wird nicht ewig weiterspielen.

Rennst du durch jeden Tag
Wie im Fluge?

Wenn du jemanden fragst: Wie geht es dir?
Hörst du auf die Antwort?

Wenn der Tag vorüber ist,
Liegst du dann im Bett

Und die nächsten Hundert Pflichten
Gehen dir schon durch den Kopf?

Mach lieber langsam.
Tanze nicht so schnell.

Die Zeit ist kurz.
Die Musik wird nicht ewig weiterspielen.

Hast du je zu deinem Kind gesagt:
Das machen wir morgen?

Und in deiner Hast
Nicht seinen Kummer gesehen?

Jemals den Kontakt verloren
Und eine echte Freundschaft einschlafen lassen,

Weil du nie die Zeit hattest,
Anzurufen und »Hallo« zu sagen?

Mach lieber langsam.
Tanze nicht so schnell.

Die Zeit ist kurz.
Die Musik wird nicht ewig weiterspielen.

Wenn du so schnell rennst, um irgendwohin
zu kommen,
Kannst du den Weg dorthin nicht genießen.

Wenn du voller Sorgen durch den Tag hetzt,
Dann ist das so, als würdest du ein ungeöffnetes
Geschenk wegwerfen.

Das Leben ist kein Wettrennen.
Lass es langsamer angehen.

Höre die Musik,
Bevor das Lied vorüber ist.

Bonuskapitel

In diesem Buch steckt mehr, als Sie in den Händen halten. Ich wollte viel mehr hineinpacken, was aufgrund des Umfangs leider nicht möglich war. Doch zum Glück gibt es ja das Internet. Gehen Sie also einfach auf meine englischsprachige Website www.thefourhourworkweek.com und klicken Sie auf die Rubrik »Resources«, wo ich diverse Inhalte in einen »Reader-only«-Bereich eingestellt habe. Mit dem in der Fußnote 3 auf Seite 78 versteckten Passwort haben Sie Zugang zu einigen der besten Themen, die ich in petto habe. Hier nur wenige Beispiele, die ich in jahrelanger Arbeit gesammelt habe:

- Wie man durch Anzeigen für 10 000 Dollar ganze 700 000 Dollar verdient
- Wie man jede Sprache innerhalb von drei Monaten lernt
- Musen-Mathematik: Wie man die Produkt-Einnahmen vorhersagt (inklusive Fallstudien)

Außerdem finden Sie in meinem Blog aktuelle Berichte von meinen Reisen, Interviews, Videoclips und vieles mehr. Viel Spaß beim Surfen und vergessen Sie nicht, mehr Zeit, mehr Geld, mehr Leben anzustreben.

Danksagungen

Zuerst muss ich den Studenten danken, deren Feedback und Fragen die Geburtsstunde dieses Buches waren, und natürlich Ed Zschau, meinem Mentor und unternehmerischen Superhelden, der mir die Chance gab, mit ihnen zu sprechen. Ed, in einer Welt, in der das Aufschieben aller Träume die Norm ist, sind Sie ein leuchtendes Licht für alle, die sich trauen, ihren eigenen Weg zu gehen. Ich verneige mich vor Ihnen (und vor Karen Cindrich, der besten rechten Hand aller Zeiten) und freue mich darauf, Ihren Tafelschwamm zu säubern, wann immer die Zeit dazu gekommen ist – ich werde noch einen 110-Kilo-Bodybuilder aus Ihnen machen!

Jack Canfield, Sie haben mich inspiriert und mir gezeigt, dass man ganz groß rauskommen und dennoch ein wundervoller freundlicher Mensch bleiben kann. Dieses Buch war nicht mehr als eine Idee, bis Sie ihm Leben einhauchten. Ich kann Ihnen nicht genug danken für Ihre Weisheit, Ihre Unterstützung und unglaubliche Freundschaft.

Stephen Hanselman, Prinz unter den Menschen und der beste Agent der Welt: Ich danke Ihnen dafür, dass Sie das Buch auf den ersten Blick »kapiert« und mich vom Schriftsteller zum Autor gemacht haben. Ich kann mir keinen besseren Partner und keinen cooleren Typen vorstellen, und ich freue mich schon auf weitere gemeinsame Abenteuer. Von Verhandlungen bis zu Nonstop-Jazz, Sie erstaunen mich immer wieder. *Level-FiveMedia* mit Ihnen und Cathy Hemming am Steuer gehört zur neuen Literaturagenten-Schule, die Erstlingsautoren mit der Präzision eines Schweizer Uhrwerks zu Bestsellern macht.

Heather Jackson, dank Ihres umsichtigen Lektorats und Ihrer Anfeuerung war es ein Vergnügen, dieses Buch zu schreiben. Danke, dass Sie an mich geglaubt haben. Ich fühle mich geehrt, Ihr Autor zu sein. An den Rest der *Crown*-Mannschaft, besonders an diejenigen, die ich mehr als vier Stunden pro Wo-

che belästige (weil ich sie liebe). Besonders Donna Passannante und Tara Gilbride – Ihr seid die Besten in der Verlagswelt. Tut es nicht weh, wenn Eure Gehirne so groß sind?

Dieses Buch hätte nicht geschrieben werden können ohne die Neuen Reichen, die sich bereit erklärten, ihre Geschichten zu erzählen. Besonderen Dank an Douglas »Demon Doc« Price, Steve Sims, John »DJ Vanya« Dial, Stephen Key, Hans Keeling, Mitchell Levy, Ed Murray, Jean-Marc Hachey, Tina Forsyth, Josh Steinitz, Julie Szekely, Mike Kerlin, Jan Errico, Robin Malinosky-Rummell, Ritika Sundaresan, T. T. Venkatesh, Ron Ruiz, Doreen Orion, Tracy Hintz und die Dutzenden, die es vorzogen, hinter Unternehmensmauern anonym zu bleiben. Dank auch an das *Elite*-Team und die großartigen Freunde bei *MEC Labs*, einschließlich (aber nicht ausschließlich) Dr. Flint McGaughin, Aaron Rosenthal, Eric Stockton, Jeremiah Brookins, Jalali Hartman und Bob Kemper.

Dieses Buch von einem Groschenroman zu einem Sachbuch zu machen war eine qualvolle Arbeit, besonders für meine Korrekturleser! Eine tiefe Verbeugung und ehrlichen Dank an Jason Burroughs, Chris Ashenden, Mike Norman, Albert Pope, Jilian Manus, Jess Portner, Mike Maples, Juan Manuel »Micho« Cambeforte, meinen »großhirnigen« Bruder Tom Ferriss und die ungezählten anderen, die das Endprodukt verfeinert haben. Carol Kline bin ich zu besonderer Dankbarkeit verpflichtet, deren scharfer Verstand und Selbsterkenntnis dieses Buch verwandelt haben. Das Gleiche gilt für Sherwood Forlee, einen großartigen Freund und gnadenlosen *Advocatus Diaboli*.

Dank an meine brillanten Praktikanten Ilena George, Lindsay Mecca, Kate Perkins Youngman und Laura Hurlbut. Sie haben Termine gehalten und mich vor dem bevorstehenden GAU gerettet. Ich kann alle Verleger nur ermuntern, euch einzustellen, bevor die Konkurrenz es tut!

An die Autoren, die mich durch diesen Prozess geleitet und inspiriert haben. Ich bin auf ewig euer Fan und stehe tief in eurer Schuld: John McPhee, Michael Gerber, Rolf Potts,

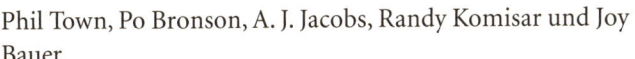

Phil Town, Po Bronson, A. J. Jacobs, Randy Komisar und Joy Bauer.

Mein *Sifu* Steve Goericke und mein Trainer John Buxton haben mir beigebracht, wie man trotz seiner Angst handelt und bis zum Letzten kämpft für die Dinge, an die man glaubt. Dieses Buch – und mein Leben – ist ein Produkt ihres Einflusses. Gott segne euch beide. Die Welt hätte nicht halb so viele Probleme, wenn mehr junge Männer Mentoren wie euch beide hätten.

Und zu guter Letzt: Ich widme dieses Buch meinen Eltern Donald und Frances Ferriss, die mich immer geleitet, ermutigt, geliebt und getröstet haben. Ich liebe euch mehr, als Worte sagen können.

Wollen Sie
mehr von den
Ullstein Buchverlagen
lesen?

Erhalten Sie jetzt regelmäßig
den Ullstein-Newsletter
mit spannenden Leseempfehlungen,
aktuellen Infos zu Autoren und
exklusiven Gewinnspielen.

www.ullstein-buchverlage.de/newsletter

Martin Wehrle

Ich arbeite in einem Irrenhaus

Vom ganz normalen Büroalltag

Taschenbuch.
Auch als E-Book erhältlich.
www.ullstein-buchverlage.de

Der Wahnsinn hat nicht nur Methode – er sitzt auch im Chefsessel.

Die deutschen Unternehmen haben sich von Tretmühlen in Klapsmühlen verwandelt. Ungelernte Führungskräfte dilettieren auf den Chefsesseln. Meetings mutieren zu Machtkämpfen. Immer mehr Arbeitsabläufe enden in einem Irrgarten der Sinnlosigkeit. Und die Mitarbeiter gebrauchen ihren Kopf vor allem zu einem Zweck: zum Kopfschütteln über die haarsträubenden Zustände.

Martin Wehrle zeichnet ein schonungsloses und witziges Panorama des Irrsinns im deutschen Büroalltag – Wiedererkennungswert garantiert.

ullstein

Götz Werner &
Adrienne Goehler

1000 € für jeden
Freiheit. Gleichheit.
Grundeinkommen

Taschenbuch.
Auch als E-Book erhältlich.
www.ullstein-buchverlage.de

Es ist genug für alle da!

Das bedingungslose Grundeinkommen ist ein bahnbrechendes Konzept, das die Menschen von ihrer wirtschaftlichen Existenzangst befreit. Es schafft Sicherheit
und Freiraum für Kreativität und Eigeninitiative, gibt
der Arbeit ihren Sinn und den Menschen ihre Würde
zurück. Kurz: Das Grundeinkommen ist einfach, gerecht – und finanzierbar!

Götz Werner und Adrienne Goehler zeigen, wie es in
der Praxis umgesetzt werden kann und wie die Gesellschaft davon profitiert. Ein flammendes Plädoyer für
eine bessere Welt.

ullstein

Dirk Stermann

Stoß im Himmel

Der Schnitzelkrieg der
Kulturen

Taschenbuch.
Auch als E-Book erhältlich.
www.ullstein-buchverlage.de

»Eine fabelhafte Geschichte« Süddeutsche Zeitung

Stoß im Himmel – in dieser Wiener Gasse wohnt Ster-
manns Freund Rudi Gluske friedlich vor sich hin. Bis er
erleben muss, dass ein versehentlich vertauschtes
Schnitzel existenzbedrohende Folgen haben kann und
sogar Allah und die Politik auf den Plan ruft. Doch zum
Glück hat er seine wortgewaltige Freundin Laetitia,
deren schlagkräftigen Ururgroßvater und Stermann
selbst an der Seite – sowie eine ganz besondere biologi-
sche Waffe seines Vaters …

ullstein

Holger Balodis / Dagmar
Hühne

Die Vorsorgelüge
Wie Politik und private
Rentenversicherungen uns
in die Altersarmut treiben

Taschenbuch.
Auch als E-Book erhältlich.
www.ullstein-buchverlage.de

Altersarmut durch private Vorsorge

Private Altersvorsorge muss sein, so das Mantra der Politik. Doch schützen Versicherungen wie Riester, Rürup
und Co. wirklich vor Altersarmut? Holger Balodis und
Dagmar Hühne decken auf, dass private Altersvorsorge
für mehr als 80 Prozent der Beitragszahler ein Verlust-
geschäft ist. Die großen Profiteure sind Versicherungen
und der entlastete Staat.

»Hier decken die Autoren tatsächlich einen Skandal auf.«
Süddeutsche Zeitung